Axure RP8
入门手册

网站和 App 原型设计从入门到精通

·小楼一夜听春语◎编著·

U0350579

人民邮电出版社

北 京

图书在版编目（ＣＩＰ）数据

Axure RP8入门手册：网站和App原型设计从入门到精通 / 小楼一夜听春语编著. -- 北京 ：人民邮电出版社，2017.7（2023.1重印）
ISBN 978-7-115-45844-5

Ⅰ. ①A… Ⅱ. ①小… Ⅲ. ①网页制作工具 Ⅳ.
①TP393.092.2

中国版本图书馆CIP数据核字(2017)第107879号

内 容 提 要

　　本书的写作初衷是面向初学者，由浅至深地引导读者学习 Axure RP 8.0 的使用方法，从而实现最终的学习目标。

　　本书不但适合初学者学习，在知识结构与案例的安排上，也非常适合工作中的查阅与参考。初学者只需要按照从前至后的顺序进行学习，就能够迅速、全面地掌握原型开发技能。具备一定原型开发基础的读者，也能够在本书的大量案例中，获得各种实战的参考。书中的案例均为网站或 App 中采用的一些典型交互方式，作者通过这些案例引导读者学习如何进行原型的构建、逻辑的整理、思路的分析及交互的实现。

◆ 编　　著　小楼一夜听春语
　　责任编辑　孙　媛
　　责任印制　陈　犇

◆ 人民邮电出版社出版发行　　北京市丰台区成寿寺路 11 号
　　邮编　100164　　电子邮件　315@ptpress.com.cn
　　网址　http://www.ptpress.com.cn
　　北京捷迅佳彩印刷有限公司印刷

◆ 开本：787×1092　1/16
　　印张：24.5　　　　　　　　　2017 年 7 月第 1 版
　　字数：860 千字　　　　　　　2023 年 1 月北京第 12 次印刷

定价：99.00 元

读者服务热线：**(010)81055410**　印装质量热线：**(010)81055316**
反盗版热线：**(010)81055315**
广告经营许可证：京东市监广登字 20170147 号

这本书是我自己最期待的一本书。

这并不是说我的另外一本书《Axure RP 8实战手册》写得不好，而是从这本书的构思及面向的读者来讲，这本书会让我更有成就感。

《Axure RP 8实战手册》是以案例为主导的一本书，全书囊括了Web与App原型设计的110个案例，并且按照由浅至深的规则结合清晰的知识结构进行案例的排布。同时，考虑到初学者的上手难度，在书的第一部分安排了56项基础操作内容。可以说，《Axure RP 8实战手册》是目前的Axure书籍中，案例较多、实际应用参考性较强的一本书。

但是，以案例为主导的书不能适合所有读者，对于初学者来说课堂比图书馆更适合学习。那么，本书就可以用课堂来形容。从我的《Axure RP 7.0从入门到精通》一书出版上市之后，我更清楚地看到了读者的需求。我把这些需求及教学中总结出的一些新的思路，再加上一些写作方法上的创新，全部融合到这本书当中。

总的来说，这本书有以下特点与优势。

1. 主线清晰。和一般的工具书不同，本书并不是枯燥地罗列知识点，对各种功能进行文字解释，而是以一条由浅至深的路线，循序渐进地展开讲述。读者在学习过程中，只需按照由前至后的顺序阅读并配合练习，即可轻松掌握各类知识要点，实现学习目标。

2. 层次清晰。学以致用是本书的原则。作者考虑读者的需求，将书中内容与工作需求紧密结合，内容上分为基础与进阶两部分。读者在工作中如果只是需要做静态线框图（低保真原型），在学习完基础部分之后，即可满足工作需求。如果需要为原型添加丰富的交互（高保真原型），则可以通过继续学习进阶部分，来加强原型交互实现的能力。

3. 结构清晰。结合读者的反馈，本书的知识结构分布上做了更清晰的划分，特别是在目录结构上，除了章节目录还单独增加了案例目录，能够让读者更加方便查阅到需要参考的内容。

4. 情景真实。这是保留了《Axure RP 7.0从入门到精通》一书的优点，通过虚拟人物让读者更加感同身受，口语化的知识问答，更适合读者理解知识内容。本书特别征集了多位真实人物的头像，让读者在阅读过程中体验更加真实，更有亲切感。

5. 案例丰富。作者结合知识内容，融入了大量的实战案例，共计70个，虽然没有标明具体出处，但是读者能够从各个知名网站或者App中发现与这些案例相似的交互效果。这些案例都紧紧结合知识点的分布，所有案例出现时，都基于当前所讲述的知识点和读者已经学过的知识点，不会有陌生内容的存在，让读者能够轻松完成案例的练习。

6. 资源丰富。本书所有的案例源文件、素材、元件库、汉化包等资料，全部奉献给每一位读者。

考虑到带有光驱的计算机越来越少，这些资料将通过网络进行传递，读者可以根据书中的提示进行相关资源的下载。

综上所述，每一个特点与优势，都是我期待这本书上市的理由。

我希望看到每一位读者轻松学习的喜悦，而不是难于上手和理解的苦恼。

我想，能够心系读者，从真正有益于读者的角度去撰写一本书，是作为作者的责任与骄傲。

内容导读

本书共分为2篇。

第1篇：基础部分。包含了1~9章的内容，共计17个案例。读者通过对这一部分内容的学习，就能够掌握软件的使用方法，熟悉原型项目的构建，以及带有简单交互的低保真原型的制作。

第1章：讲述软件的安装与汉化，以及一些重要的注意事项。

第2章：讲述如何结合思维导图软件创建项目结构。

第3章：讲述元件与元件库的基本操作与用途。

第4章：讲述原型的查看与各种发布共享方法。

第5章：讲述原型尺寸的设定以及对多种设备的适配。

第6章：讲述通过概要功能进行页面与元件的管理，以及使用检视功能，对页面与元件进行属性、样式以及说明的设置。

第7章：讲述母版功能的使用，通过母版进行原型内容的重用，提高原型制作效率。

第8章：讲述标记元件的使用，以及业务流程图的绘制方法。

第9章：讲述一些其它软件功能的使用方法。

第2篇：进阶部分。包含10~15章的内容，共计53个案例。读者可以在这一部分学习更加深入的内容，包括复杂的元件、变量以及函数等内容。通过学习这些内容掌握更多的原型制作技巧，不但能够学习高保真原型的制作，也能从中获得各种实战应用的参考。

第10章：讲述动态面板的原理与各种特性。

第11章：讲述公式的格式与自定义变量的使用。

第12章：讲述条件的编辑，运算符的作用，以及条件表达式的书写。

第13章：讲述系统变量与函数的使用方法，通过结合系统变量、函数实现各种交互效果的案例，体现函数在提升原型的制作效率、保真度、扩展性方面的优势与特点。

第14章：讲述中继器的原理，以及与中继器有关的交互。

第15章：讲述中继器相关的系统变量，并结合这些系统变量实现更多的中继器交互效果。

最后提醒读者，如果是初学者，务必按前后顺序学习本书的内容，切勿跳跃学习，以免产生学习障碍。

感谢小楼老师的信任和邀请，让我从编辑的角度谈一谈这本书。

与小楼老师认识并合作，是一种缘分。

其实我们刚开始合作时并不顺利，原因是小楼老师实在太"固执"了。从书稿内容到随书配套资源，再到排版、封面设计的讨论，凡是小楼老师认为需要坚持的东西，他都不会做任何让步。我们曾针对案例演示图片应该用何种线条来标注更适合读者理解、演示步骤时用箭头引导还是数字符号标注表达更清楚等问题，连续在线讨论了两天，确切地说，是争论。如果我们当时是面对面讨论的话，可能争论到最后双方都是面红耳赤，要拍案而起了。更不论《Axure RP 8 实战手册》这本书的写作原稿近 800 页，排版时我们因为版式设计的问题，一遍又一遍推倒方案重来。一方面我需要考虑控制图书页数，保证图书成本、定价不能过高，另一方面小楼老师又要坚持保障读者阅读和学习的质量不被影响，拒绝采用双栏排版的方式。以致我们争论到最后，一度接近终止合作的边缘……

可又是这种"固执"，让我看到一位作者对图书内容的坚持、对产品品质的追求和对读者的负责。也是这种"固执"，让我每次出版小楼老师的书后都仿佛被"剥掉一层皮"，却对这样的作者更加钦佩和珍惜。

小楼老师在每一本书里，都倾注了太多的时间和心血，这一本更不必说。因为看到太多写作背后的故事，所以，每一次书稿拿在我手里，都并不轻松。这本书在写作时，恰逢 Axure 软件新版本测试阶段，正式版发布后，软件界面样式进行了一些细微调整。但为了严格保证书内的操作截图与软件界面完全一致，使读者在学习过程中不会因此产生任何疑惑或遇到任何困难，小楼老师将书内 90% 的图（与正式版界面有细微差别）换了一遍。他告诉我这个消息时是当天下午 5 点多，已经改了近 20 小时，只改了全书四分之一。之后很快提交了全部的更新版图片。类似这样的事，在小楼老师的写作过程中很常见，单是这本书内由于官方更新版本导致界面细节有调整而全书更换图片的经历就有过 3 次。而在案例的选取、教学设计、源文件制作、图片标注、步骤讲解过程中，更能感受到作为一名作者的"死磕"和用心。

在《Axure RP 7.0 从入门到精通》和《Axure RP 8 实战手册》相继取得成功，一跃成为 Axure 软件教程类书籍中被业内首推和高度受读者认可的学习资料后，小楼老师本可以直接在现有教程的内容、结构和教学方式设计的基础上，通过直接添加新版本的内容、更新界面图片，快速地完成《Axure RP 8.0 从入门到精通》的写作。不过，这显然不能达到小楼老师对自己苛刻的要求。事实上，每一部作品都是他对自己的颠覆。前两本书出版后，我们建立了相应的读者 QQ 群，另外，还有小楼老师的网站（Axure 原创教程网）等，从这些渠道，小楼老师搜集到读者对前两本书的学习反馈和建议，然后根据这些反馈，将自己的教学方式、知识结构、案例内容等全部重构一遍。这本书对于小楼老师来说，不仅只是将操作过程和技巧讲述一遍，他更希望通过这本书，让读者达到在课堂上的学习效果，仿佛老师就在身边一对一地耐心讲解，在讲授技巧的同时，更注意因材施教，分别对不同学习阶段、不同基础的读者人群讲解基础操作、高阶技巧，以及如何将书本里的知识与实际工作直接结合。

所以，这本书，不仅对于读者来说是一部不可错过的 Axure RP 8.0 教程，对于小楼老师来说，更是倾尽自己所有的心思、时间和精力，细细打磨出的一个产品。小楼老师说，这本书是他最为期待的一本教程。对于我，又何尝不是呢？与小楼老师的合作，是一段弥足珍贵的经历，其中点点滴滴透露的，不仅是稿件上的精致图文内容，更多是做产品的态度。本书的读者，多少都是与产品相关的，相信你读完这本书后，收获的远不止于对 Axure 这款软件的精通使用。

目 录

第1篇　基础

第2篇 进阶

案例目录

第 **1** 篇

基础

第1章 准备工作与注意事项

每个与 Axure 相关的 QQ 群是一个很繁杂的地方，人来人往，大多都是一些刚刚接触或者从未接触过 Axure 的新手。所以，往往看似简单的软件安装、汉化及基础功能的使用，却问题最多。

▶▶1.1 下载安装 Axure RP 8.0

1.1.1 Windows 系统的安装与汉化

楼大，我也要用 Axure 做原型了，最新的 Axure 软件从哪里下载？

可以去官方网站下载，下载地址是 http://www.axure.com/download。

这个地址我刚才试过了，为什么单击下载后没有反应？

国内用户是有这个问题，你到我的网站下载吧！网站是 Axure 原创教程网。

好的，楼大。我先去看看！

这是什么？你看。好讨厌这个乱码（图1-1）！

是呀！中文系统中几乎都会出现这个情况。这是

图 1-1

软件在抽取安装文件。等进度条加载完，单击【Next>】按钮，在界面中勾选【I Agree】复选框就可以啦（图1-2）！

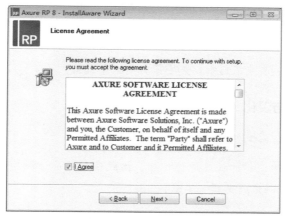

图 1-2

好的。安装路径就用默认路径就可以了吧（图1-3）？

一般选择默认路径就可以啦！不过，如果想装在其他的路径，也可以更改。更改后的路径要记住，汉化软件时需要能够找到安装目录。

嗯。那其余的步骤都单击【Next>】按钮吧？

是的，一直到最后一步，如果不想马上运行 Axure，可以取消勾选【Run Axure RP 8】复选框；单击【Finish】按钮，完成安装（图1-4）。

图 1-3

图 1-4

好的，谢谢楼大。我安装好啦！先去研究研究怎么用。

1.1.2　Mac系统的安装与汉化

楼哥，我的是Mac系统，怎么安装呀？

Mac的安装更简单，打开安装文件之后，按照界面提示，将Axure RP 8的图标拖到右侧的"Applications"图标上，就可以完成安装啦（图1-5）！

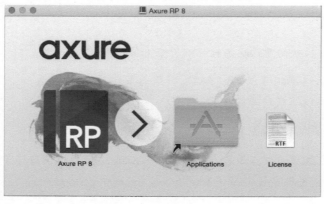

图 1-5

▶▶1.2 原型相关的文件类型

👩‍🦰 小楼老师，我不小心把软件关闭了，我编辑的文件在哪？

🧑 你新建完文件没有保存吗？

👩‍🦰 我有生成HTML文件，但是好像不能用软件打开呀！

🧑 看来你对文件的类型不太了解呀！我给你讲讲吧！

与Axure相关的文件有4种类型，分别是".rp"文件、".rplib"文件、".rpprj"文件及"HTML"文件。

".rp"文件：独立原型项目的源文件，这是最重要的文件，只有这个文件才能进行原型的编辑与输出。

".rpprj"文件：团队原型项目文件，可以通过在团队项目文件夹中打开此文件查看团队原型项目。

".rplib"文件：元件库文件，可以在软件中载入，并拖曳到画布中使用。

"HTML"文件：这里泛指通过项目源文件生成的网页文件内容，可通过浏览器打开，对原型进行查看。

▶▶1.3 文件自动备份与找回

图1-6

👩‍🦰 我明白了，小楼老师。那是不是我的rp文件就找不回来了？

🧑 看一下有没有自动备份吧！如果有的话，是可以找回来的。

在Axure的导航菜单【文件】列表中，有一个【自动备份设置】选项（图1-6）。

一般这个选项是默认开启的，自动备份间隔为15分钟。这个自动备份间隔时间，可以根据计算机性能进行调整，性能越高，时间可以越短（图1-7）。

图1-7

如果这个选项没有关闭，当出现意外情况导致文件未保存或丢失时，可以选择这个选项下方的【从备份中恢复】选项，弹出【从备份中恢复文件】对话框，在列表中选择最近几天备份的文件，单击【恢复】按钮，导出到本地磁盘中（图1-8）。

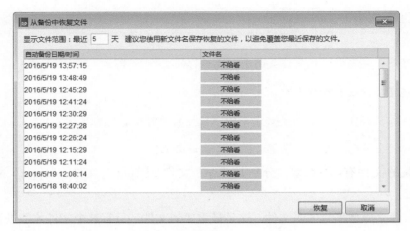

图1-8

▶▶1.4　功能区域的视图设置

小楼老师，我不小心把软件的一些功能面板关闭了，找不到了！

没关系，我告诉你从哪里找回来。

有时可能会因为一些操作失误或需要，关闭某些功能面板。如果要重新开启，只需打开导航菜单的【视图】列表，在【功能区】的二级菜单中进行开启（图1-9）。

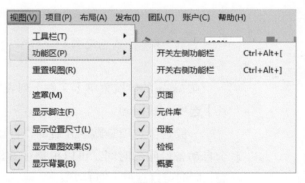

图1-9

如果需要将所有功能面板全部开启，恢复到初始状态，只需要开启【功能区】选项下方的【重置视图】选项（图1-10）。

图1-10

第2章 创建项目结构

▶▶2.1　使用Xmind进行项目结构梳理

楼老师，怎么做一个完整的原型项目啊？我觉得做一个页面很简单，但是做一个完整的项目，却一点思路都没有呀！

嗯，我们做原型都不是上来就直接做页面，需要先有整个项目结构的搭建。

从产品角度来说，产品原型就是另一种形式的产品需求文档。一般来说，做一个产品需求文档，都要先搭建项目结构。做原型也一样，有了项目结构才能搭建原型的页面结构，而有了页面之后，才能去组织页面内容，添加功能逻辑。

图2-1

在搭建项目结构之前需要为项目考虑一个合适的布局结构。

以Web端为例，可以将页面划分为上、中、下、左、右5部分。

上：是指页面头部部分，一般包含站点名称、Logo和导航菜单等。

中：是指页面水平或垂直方向中部的部分，一般是页面主体内容部分。

下：是指页面底部部分，一般包含版权信息、公司信息、导航信息及友情链接等。

左：是指页面左侧边栏，一般是导航菜单或内容列表。

右：是指页面右侧边栏，一般是推荐内容、分类目录、标签列表、广告模块及其他一些杂项。

一个Web站点并非一定包含以上5部分，可以根据需求进行组合搭配，呈现多种不同的布局类型。例如，新浪微博用户首页的布局包含了所有5部分（图2-1），而新浪微博内容详情页，只包含了4部分（图2-2）。

图2-3所示是作者的网站（www.iaxure.com）采用的布局，也是包含4部分。

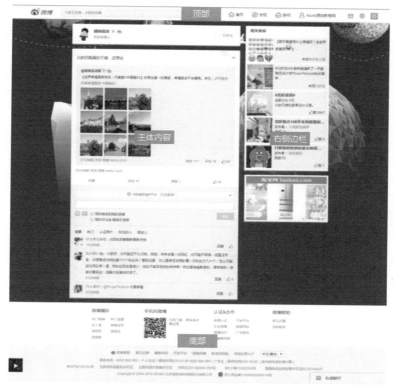

图2-2

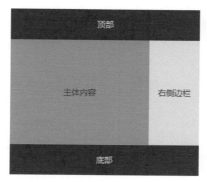

图2-3

有了布局结构，就能进一步搭建项目的结构。在项目结构中，主要页面的组成都围绕这种布局创建。还是以作者的网站（www.iaxure.com）为例，看看项目结构是什么样的（图2-4）。

楼老师，这个图是用什么画的呀？也是 Axure 吗？

这个图是用思维导图软件画的，软件名称为 Xmind。

那你能教教我怎么用吗？

好吧！你先把这款软件下载下来，默认安装即可。

Xmind是一款商业思维导图软件，但是它的基本功能是免费使用的。这里使用的是 Xmind 7 中文版。

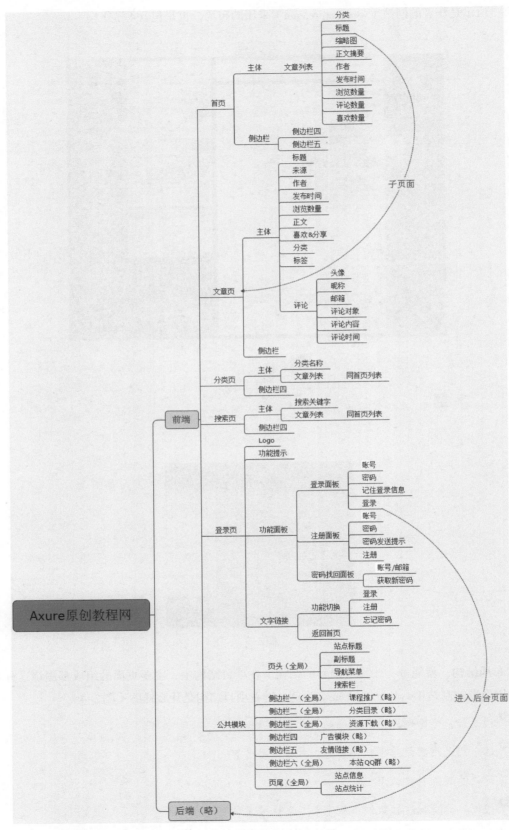

图2-4

打开Xmind 7后，在【空白图】列表中向下拉动右侧滚动条，选择【逻辑图（向右）】选项（图2-5）。

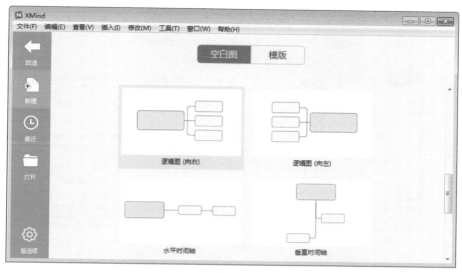

图2-5

在弹出的选择风格窗口中选择自己喜欢的风格，单击【新建】按钮，打开工作界面（图2-6）。

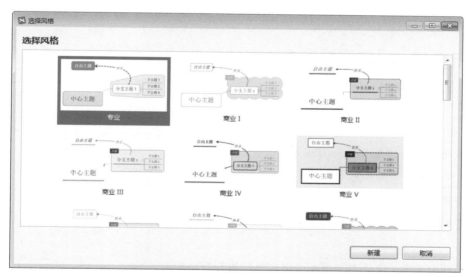

图2-6

打开后的工作界面只有一个【中心主题】，双击可以更改它的名称，一般改成项目名称或者网站名称（图2-7）。

在Xmind中有以下组合键。

（1）在中心主题上按<Enter>键可以添加子主题。

（2）在任意子主题上按< Enter >键可以在下方添加同级主题，按<Shift>+<Enter>组合键可以在上方添加同级主题。

（3）在任意主题上按<Insert>键可以添加子主题，按<Delete>键删除当前主题及其子主题。

（4）在任意主题上按<Ctrl>+<L>组合键可以添加该主题与其他主题的关联。

（5）使用鼠标拖动主题，可以调整主题的位置和层级关系。

图2-7

▶▶2.2 根据思维导图搭建原型页面结构

楼老师，有了项目结构图，就可以制作原型了吧？

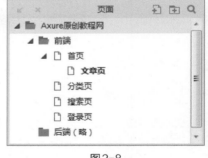

图2-8

是的，如果项目结构没有什么问题了，就可以根据项目结构中的页面组成搭建原型的页面结构了。你看，根据我网站的项目结构，搭建的页面结构是这样的（图2-8）。

在页面管理面板中，可以单击面板右上方的图标添加文件夹与页面。文件夹用于页面分类，将相同类别的页面文件放在同一个文件夹中。

在页面管理面板中，文件夹与页面可以调整层级和顺序关系，一般通过拖动来操作，也可以通过在文件夹或者页面上单击鼠标右键，在弹出的快捷菜单中进行调整。

根据项目结构，文章页是通过在首页中单击文章列表中的标题打开的，它是首页的子页面。所以，在图2-8中，将文章页放置在首页下一级的位置。

楼老师，我明白啦！谢谢你！我去好好研究研究。

第3章　元件功能概述

▶▶3.1 鼠标的操作

老师，我想做一个页面，但是那些元件都怎么用啊？

选中后拖到画布里面用呀！

我知道是拖进去，但是我想要一个向左倾斜的椭圆形。

没问题，这个很简单！

在Axure中，如果需要一个椭圆形，可以放入一个矩形元件到画布中，然后，单击矩形元件右上角的圆点，在弹出的形状列表中选择圆形，就能够得到一个椭圆形。在这个列表中除了圆形，还提供了很多其他形状（图3-1）。

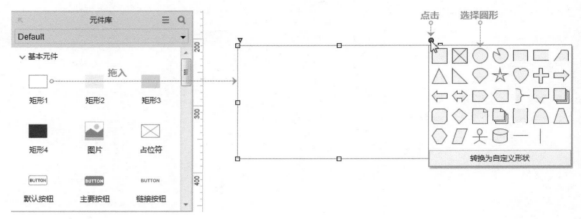

图3-1

椭圆的宽和高，可以通过拖曳形状的边缘节点调整（图3-2）。

如果想让一个形状倾斜或者说旋转一定的角度，如果不要求角度很精确，可以按住<Ctrl>键的同时，拖曳形状的边缘节点进行调整（图3-3）。

老师！我还想要个圆角矩形……

这个也很简单！

如果需要一个圆角矩形，可以直接使用形状按钮元件，也可以通过修改一个矩形为圆角矩形。在形状的左上角有一个三角形，水平拖曳这个三角形就能改变矩形的角部为圆角。在拖曳过程中，会实时显示一个数字。这个数字是圆角半径，一个圆角其实是四分之一圆，圆角半径指的就是圆的半径（图3-4）。

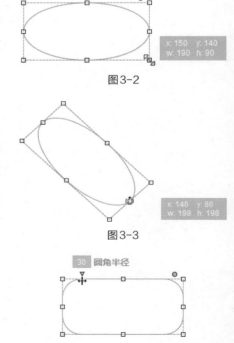

图3-2

图3-3

图3-4

▶▶3.2 元件的使用

😀 元件库中那些元件，都是干什么用的？

😎 这就说来话长了！元件库中的元件有好几种类型，我给你一一介绍吧！

3.2.1 使用软件自带元件库

在Axure RP 8.0中，软件自带了3个元件库，分别是默认元件库、流程图元件库和图标元件库。下面按照次要到重要的顺序来介绍这3个元件库。

1. 图标元件库（Icons）

图标元件库是Axure团队基于FontAwesome图标字体中的各种图标制作发布的形状元件，直接拖曳到编辑区即可使用，无须安装FontAwesome字体文件（图3-5）。

图3-5

2. 流程图元件库（Flow）

流程图元件库包含的是各种流程图的形状，通过这些形状可以构建流程图（图3-6）。

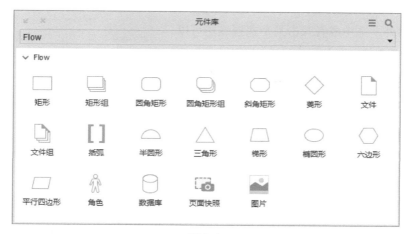

图3-6

流程图形状的含义如表3-1所示。

表3-1

矩形：一般用来表示执行		梯形：表示手动操作	
圆角矩形：表示程序的开始或者结束		椭圆形：表示流程的结束	
斜角矩形：不常用，可以自定义		六边形：表示准备或起始	
菱形：表示判断		平行四边形：表示数据的处理或输入	
文件：表示一个文件		角色：模拟流程中执行操作的角色是谁	
括弧：注释或者说明		数据库：指保存数据的数据库	
半圆形：表示页面跳转的标记		页面快照：引用项目内某一页面的缩略图	
三角形：数据的传递		图片：表示一张图片	

流程图在使用时，各个形状之间的连线需要在快捷功能中选择【连接】，通过这个连线工具绘制形状间的连接线（图3-7）。

图3-7

在选择【连接】开启连线工具之后，将鼠标指针指向形状的连接点，单击并拖动到另一形状的连接点松开，即可完成连接。另外，选中或者双击某个连接线还可以为线段输入文字（图3-8）。

连接线可以改变线段与两端箭头的样式，这个操作在快捷功能中也可以实现（图3-9）。

3. 默认元件库（Default）

默认元件库中包含3种类型的常用的元件。

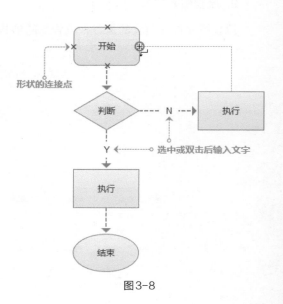

图3-8

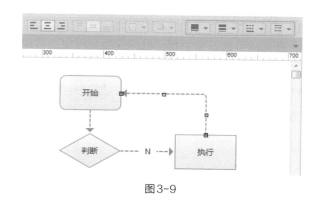

图3-9

● 基本元件

基本元件是搭建页面内容的形状、图片、线段、热区及容器元件（图3-10）。

图3-10

形状：形状元件包括各种矩形、形状按钮和文本，常用于页面中的一些背景形状、文字标题与按钮。图3-10中的第1、2行元件除了图片都是形状元件。这些元件可以通过改变属性与样式进行互相转换。如果需要编辑这些元件上的文字，双击这些元件即可进入编辑状态，如果只是添加文字，也可以选中该元件直接输入文字。

图片：图片元件一般用于为页面添加各种图片或图标，双击该元件即可导入默认显示的图片。如果需要为图片元件添加文字，可以选中该元件并直接输入文字。修改已有的文字可以在元件上单击鼠标右键，在弹出的快捷菜单中选择【编辑文本】命令，即可进入编辑状态。

线段：线段包括水平线和垂直线，常用于页面中的一些分隔线。这两个元件可以通过改变角度互相替代。另外，线段与形状也可相互转换。

热区：热区是一个透明元件，最常用的是它透明的特性，例如，在一张图片中的两个位置上添加单击的交互，就可以在这两个位置上放置两个热区，然后为热区添加单击的交互。

动态面板：动态面板是容器类元件，在之后将有详细的说明。

内联框架：内联框架容器类元件，简称框架，可以在页面的某个区域嵌入项目中的其他页面或某个URL指向的网页，还可以嵌入一些多媒体文件，如MP3、AVI、SWF等文件。

中继器：中继器是容器类元件，在之后将有详细的说明。

基本元件使用非常广泛，常见的页面基本上都可以用这些元件完成搭建。

● 表单元件

表单元件是用来获取用户输入的元件。在前端开发中，通过此类元件可以制作各类表单，并通过提交按钮，将用户输入的内容提交至服务器（图3-11）。

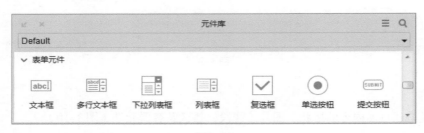

图3-11

文本框：单行文本框和多行文本框用于获取用户输入的文字。

列表框：下拉列表框和列表框用于获取用户选择的选项。元件默认的选项可通过双击元件，在弹出的窗口中进行设置。

单选按钮：具有选中与未选中两种状态。一般在使用时会有多个单选按钮，并属于互斥关系，只允许用户选择其一。

复选框：具有选中与未选中两种状态。可单独使用，也可多个一起使用，一般表示用户可自由选择或者取消选择。

提交按钮：在编程开发中，该元件被单击时，能够将用户填写完成的表单数据提交到服务器。但是，在原型制作中不涉及与服务器的交互，所以显得多余，特别是它的样式不能调整且只有几种简单的交互触发，所以，一般都用基本元件中的形状按钮或图片按钮来代替它。

● 菜单与表格元件

菜单与表格元件在搭建对样式无要求或要求较低的线框图时，使用起来比较方便（图3-12）。

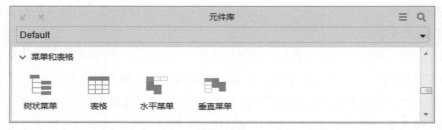

图3-12

树状菜单：垂直方向的菜单，节点可以展开与折叠。

表格：可以添加行与列，但不可合并多个单元格。

水平菜单与垂直菜单：可以添加菜单项和子菜单项。

菜单与表格元件的常用操作，如添加删除行、节点或菜单项等，可以在节点、单元格或者菜单项上单击鼠标右键，在弹出的快捷菜单中完成。

● 标记元件

标记元件主要用来进行功能标注或者展现界面业务流程（图3-13）。

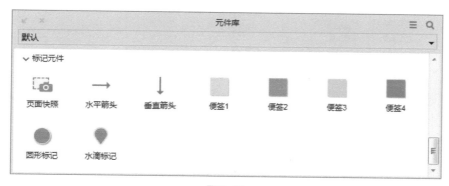

图3-13

页面快照：能够指向项目中的某个页面，呈现该页面的缩略图。

除页面快照之外的元件都是形状或线段元件，这些元件均可使用基本元件通过改变样式制作出来。

老师，我大概对这些元件有了些印象，但是怎么通过这些元件搭建页面还是没有什么概念。

好吧！我来找个页面，指出里面都能用哪些元件来完成页面的构建，给你参考（图3-14）。

图3-14

老师，为什么两个矩形并排放一起中间是粗线啊？

这与元件的边框对齐设置有关系。

如果发现并排的形状或图片元件之间的边框比较粗，可以在导航菜单【项目】的选项列表中选择【项目设置】，在弹出的窗口中将{边框对齐方式}设置为【边框重合】（图3-15）。

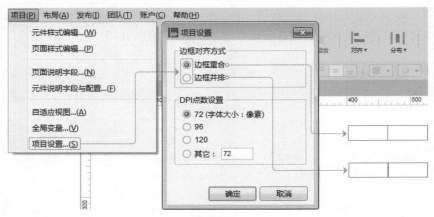

图3-15

3.2.2 使用自定义元件库

老师，我想问问你怎么用别的元件库。

点这里，想用哪个选哪个（图3-16）！

老师，这个我会！我是想问问你怎么用别的元件库，比如你网站上分享的那些。对了，就像你截图中后一个元件库，是怎么弄到软件的元件库列表中的？

这个只需要载入即可。

如果需要使用其他元件库，可以在元件库面板中单击功能列表按钮，在打开的列表中选择【载入元件库】命令（图3-17）。

图3-16

图3-17

第4章 查看原型

▶▶4.1 本机预览

🧑‍🎓 老师，我做了一个简单的页面，怎么才能查看效果呀？

🧑‍🏫 自己查看的话可以用软件的预览功能。

如果想快捷地查看原型图的效果，Axure 提供了预览功能，能够将制作的原型直接在浏览器中打开查看。

可以单击快捷功能中的预览按钮，或者按<F5>键进行预览（图4-1）。

图4-1

预览是以 Web 服务的方式在浏览器中查看原型，在浏览器中的地址是本机的 IP 地址与页面路径的组合。例如，http://127.0.0.1:32767/09.46.41/index.html。

🧑‍🎓 预览时可以选择不同的浏览器吗？我是用 IE 打开的，我想用火狐查看。

🧑‍🏫 可以呀！

预览可以选择不同的浏览器，可在导航菜单【发布】菜单中选择【预览选项】进行设置（图4-2）。

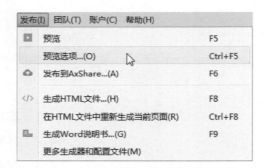

图4-2

在打开的预览选项对话框中，左半部就是浏览器的相关设置。一般，IE、谷歌、火狐浏览器都有单独的选项显示，直接选择即可。而其他的浏览器，只能通过设置为系统默认浏览器后，选择【默认浏览器】进行使用（图4-3）。

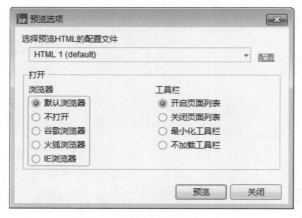

图4-3

右侧是浏览原型时关于工具栏的设置（图4-4）。

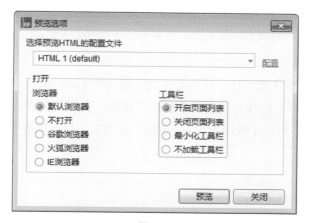

图4-4

开启页面列表：表示开启工具栏，并展开页面列表（图4-5）。

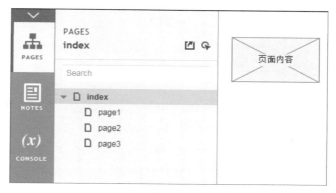

图4-5

关闭页面列表：表示开启工具栏，并收起页面列表（图4-6）。

最小化工具栏：表示开启工具栏，但不展开工具栏（图4-7）。

不加载工具栏：表示关闭工具栏，只显示页面内容（图4-8）。

图4-6

图4-7

图4-8

▶▶4.2　共享发布

老师，我想把原型让别人也能看到，像访问一个网站一样，通过 URL 地址打开，可以吗？

嗯，Axure 有共享功能，能够满足这种需求。

Axure 为我们提供了共享功能，这个功能需要先注册一个 Axure Share 的账号才能使用。注册账号可以直接在软件上完成。单击软件右上角的【登录】按钮，在弹出的界面中选择【注册】选项，填写真实有效的邮箱与密码，勾选【我同意 Axure 条款】复选框，最后单击【确定】按钮就完成了注册（图 4-9）。

图 4-9

完成注册后，软件会自动登录刚刚注册的账号，用户名显示为注册邮箱的前缀（图 4-10）。这时，就可以正常使用 Axure 的共享功能了。

按 <F6> 键，或者单击快捷功能中的【共享】按钮（图 4-11），可以打开共享窗口。

图 4-10

图 4-11

在发布窗口中输入共享项目的名称，单击【发布】按钮即可将原型发布到 AxureShare 的服务器中。如果发布的原型需要更高的安全性，可以在发布到 AxureShare 时，设置原型的访问密码，查看此原型的人必须输入正确的密码才能够查看。另外，还能选择发布到指定工作区的某一文件夹（图 4-12）。

如果需要新建工作区（图 4-13）与文件夹（图 4-14），需要登录 https://share.axure.com/ 进行设置。

图4-12

图4-13

图4-14

　　项目的发布与管理也可以在登录https://share.axure.com/后，进行相关操作。例如，发布一个新项目，单击【New Project】按钮，根据界面中的提示操作即可（图4-15）。

图4-15

无论在软件中（图4-16），还是在 Axure Share 站点中（图4-17），成功发布一个项目后，都会自动生成一个URL地址，供任何用户访问查看原型。

图4-16

图4-17

▶▶4.3　在线反馈

共享发布这个方法不错！不过，别人在看我的原型时，能不能在原型上做标注或者写评论呢？这样，我能比较直接地得到用户的反馈。

 通过共享发布生成的网址查看原型时，工具栏中就有评论功能。

在Axure Share站点中发布原型后，通过自动生成的URL进行浏览原型时，如果带有工具栏，能够看到工具栏中有一个"DISCUSS"的菜单项，选择这个菜单项，右侧就会显示发布讨论的面板。在面板中输入讨论内容，单击【提交】按钮，就可以把讨论内容保存到原型中（图4-18）。

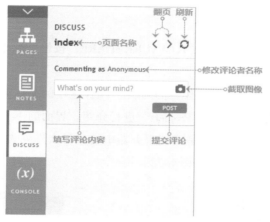

图4-18

使用"DISCUSS"功能发布讨论内容时，还可以截取图像辅助说明（仅FireFox和Chrome浏览器）。需要注意的是，这个功能需要安装浏览器插件才能支持，并且安装完插件后，需要重新加载页面才能生效（图4-19）。

当输入了讨论内容及截图并发表后，在面板中就会显示相应的内容（图4-20）。

图4-19

图4-20

▶▶4.4　Axure Share App

 老师，我想在手机上查看原型，但是手机的状态栏和浏览器的导航菜单都不能隐藏。而且，

我经常外出拜访客户，有时网络环境也不好，查看发布好的原型，经常要等很久，或者干脆打不开。搞得我好尴尬！像这种情况，有没有解决办法呀？

可以下载一个Axure Share的App。这款App不但能全屏查看原型，还支持将原型内容下载到本地，进行离线查看。可以到我的网站下载这个软件，网站是Axure原创教程网。

我们就来看一下如何使用AxureShare App（iOS版与Android版基本无差别，这里以Android版进行讲解）。

● 登录界面

输入注册邮箱和密码，点击"LOG IN TO AXURE SHARE"按钮登录即可（图4-21）。

● 工作区界面

登录之后会打开Home页，这里是工作区的列表。工作区中的文件夹可以在Axure Share网站中创建（见本章第2节），这里以默认的"My Projects"进行介绍。界面的下方还有两个按钮，默认被选中的是【CLOUD】按钮，表示当前查看的是云端服务器中的项目文件列表。另一个是【LOCAL】按钮，单击可以打开本地存储的项目文件列表（图4-22）。

图4-21

图4-22

● 在线项目列表

单击工作区的名称，进入工作区。新打开的页面中显示的是项目列表，所有上传到这个工作区中的项目，都在这里显示，下拉页面可刷新内容。单击项目名称后方的点状图标，可以为每个项目单独进行设置和操作（图4-23）。

对项目设置和操作包括4项，由上至下分别是（图4-24）：

■ 显示/隐藏设备状态栏
■ 下载项目文件到本地
■ 使用浏览器打开项目
■ 打开查看项目

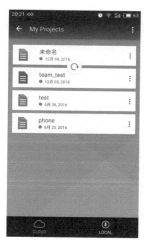

图 4-23   图 4-24

- 本地项目列表

单击工作区界面中的【LOCAL】按钮，打开已经下载到本地的项目文件列表（图4-25）。

注 意

一个项目的文件可以多次下载，并都在文件列表中显示，需要注意区分，或者是及时清除旧版本。

单击项目名称后方的点状图标，可以为每个项目单独进行设置和操作（图4-26）。

本地项目的设置和操作有三项，由上至下分别是：

- 显示/隐藏设备状态栏
- 删除本地副本
- 打开查看项目

● 打开查看项目

不管是云端的项目还是下载的项目，都可以在项目列表中单击查看项目。项目被打开后，会自动隐藏页面列表。如果想打开页面列表，需要快速点击设备屏幕三次，即可打开（图4-27）。

图 4-25   图 4-26   图 4-27

在未进行移动设备设置的情况下查看原型时，AxureShare的最大宽度为980px，原型尺寸的宽度超过980px时会自动按比例缩小，横向填满屏幕。原型尺寸的宽度小于980px时按原型的实际尺寸显示。关于如何进行移动设备的设置，将在后文中详细讲解。

▶▶4.5　生成文件

老师，除了在线发布，以及App中查看的这种方式，还有其他方式给别人查看吗？我听说可以传送文件给别人，就能够直接在计算机上查看原型。

嗯，你说的是生成HTML文件的方式。

Axure中能够将制作的原型输出生成为HTML文件，这个生成的文件内容可以发送给他人直接通过浏览器查看。

生成HTML文件的操作可以通过单击快捷功能中的【发布】按钮，然后在弹出的菜单中选择【生成HTML文件】选项，打开生成配置的对话框。这一步操作也可以通过按<F8>键来完成（图4-28）。

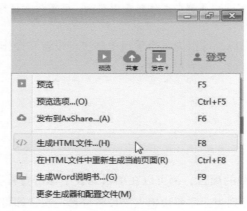

图4-28

在弹出的对话框中选择【常规】选项，设置HTML文件的保存位置，可以选择硬盘上的某个文件夹的路径，或者在某个路径的末尾输入"\文件夹名称"新建文件夹。例如，将生成的HTML文件保存至系统桌面的"TestFiles"文件夹中。如果系统桌面上没有这个文件夹，可以先通过单击路径输入框后面的【…】按钮选择保存到系统桌面，然后在路径末尾再加上"\TestFiles"，这样在生成时，软件会在系统桌面上新建一个名为"TestFiles"的文件夹，并将生成的HTML文件保存到该文件夹中（图4-29）。

老师，我刚才生成了HTML文件，但是生成后发现文件夹中有很多文件，到底把哪些发给别人呢？

嗯，要把这个文件夹所有的文件都发给别人。

啊？我的原型是做给客户看的，那么多文件，客户要打开哪个？

别急！我给你简单说一下，你就明白了。

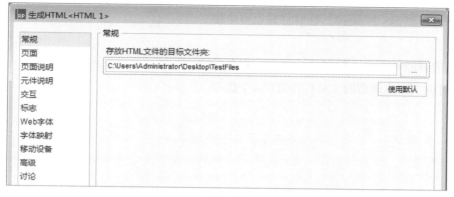

图4-29

在生成的 HTML 文件夹中，会包含很多内容，有文件夹及 HTML 类型的网页文件。文件夹中的内容不需要去关注，浏览原型的关键在于几个 HTML 页面文件。以一个新建的 RP 文件为例，生成的 HTML 文件包含图4-30中的这些内容。

特别说明

作者制作的汉化文件中，将index页与home页进行了合并，所以，在生成的文件中不包含home页。其他汉化版本会可能同时包含home页与index页，并且index页打开时会包含工具栏。

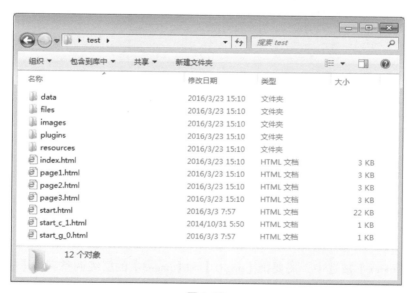

图4-30

其中：

● index：能够打开原型的起始页面。

● start：打开的页面中包含工具栏，并展开页面列表，同时包含原型起始页面。

● start_g_1：打开的页面中包含工具栏，但不展开页面列表，同时包含原型起始页面。

● start_c_1：打开的页面中包含工具栏，工具栏为最小化状态，同时包含原型起始页面。

图4-31

● 其他页面：如page1~page3，能够打开原型中相同名称的页面。

通过以上内容能够看出，除了其他页面，剩余的4个页面分别对应了浏览原型时工具栏设置的4个选项（图4-31）。

哦，我明白了，老师。如果我不想让客户看到工具栏，就删除名称以start开头的几个页面，让客户打开index页面。如果想让客户看到工具栏，就删除另外两个名称以start开头的页面，让客户打开start页面……

嗯嗯，但是千万要记住，index页面和其他自定义名称的页面都是原型的内容，是不可以删除的。

我还有一个问题，生成HTML文件时，一定要把所有的都生成吗？如果有些页面不想让别人看到怎么办？

这个也在生成HTML对话框中进行设置。

如果只想生成原型中的部分页面，只需要在生成HTML对话框的【页面】设置中进行相应的选择。例如，只想生成page1和page3，就先取消勾选【生成所有页面】复选框，然后勾选【page1】和【page3】复选框。不过因为【page1】和【page3】是【index】的子页面，所以在勾选时，【index】也会被自动选中（图4-32）。

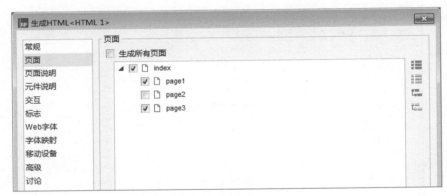

图4-32

如果不希望【index】被选中，需要把【page1】和【page3】的层级调整到与【index】平级或者更高的层级（图4-33）。

老师，我发现即便不生成【index】在文件夹中还是会出现【index】。

是的，【index】是系统默认生成的一个页面。当原型中包含命名为index的页面时，它能够打开这个index页面，如果原型中没有命名为index的页面，则它能够打开生成的页面列表中排在上方第一位的页面。

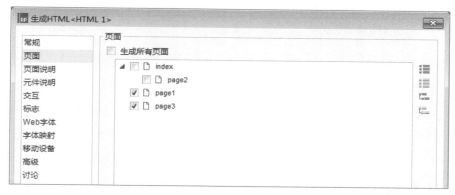

图4-33

▶▶4.6　浏览器插件

老师，紧急求助！今天我把做的原型发给客户，结果他打不开。

哦，他是什么浏览器？

是谷歌浏览器。

那就不用着急了，谷歌浏览器是需要安装插件才能正常浏览原型的。

使用谷歌浏览器浏览生成的 HTML 文件，需要安装浏览器插件（图4-34）。

这个插件可以直接单击提示中步骤1下面的粉红色按钮【INSTALL EXTENSION】进行安装（图4-34）。

如果无法顺利安装（一般是无法下载），可以通过以下步骤解决。

步骤1 下载 "AxureRP_for_chorme_0_6_2.crx" 文件，下载地址是 http://www.iaxure.com/menupage/download.html。

步骤2 打开谷歌浏览器，单击功能列表按钮，打开菜单中的

【设置】选项（图4-35）。

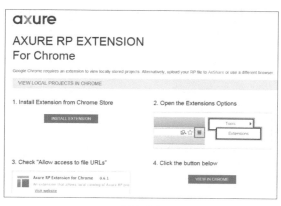

图4-34

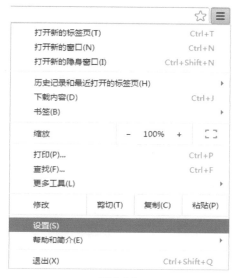

图4-35

步骤3 在设置界面中找到【扩展程序】选项，单击打开扩展程序列表（图4-36）。

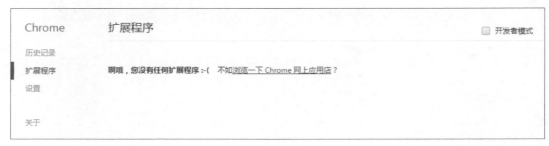

图 4-36

步骤 4 将下载到本地的插件文件放入到谷歌浏览器中界面，这时会显示提示 "拖放以安装"（图 4-37）。

图 4-37

步骤 5 在弹出的对话框中单击【添加扩展程序】按钮（图 4-38）。

图 4-38

步骤 6 在添加好的扩展程序中勾选【允许访问文件网址】复选框，并且保证【已启用】为已勾选状态
（图 4-39）。

图 4-39

完成以上步骤，谷歌浏览器就可以正常浏览 Axure 生成的 HTML 文件了。

老师，真的是这个问题！不过，让别人安装插件好麻烦啊！而且，有的客户浏览器也很老旧，有的居然用IE8或者IE9，导致经常出现莫名其妙的问题，没办法正常浏览。

我有两个工具能够解决这个问题！你可以试一下。

作者为了解决浏览原型用户的浏览器环境的问题，做了两个简单的小工具。在这两个工具中分别内置了谷歌浏览器和火狐浏览器。生成HTML文件后，将所有生成的内容复制到任一工具中的Demo文件夹中（图4-40），删除不符合需求的打开方式（.bat文件），然后将工具文件夹中的所有内容发送给浏览原型的用户，用户无须安装浏览器及插件，只需要双击打开相应的".bat"文件，就能够正常浏览原型。

图4-40

工具的下载地址是http://www.iaxure.com/menupage/download.html。

特别说明

　　在后文中将会讲解文本框元件不同类型的设置，有些类型需要特定的浏览器才能够支持，所以，在选择上述工具时，需要考虑原型中特定类型文本框对浏览器的要求。

▶▶4.7　工具栏介绍

老师，浏览原型时左侧工具栏中的那些功能都是什么呀？都是英文，我看不懂啊！

翻译成中文就能看懂啦！

作者做了工具栏的汉化包，下载后替换Axure安装目录中的同名文件即可实现工具栏的汉化。

下载地址是http://www.iaxure.com/menupage/download.html。

工具栏的页面面板中，除了可以单击页面列表中的页面名称切换显示页面，还有两个功能按钮（图4-41）。

一个功能按钮用于生成单个页面的共享链接，例如，将原型共享到Axure服务器上时，获取到的是项目初始页面的访问链接，而在工具栏上，能够获取各个页面单独的共享链接。

图4-41

另一个功能按钮，能够高亮显示原型页面中添加了交互的元件。

工具栏的说明面板中，能够显示页面说明。还有3个功能按钮，其中，两个按钮用于翻页，另一个蓝色按钮用于显示/隐藏页面中元件的说明图标（图4-42）。

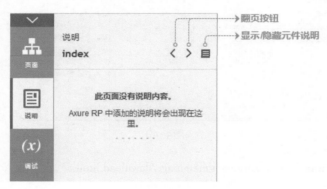

图4-42

工具栏的调试面板中，能够实时监控全局变量值的变化及交互执行情况（图4-43）。

> **特别说明**
>
> 本节使用的工具栏汉化包仅在本地预览和生成HTML查看原型时有效，发布到AxureShare浏览时无效。

图4-43

第5章 创建自适应视图

▶▶5.1　不同设备的原型尺寸

小楼老师，我想问你不同设备的原型尺寸是怎么界定的？

这个呀！我一说你就明白啦！

随着计算机屏幕分辨率的提升，Web端原型的尺寸也要随之改变。另外，因为各种移动设备的出现，原型不再是仅仅面向Web端，所以，如何在移动端的多种设备上浏览原型，以及原型的尺寸如何设置，也是面临的新问题。

首先，介绍Web端的原型尺寸。

因为Web端高度不固定，所以，这里只讲宽度。

早些时候，计算机屏幕的分辨率宽度一般都是1024px，所以，Web端原型的尺寸一般采用960px的宽度。但是，现在屏幕分辨率宽度基本都在1280px以上，显然再用960px的宽度设计原型已经不太合适，所以，建议目前的Web端原型宽度为1200px。

然后，计算机移动端的原型尺寸。

因为移动端有横屏与竖屏的切换，所以，宽度与高度均需确定。

移动设备的快速发展，导致移动设备的屏幕分辨率多种多样，甚至同样分辨率的设备屏幕尺寸也不一样。那么，如何确定面向某种设备的原型尺寸呢？

以小米4手机为例，这款手机分辨率为宽1080px×高1920px，屏幕尺寸为5英寸。

以联想Y700笔记本电脑为例，屏幕分辨率为宽1920px×高1080px，屏幕尺寸为15.6英寸。

通过上面两个例子进行对比，能够发现小米4手机的横屏分辨率和联想Y700笔记本电脑的分辨率是一样的。

小米4手机屏幕上有一个图标，联想Y700笔记本电脑上也有一个图标，如果这两个图标在视觉上大小相同，它们的实际大小（px）一样吗？如果计算机上的图标尺寸为100px×100px，手机上的尺寸是多少呢？

其实，答案很简单。把手机横过来，在计算机屏幕上比较一下，屏幕的宽度与高度基本上都是手机的3倍。

那么，也就是说计算机上尺寸为100px×100px的图标视觉尺寸，与手机上300px×300px的图标的视觉尺寸是趋近相同的。换句话说，同样物理尺寸的条件下，手机屏幕上的像素点数量是计算机屏幕上像素点数量的9倍左右。这是一个关于密度的概念。

既然清楚这个对应关系，我们就能够知道在计算机屏幕上制作小米4手机的原型尺寸为：竖屏360px×640px，横屏640px×360px，即水平与垂直方向的数值均除以3。

不过，上面的例子是以5英寸的手机举例，如果是6英寸的手机，屏幕分辨率同样为宽1920px×高1080px时，原型的尺寸就可能会发生变化。就目前的情况来看，一般手机屏幕分辨率的尺寸是原型尺寸的3倍、2.5倍、2倍，有极少数手机是2.75倍。

下面简单将目前各种主流手机的原型尺寸做一下介绍，均以竖屏尺寸为例。

安卓手机：360px×640px。

苹果手机：320px×568px（iPhone 5）、375px×667px（iPhone 6）、414px×736px（iPhone 6 Plus）。

特别说明

iPhone 6 Plus的物理分辨率为1080px×1920px，但输出分辨率为1242px×2208px。也就是说，iPhone 6 Plus手机全屏截图得到的图片尺寸为1242px×2208px，而不是1080px×1920px。所以，需要以输出分辨率去推算原型尺寸。

▶▶5.2 创建不同设备的视图

老师，你刚刚说的我明白啦！也就是说，如果我需要适应多种设备的话就需要制作各种尺寸的原型。

一般来说是这样的，但是如果两个原型的布局一致，宽高比也一致，那么使用一套就可以了。

那多个尺寸的原型是要每个都做在不同的源文件中吗？怎么让设备能够自动识别显示哪一套呢？

不用做成多个源文件，在Axure中有个功能叫自适应视图，就是用于满足这种需求的。

在导航菜单中的【项目】选项列表中选择【自适应视图】选项（图5-1）。

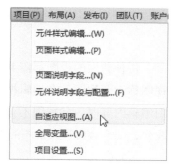

图5-1

在弹出的对话框中就可以设置支持各种原型尺寸的视图。默认情况下，会有一个基本视图，在没有与设备尺寸相匹配的视图时，将会显示基本视图。基本视图无须做任何设置，如果填写宽度和高度，只是在画布中出现相应的辅助线，而不会与该尺寸的设备相适应（图5-2）。

图5-2

单击【+】按钮可以添加新的视图，新的视图需要填写视图的名称、宽度和高度（可省略）（图5-3）。

图5-3

　　每种新增的视图都需要继承自基本视图或其他视图。被继承的视图称为父视图，继承于父视图的视图称为子视图。在编辑视图内容时，默认情况下，父视图编辑内容时，子视图会同步改变，而子视图编辑内容时，父视图不会有任何改变。但是，父视图编辑内容时，如果子视图相应的内容已经发生改变，则不会再被父视图的编辑所影响。

　　老师，我按你说的设置了，但是去哪里编辑各个视图的内容呀？

　　嗯，设置完还需要为页面开启自适应视图的功能，才可以编辑多个视图。

　　每个页面都需要单独开启自适应功能，这个设置在检视面板的【属性】中（图5-4）。

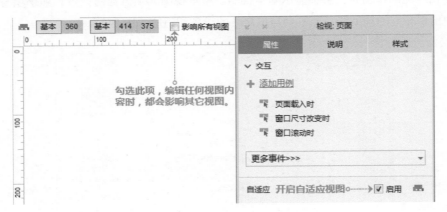

图5-4

▶▶5.3　移动设备的浏览设置

　　老师，我按你说的做了几套不同尺寸的原型，但是在手机上查看时显示都不能铺满屏幕。

　　是不是页面内容全部缩到左上角去了？

是的！是不是我哪里做错了？

是我错啦！我忘记告诉你，除了做自适应视图，还需要在发布中进行【移动设备】的设置。

在【生成HTML】对话框中单击左侧列表中的【移动设备】，然后在右侧的界面中勾选【包含视口标签】复选框。完成这个设置后，原型就能够自动被设备识别，正常显示了（图5-5）。

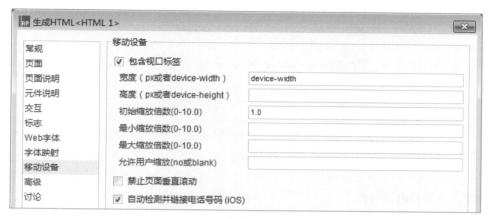

图5-5

设置内容中还包括以下几项：

● 设备宽度设置：设置设备的视口宽度，默认为"device-width"，即设备宽度。此项一般保持默认不变。

● 设备高度设置：设置设备的视口高度，可填写"device-height"，即设备高度。此项可以不填写。

● 初始缩放倍数：初始缩放倍数是指在移动设备上加载原型时，显示的初始尺寸缩放比例。可选数值为0~10，可为小数；例如，宽度为720的原型需要在宽度为360的设备上显示时，可以设置初始缩放比例为0.5，这样在宽度为360的设备上则能够显示全部内容。如果原型尺寸与设备尺寸一致，填写1或者1.0即可。

● 最小缩放倍数：最小缩放倍数是指移动设备根据自身尺寸自动缩放原型尺寸的最小值。可选数值为0~10，可为小数。例如，最小缩放倍数设置为1.0时，用宽度为360的设备查看宽度为420的原型，是没有办法缩小到一屏查看的，只能滚动页面才能看到全部内容，所以，如果想缩小原型的尺寸看到全部内容，要把最小缩放倍数设置为0.8以下才可以。

● 最大缩放倍数：允许设备中原型缩放的最大倍数可选数值为0~10，可为小数。例如，原型尺寸为360px×640px，最大缩放倍数设置为1.5时，通过双指放大原型页面，最大尺寸为540px×960px。

● 允许用户缩放：允许用户进行缩放的话，这里保持空白（blank）即可，不允许用户进行缩放的话，这里填写"no"。

● 禁止页面垂直滚动：勾选此复选框时，当原型的内容高度超出设备高度时，无法通过垂直方向滚动页面显示超出部分的内容。

老师，下面的那些是什么呀？

下面那些是 iOS 系统的设置。如果使用苹果的移动设备，需要下面的这些设置。

移动设备设置的下半部分是 iOS 系统的专属设置，共有以下几项（图5-6）。

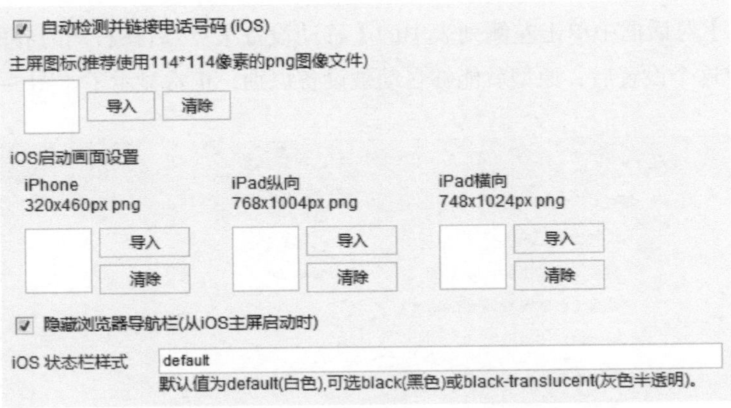

图5-6

- 自动检测并链接电话号码

勾选此复选框，可自动识别原型中的电话号码，号码带下画线效果。单击号码则弹出呼叫该号码的提示框。

- 主屏图标设置

设置原型页面链接添加到主屏幕时所显示的图标。图标大小为 114px × 114px。

- 启动画面设置

设置不同设备的启动画面图片。启动画面是指从页面加载开始到结束的过程中显示的画面。如果加载过程较短，则不会显示。

- 隐藏浏览器导航栏

勾选此复选框后，从主屏幕图标打开时，能够隐藏浏览器的底部导航栏。

- 设置状态栏样式

设置浏览器中浏览原型时状态栏的样式，默认为白色，可根据提示设置为黑色和灰色。

这个主屏图标指的是什么？

这个是指 iOS 系统中把网址添加到主屏快捷方式时，所显示的图标。然后通过单击主屏的图标就能够浏览原型。

首先，勾选【包含视口标签】复选框。

然后，在 iOS 专属设置中设置{主屏图标}。同时，勾选【隐藏浏览器导航栏】复选框（图5-7）。

完成上面两个设置后，就可以将原型文件发布到 AxShare 的服务器工作区中。

接下来，在 iOS 中（这里使用 iPhone 6 Plus 举例），通过默认浏览器 Safari 打开发布后获取的地址。单击浏览器下方导航栏中的功能列表图标（图5-8）。

在展开的列表中单击【添加到主屏幕】图标（图5-9）。

图5-7

在弹出的界面中为主屏图标添加一个名称，然后单击右上角的【添加】按钮，完成添加（图5-10）。

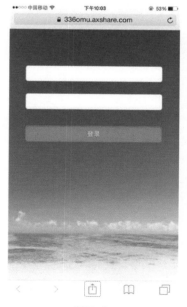

图5-8

图5-9

图5-10

添加完成之后，在手机的主屏幕中就出现了刚才设置的图标，单击该图标就能够打开原型进行访问了（图5-11）。

图5-11

第6章 概要与检视功能

▶▶6.1　概要功能

楼叔，我在做原型的时候，画布中有很多元件，有的还被别的元件盖住，选起来很不方便，有没有什么好的方法呀？

Axure的概要面板中能够很方便地管理元件，就是页面右下角这里。通过概要功能能方便地对元件进行各种操作。

在Axure RP 8.0界面的右下角是概要面板，这个面板是很常用的，页面中所有的元素都能在这个列表中找到。单击概要面板中的元件，画布中也会同步选中（图6-1）。

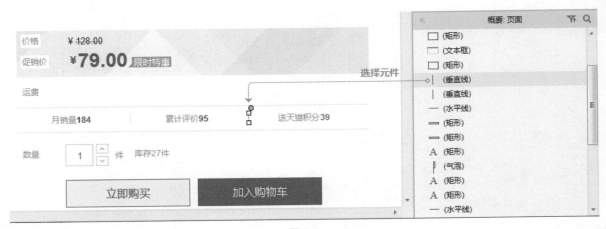

图6-1

所以，在页面上元件过多互相遮挡时，通过概要能方便地选中元件。

另外，概要中还可以为元件命名，选中元件列表中的某项，再次单击该列表项元件名称，则变为可编辑状态（图6-2）。

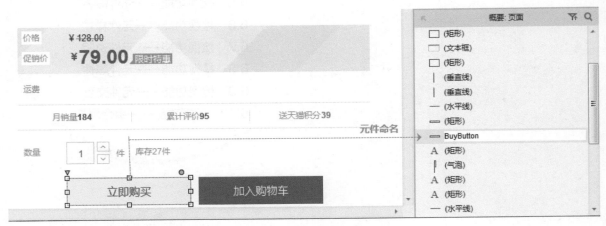

图6-2

而直接双击某个列表项，如果是形状类元件，则可以直接编辑元件上的文字，如果是图片元件，则可以进行默认图片的导入。

概要中还提供了搜索和筛选功能，可以通过输入元件名称搜索到元件（图6-3），也可以只显示满足筛选条件的元件（图6-4）。

图6-3

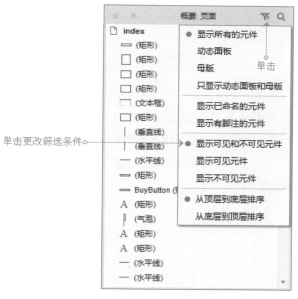

图6-4

楼叔，概要中这么多元件，有的在上面有的在下面，是按什么规则排序的？

是按层级排序的。就像堆放木板一样，元件也是一层一层叠起来的，在概要中，默认层级越高的元件越靠上显示，顶层的元件排在第一位，底层的元件排在末尾。不过这个顺序也可以在排序与筛选菜单中进行设置（图6-5）。

那怎么调整元件的层级呢？

在快捷功能区中有调整层级的按钮（图6-6），不过，在概要中也可以调整。可以通过鼠标上下拖动概要列表中的某项来调整它的层级。

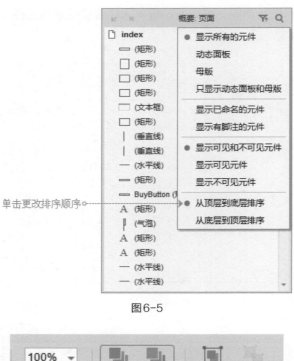

图6-5

图6-6

有一些特殊元素，如动态面板和母版也会显示在这个列表中，这两个特殊元素还能够仅在画布中隐藏，而不影响预览或者生成后页面中的正常显示。单击元件列表项后面的复选框，可以切换该项在编辑区的显示与隐藏（图6-7）。

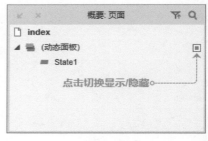

图6-7

▶▶6.2　检视功能——页面样式

🧑‍🦰 楼叔，我做好了一个页面，但是预览的时候，页面整体都在浏览器的左侧，怎么才能居中显示？

😎 这个只需在页面的样式中进行设置。

关于页面的设置，在检视面板中单击画布的空白处，或者单击概要列表中的页面名称，都能够将检视面板切换到页面的设置。

单击检视面板中的【样式】，打开样式设置界面（图6-8）。

第一项：选择页面样式方案。

可以单击页面样式编辑的按钮，设置多种页面样式的方案，保存在页面样式列表中，然后在页面样式列表中选择使用。

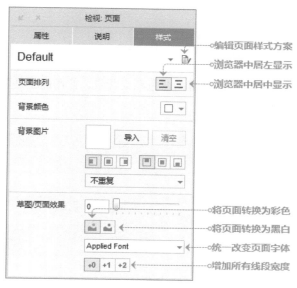

图6-8

第二项：页面排列。

一共有两个选项，默认为居左显示，可以更改为居中显示。一般在设计Web原型时，都会选择居中显示。不过，这两个选项的效果，只有在页面预览或者生成后进行查看时才能看到。

第三项：背景颜色。

可以像给元件设置填充颜色一样，给整个页面添加背景色。

第四项：背景图片及对齐、重复的设置。

通过单击"导入"按钮导入本地的图像文件后，可以进行水平和垂直的对齐设置。如果图像需要重复，还可以进行重复设置。重复效果中有两个需要注意的选项就是填充和适应。

填充是指根据图片的原始比例（宽：高）对应浏览器窗口的当前比例，当宽高比变大时，图片宽度与窗口宽度保持一致，而高度按原始比例进行缩放。当宽高比缩小时，图片高度与窗口高度保持一致，而宽度按原始比例进行缩放。例如，图片原始比例为16：9，当浏览器尺寸为1200px×900px时，宽高比变小，这时背景图片尺寸为1600px×900px。当浏览器尺寸为1200px×600px时，宽高比变大，这时背景图片尺寸为1200px×675px。

适应与填充相反，是指根据图片的原始比例（宽：高）对应浏览器窗口的当前比例，当宽高比变大时，图片高度与窗口高度保持一致，而宽度按原始比例进行缩放。当宽高比缩小时，图片宽度与窗口宽度保持一致，而高度按原始比例进行缩放。例如，图片原始比例16：9，当浏览器尺寸为1200px×900px时，宽高比变小，这时背景图片尺寸为1200px×675px。当浏览器尺寸为1200px×600px时，宽高比变大，这时背景图片尺寸为1067px×600px。

楼叔，那个页面背景图片，是给页面添加背景的吗？

是的。

那你看QQ注册的这个页面中，顶部的蓝色渐变背景是怎么实现的呢？

这个背景其实只有一张很窄的蓝色渐变图片，进行了水平重复的设置。我做给你看！

（看不懂？
扫一扫）

案例01 **QQ注册页面的蓝色渐变背景**

在QQ注册页面，页面顶部横向铺满屏幕的蓝色渐变背景，使用的就是背景图片水平重复实现的效果（图6-9）。

图6-9

具体步骤如下（图6-10）。

步骤1 在概要面板中单击页面名称，将检视面板切换到页面设置。

步骤2 在检视面板的样式设置界面中单击【导入】按钮，导入本地背景图片。

步骤3 在下方的列表框中选择【水平重复】选项。

图6-10

第五项：草图效果。

拖动标尺能够让页面上的一些元件变成手绘草图效果，标尺越向右侧拖动草图效果越明显。

第六项：页面颜色。

能够设置页面的颜色效果。共有两个选项，第一个是彩色效果，第二个是黑白效果。

第七项：字体系列。

能够统一设置页面中的字体系列，如宋体或微软雅黑。

第八项：线段宽度。

能够统一增加页面中元件边框及线段的宽度。

▶▶6.3 检视功能——页面说明

 楼叔，页面样式旁白的说明是用来做什么的？

说明就是用来给页面添加一些备注文字。

页面设置面板中间一项是说明。页面说明可以为当前页面添加注释说明，以便于他人了解页面内容。页面说明直接在下方的文编框中输入内容。

如果需要有多个说明，操作步骤如下。

步骤1 单击【自定义字段】。

步骤2 在弹出的对话框中单击【+】按钮，添加新的说明字段名称，单击【确定】按钮后，检视面板中即出现了新增的说明字段，可添加不同的说明内容（图6-11）。

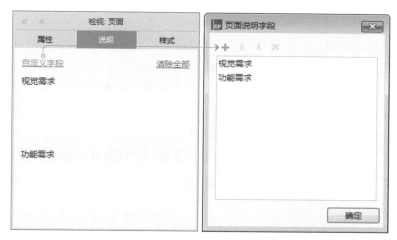

图6-11

▶▶6.4 检视功能——页面属性

还有页面属性是什么呢？

页面属性中最主要的功能是给页面添加交互，还有就是设置页面自适应视图的启用或关闭（图6-12）。

特别说明

如何给页面添加交互，实现与页面相关的交互效果，在后文中将通过相应的案例进行讲解。

图6-12

▶▶6.5 检视功能——元件命名

楼叔，检视面板中的其他功能你也给我讲讲吧！我看不管是元件的样式还是属性，都很复杂。

其实这个元件设置也非常简单，选中一个元件后，检视面板中就会呈现与该元件相关的设置。

从上至下，首先看到的是元件的名称设置。元件的命名非常重要，特别是当在软件的一些元件列表中选择元件时，已命名的元件才能够很快被找到。

不过元件的命名建议要有一定的规范，最好的方式就是使用英文命名，并且采用"功能名称+元件类型+序号"的组合形式。其中，元件类型与序号部分，主要用于区别同类功能的元件，可视情况添加或省略。例如，一个页面中同时出现背景图像和背景形状，可以分别命名为"BackgroundImage"和"BackgroundShape"；而一个页面同时出现两个背景形状时，可以分别命名为"BackgroundShape01"和"BackgroundShape02"。书写格式上，因为命名时会包含多个单词，所以，每个单词首字母大写，以方便阅读（图6-13）。

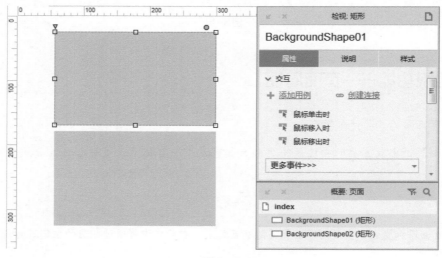

图6-13

特别说明

不建议用中文或拼音进行元件命名。使用中文命名容易导致生成的HTML文件出现问题，而拼音除了不方便阅读，信息量不足，还容易出现不同文字拼音相同的情况。

▶▶6.6 检视功能——元件样式

元件命名的下方和页面设置一样，是属性、说明与样式。下面先介绍样式。

大部分元件的样式都大同小异，一般都是可用与不可用的区别，如矩形元件样式与热区元件样式的对比（图6-14）。

图6-14

能够明显看到，右侧热区元件不但{位置·尺寸}的设置中比左侧矩形少了一些内容，而且，样式设置中大部分设置都是灰色不可用的状态。

 楼叔，样式中这么多设置都是做什么用的？

我就不一个一个说了，我画一张图给你。你看一遍，有个印象就可以啦（图6-15）！

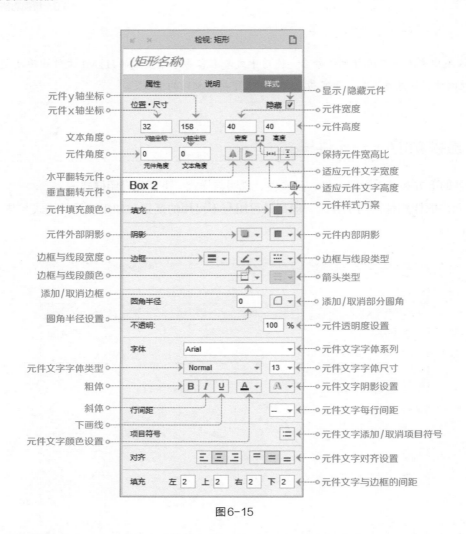

图6-15

这是形状元件包含的样式，图片元件与此略有不同，可以看另外一张图（图6-16）。

图6-16

以上两张图包含了所有单一元件样式的设置内容。

楼叔，你的图标注得很明白，但是我也只是知道功能用途，并不知道怎么去使用！

这需要很多练习，最简单的途径就是模仿一些真实的网站或应用的界面。下面以虾米音乐导航菜单为例进行讲解（图6-17）。

图6-17

（看不懂？扫一扫）

案例02 导航菜单样式

先把这个截图放到画布上。然后，开始模仿成原型。

在实际操作之前，需要先进行仔细观察。

（1）矩形背景颜色有渐变的效果。

（2）矩形背景底部有阴影的效果。

（3）所有的文字为白色，同时带有文字阴影效果。

（4）菜单中的按钮边框为深棕色。

（5）菜单中的按钮填充颜色同样为渐变效果。

（6）菜单中最左侧的按钮填充颜色与其他按钮不同，但同样为渐变效果。

（7）菜单中的按钮共有4个，中间两个为矩形，两侧的按钮都有两个角部为圆角。

观察完毕，就可以逐步动手制作了。

步骤1 先在画布上放入一个无边框矩形元件（如矩形2），在样式中设置相应的宽高（图6-18）。

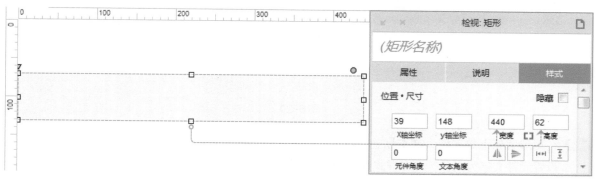

图6-18

步骤2 在快捷功能或样式面板中打开填充颜色设置面板，选择颜色类型为渐变色，单击调色条中间位置，添加一个颜色滑块（图6-19中橙色线段部分）。然后为3个颜色滑块设置不同的颜色，这里可以选中滑块后，通过吸管工具在原图上相应的位置汲取颜色（图6-19中蓝色线段部分）。

步骤3 在快捷功能或样式面板中，单击【外部阴影】选项，为矩形背景添加下方的阴影。在阴影的设置界面中勾选【阴影】复选框，才能进行阴影的设置（图6-20）。

● {偏移}是指阴影的位置，向左侧偏移{x}中输入负数，反之输入正数，无偏移则填写"0"。向上方偏移{y}中输入负数，反之输入正数，无偏移同样填写"0"。本案例中阴影只在矩形下方出现，所以{x}偏移为"0"，{y}偏移为"4"。

● {模糊}是指阴影的浓度，数值越大阴影越淡，反之越浓。

● {颜色}是用来设置阴影的颜色，单击之后即可打开选色界面，选取适合的颜色。

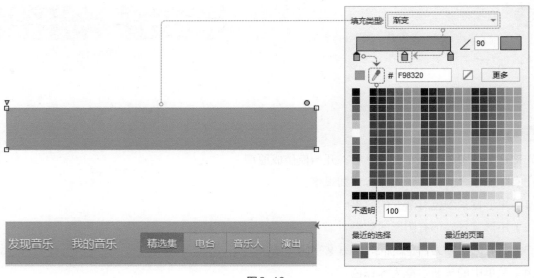

图6-19

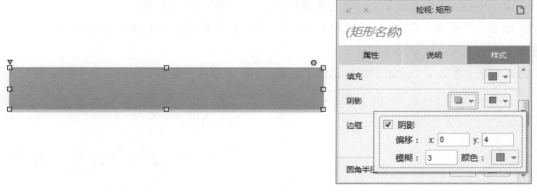

图6-20

步骤 4 在矩形背景上放置两个文本标签，双击元件输入相应的文字，设置字体尺寸为"16"px，然后，设置元件文字为白色，并在样式面板中为元件文字添加【文字阴影】（图6-21）。

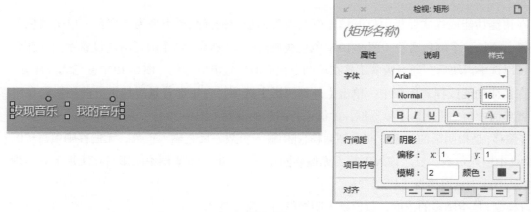

图6-21

步骤5 放入一个带边框的矩形（例如矩形1），参考操作步骤1、2、4，设置好宽高、渐变颜色和文字阴影。然后，单击快捷功能或样式面板中的边框颜色按钮，为边框设置颜色。在颜色列表中没有需要的边框颜色，可以单击颜色设置面板中的【更多】按钮，在自定义颜色界面中设置自定义颜色（图6-22）。

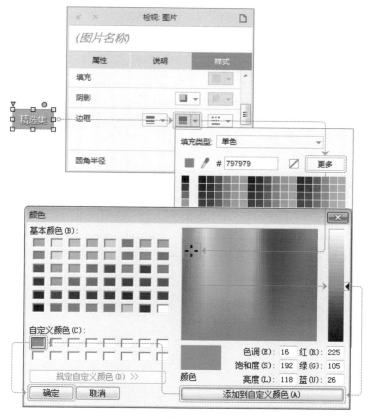

图6-22

步骤6 按住<Ctrl>键拖动矩形元件（或者按<Ctrl>+<D>组合键），将其复制为4个，并双击矩形元件更改文字。然后，参照操作步骤2更改第一个矩形元件的颜色。如果发现4个矩形元件之间

图6-23

的边框比较粗，可以在导航菜单【项目】的选项列表中选择【项目设置】，在弹出的窗口中将{边框对齐方式}选择为【边框重合】（图6-23）。

步骤7 两侧的两个矩形元件需要设置圆角。按住<Ctrl>键并选中两个元件，在样式面板中设置{圆角半径}为"3"，然后，进行保留部分圆角的设置，左侧的矩形元件取消右上与右下的圆角，右侧的矩形元件取消左上与左下的圆角（图6-24）。

步骤8 最后，将设置完毕的4个矩形元件并排放置在背景矩形合适的位置上（图6-25）。

虽然还不是很明白，但是感觉已经有些入门了！

这个你要多练习，才能熟练运用！

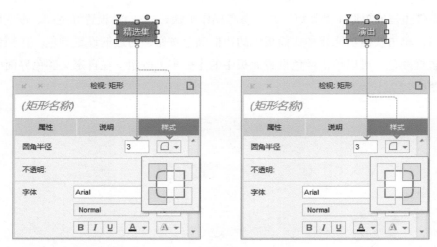

图6-24

图6-25

嗯，我会努力练习的。不过，我刚才发现一点问题！ Axure 不能给文字添加删除线吗？要是做一些商品价格折扣中删除线的效果怎么弄呀！

可以！删除线虽然没有在文字的样式设置中，但是可以通过水平线来实现。

（看不懂？扫一扫）

案例03 带删除线的文字效果

具体步骤如下（图6-26）。

步骤1 在画布中放入一个水平线元件。

步骤2 双击水平线，给元件添加文字。

步骤3 在样式设置中选择元件自动适合文本宽度。

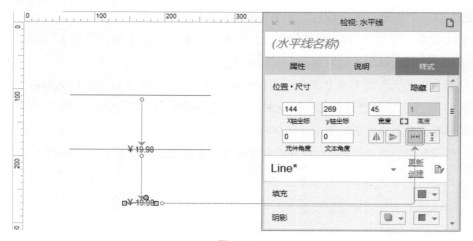

图6-26

哇！原来还能这样解决！太感谢了，我先去学习了！

嗯！多找一些网页或者App的界面模仿。

▶▶6.7 检视功能——元件说明

楼爷好！我想做一个身份证号码的验证，能给点儿思路吗？

这个别做了！

啊？做不了吗？

不是做不了。而是，在我们原型制作的过程中，有时并不是所有的功能都要通过给元件添加交互来进行展现。像你所说的这种身份证号码的验证，在Axure中实现会非常复杂，而对于开发来说，这种验证也往往是很通用的，甚至都有可重用的代码。所以，完全没必要在原型中实现真正的验证，把精力耗费在这个上面非常不值得，这种情况我们只需要给这个文本框加相应的文字说明即可。

6.7.1 添加元件说明

在检视面板中提供了给元件添加注释说明的功能。像身份证号码验证的交互，在原型上实现一些复杂的验证不是很方便，也会很耗费时间。所以，像这种情况时，可以直接给元件添加说明，在说明中写出验证要求（图6-27）。

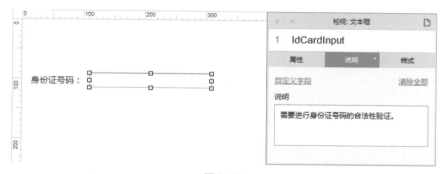

图6-27

当给元件添加了说明，在浏览器中查看原型时，可以在工具栏的说明面板中查看说明，或者单击元件右上角的说明图标查看说明（图6-28）。

图6-28

一个说明好像不太够用，能添加多个说明吗？

可以，说明的字段可以自定义。

6.7.2 自定义说明字段

在原型制作过程中往往一个元件需要多个说明，例如，一个添加商品信息的按钮，需要包含业务描述、需求描述、行为人、前置条件、后置条件等。这时，就需要添加多个说明。

单击说明面板中的【自定义字段】按钮，打开说明编辑界面，在【添加】的列表中选择一种类型就可以添加一个说明字段，新添加的字段就会出现在【说明】的功能模块中，再写入对应的说明文字就可以了。添加的说明字段一共有4种：文本、列表选项、数字和日期。一般比较常用的就是文本和列表选项，如商品信息相关的行为人是几个固定的部门，就可以将说明字段设置为列表选项，把这些部门预置进去，供选择使用，免去每次输入的烦琐（图6-29）。

图6-29

▶▶6.8 检视功能——元件属性

小楼大大好！我想做个密码输入框，就是输入文字时只能看到圆点那种。这个怎么实现呢？

这个是文本框的类型，看来你对这个元件的属性不太了解呀！我给你详细讲解吧！

在检视功能的属性面板中有每个元件的属性设置，不同元件的属性会有差别。这里对各类元件的属性分别进行讲解。

● 文本框

文本框是一个获取用户输入的元件。在这个元件的属性中，可以更改文本框的类型，实现不同内容的输入（图6-30）。

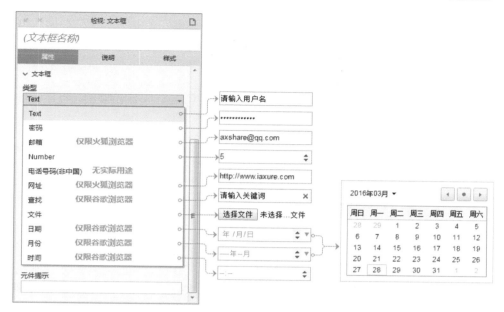

图6-30

帅帅的老师，你再把属性中其他的设置也给我讲讲吧？

没问题！

Axure中的文本框给我们提供了很多常用的功能，例如，一个登录面板中账号输入框的提示，现在比较流行将提示写在文本框中，在光标进入文本框（获取焦点）或者用户开始输入时，提示自动消失。

案例04 文本框中的提示

（看不懂？
扫一扫）

具体步骤如下（图6-31）。

步骤1 在画布中放入文本框，然后在属性面板的提示文字中输入提示文字。

步骤2 为提示文字设置样式，默认为浅灰色。

步骤3 根据不同的需求，设置提示文字消失的触发条件为【输入】或【获取焦点】。

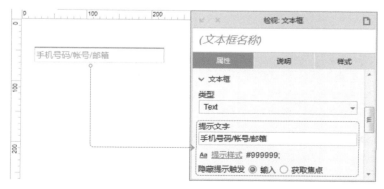

图6-31

另外，文本框的属性中还提供了一些其他设置，下面通过一张图来了解一下（图6-32）。

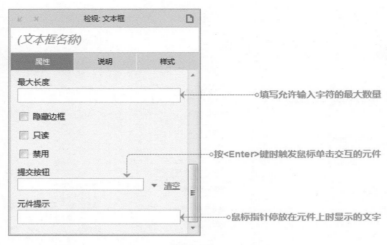

图6-32

第一项：最大长度。最大长度是指文本框输入文字的最大数量。例如，设置为"6"，则文本框最多只能输入6个文字。

第二项：隐藏边框。勾选此复选框后，能够将文本框的边框隐藏。

第三项：只读。勾选此复选框后，文本框的内容将不可编辑。

第四项：禁用。勾选此复选框后，元件的交互会失效。对文本框元件的作用还包括内容不可编辑、光标无法进入及样式变为灰色等。

第五项：提交按钮。提交按钮是指在文本框编辑文本时，按 <Enter> 键，能够触发指定元件单击时的交互。例如，登录面板上的账号输入框完成输入时，按 <Enter> 键，触发单击登录按钮的交互。

第六项：元件提示。元件提示是指将鼠标指针停放在元件上面时，显示的提示内容。例如，在一个"忘记密码？"的文本标签元件属性中设置提示文字为"单击找回密码"（图6-33）。

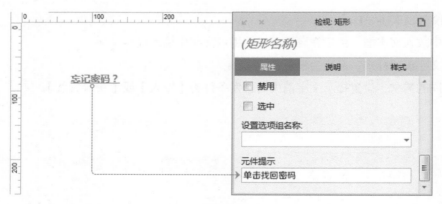

图6-33

当浏览原型时，将鼠标指针停放在文本标签上，就会显示设置的提示文字（图6-34）。

A 老师，你上面说的隐藏边框在什么时候会用到呢？

图6-34

我举个例子给你！

（看不懂？
扫一扫）

案例05 圆角蓝色边框的文本输入框

具体步骤如下（图6-35）。

步骤1 在画布中放入一个矩形，设置边框为蓝色，圆角半径为"5"px。

步骤2 在做好的矩形上方放入一个文本框，长和宽都小于矩形，并与矩形中心对齐。

步骤3 在文本框的属性中勾选【隐藏边框】复选框。

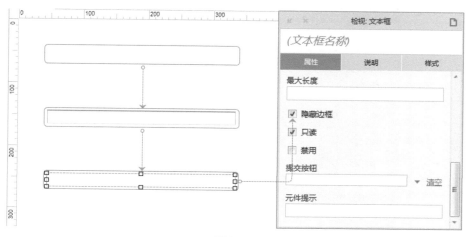

图6-35

这样就制作出了一个圆角蓝色边框的文本输入框（图6-36）。

浏览器中的效果
图6-36

老师，是不是元件的属性中有些是独有的，有些是其他元件也有的？

是的。比如刚才我说的元件提示，大部分元件都有这个设置。

那老师能不能把其他的元件也给我讲讲？我感觉很有用处！

好的！我给你仔细讲解一下。

● 形状

形状类元件因为互相之间可以转换，所以，属性都是一样的。同样，先通过一张图来说明一下（图6-37）。

第一项：选择形状。可以将当前形状更改为其他形状。

第二项：交互样式设置。可以为元件的不同状态设置不同的视觉样式。

鼠标悬停：能够设置鼠标进入元件范围时，元件呈现的样式。

鼠标按下：能够设置在元件上按下鼠标按键时（左键与右键均会触发），元件呈现的样式。

选中：能够设置选中状态时，元件呈现的样式。

禁用：能够设置禁用状态时，元件呈现的样式。

第三项：引用页面。能够将形状链接到当前项目的某个页面，形状上显示该页面名称。

第四项：禁用。勾选此复选框，设置元件默认状态为禁用。

第五项：选中。勾选此复选框，设置元件默认状态为选中。

第六项：设置选项组名称。为多个元件设置相同的选项组名称后，同组元件仅有一个能够设置为选中状态。当设置某个元件为选中状态时，其他元件自动改变为未选中状态。

第七项：元件提示。与文本框的元件提示相同，是指将鼠标指针停放在元件上面时，显示的提示内容。

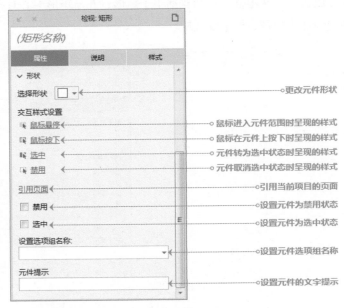

图6-37

老师，那个交互样式有什么用啊？没太理解什么时候能用到。

嗯，我给你做个小案例。

（看不懂？
※ 扫一扫）

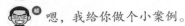
案例06 ▶ **动态样式的按钮效果**

一般来说一个按钮会有3种样式，分别是默认状态的样式、鼠标进入的样式及鼠标按键按下的样式（图6-38）。

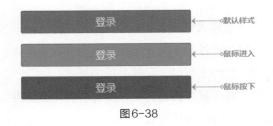

图6-38

这样一个具有交互效果的按钮，就可以通过交互样式的设置来实现。

步骤1 在画布中放入一个矩形，设置好默认样式；然后，在{交互样式设置}中单击【鼠标悬停】（图6-39）。

步骤2 在交互样式设置窗口中，为按钮设置鼠标进入元件时呈现的样式（图6-40）。

步骤3 单击交互样式设置窗口中的【鼠标按下】按钮，继续为按钮设置鼠标按下时呈现的样式（图6-40）。

完成以上设置后，一个具有交互效果的按钮就实现了。

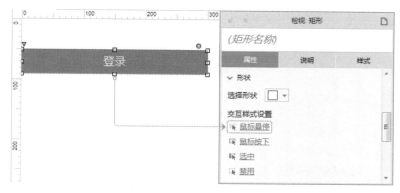

图6-39

图6-40

● 图片

 老师，我看图片的属性和形状差不多呀！

 是的。

图片元件除了导入图片的设置，其他设置都和形状一样。

关于导入图片，一般都是双击来实现导入，这样比在属性中的操作更快捷。如果需要将导入的图片清除，恢复元件原有的样式，则需要在属性中单击【清空】按钮来实现（图6-41）。

● 框架

 老师，听说内联框架能往原型中嵌入视频、地图是吗？

 对呀！可以嵌入网页或者多媒体文件等！我给你讲讲框架的属性，顺便分享两个案例给你吧！

图6-41

内联框架的属性很简单，下面由上至下依次介绍（图6-42）。

第一项：选择框架目标，为框架指定嵌入的页面、URL或文件。这个设置可以通过双击元件实现。

第二项：框架滚动条。设置镶嵌的页面尺寸超过框架尺寸时，滚动条的呈现方式。

第三项：隐藏边框。设置框架在页面中是否显示边框。

第四项：预览图片。当框架取消边框与滚动条会与页面白色背景形成一体，无法分辨。可以通过添加预览图片，让框架在页面上显示出来。此项设置只在画布中有效，在浏览器中查看原型时，不会显示预览图片。

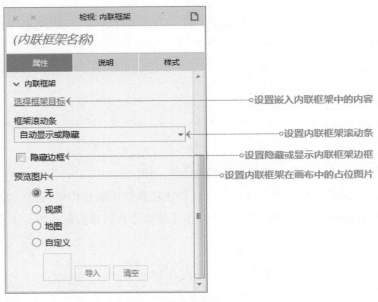

图6-42

案例 07 页面中嵌入优酷视频

步骤 1 获取优酷的视频连接。在优酷的视频播放界面中，单击分享给好友后方的列表图标，在弹出的界面中单击 Flash 地址的【复制】按钮，复制地址。如果浏览器不支持复制功能，可以选择文本框中的地址，使用 <Ctrl>+<C> 组合键进行复制（图6-43）。

图6-43

步骤 2 在画布中放入内联框架，设置成合适的尺寸。在内联框架的属性中设置{框架滚动条}为【从不显示】，勾选【隐藏边框】复选框，并设置{预览图片}为【视频】（图6-44）。

图6-44

步骤 3 双击框架元件或在属性中单击【选择框架目标】，选中【链接到 url 或文件】单选按钮，将操作步骤 1 中复制的 Flash 地址粘贴到文本框中，单击【确定】按钮退出编辑（图6-45）。

图6-45

（看不懂？
扫一扫）

案例08 页面中嵌入百度地图

步骤1 打开百度地图提供的地图生成器，地址为 http://api.map.baidu.com/lbsapi/createmap/。

步骤2 在定位中心点的面板中输入地图中心点的地名，也可以拖动地图改变中心点位置（图6-46）。

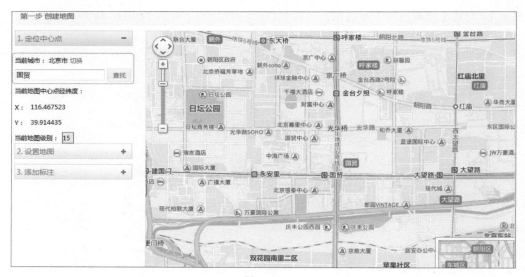

图6-46

步骤3 在设置地图的面板中设置地图的尺寸及其他符合需求的选项（图6-47）。

步骤4 单击页面中的【获取代码】按钮，将生成的代码进行复制。代码中需要填写AK秘钥才能够正常
使用地图，可以单击【申请秘钥】按钮进行申请，如何申请秘钥可单击【了解如何申请秘钥】
进行查看（图6-48）。

图6-47

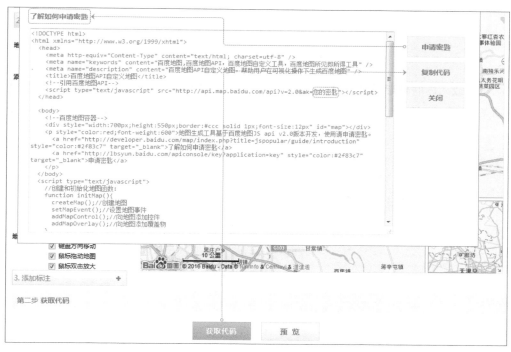

图6-48

特别说明

为了让读者能够顺利完成本案例，作者在这里分享一个可公开使用的密钥：5c4b6cfcdf62237013fe7c34ddb9d80c。

步骤5 在本地硬盘中新建文本文档，将复制的代码粘贴到文档中，并将秘钥填写到指定位置（图6-49）。

图6-49

步骤6 将文本文档另存，{保存类型}选择【所有文件】，文件名填写mymap.html。此名称前缀可以自定义，但建议使用字母命名（图6-50）。

图6-50

步骤7 在画布中放入内联框架元件，设置框架尺寸与地图尺寸相等。然后，在元件的属性中设置{框架滚动条}为【从不显示】，勾选【隐藏边框】复选框，并设置{预览图片}为【地图】（图6-51）。

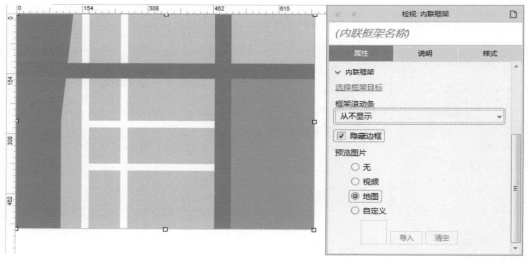

图6-51

步骤8 双击框架元件，在弹出的对话框中选择【链接到url或文件】单选按钮，在【超链接】文本框中直接输入文件名"mymap.html"，这是一个相对路径，软件会自动找到与当前页面文件（html文件）同文件夹下的"mymap.html"文件并打开（图6-52）。

步骤9 生成HTML文件，将制作好的"mymap.html"文件放入HTML文件夹中，再次打开原型浏览，页面中即可正常显示地图文件（图6-53）。

图6-52 图6-53

● 单选按钮

老师，那个单选按钮是不是注册时做性别选择的那种元件？

是的！怎么了？

我用了那个元件，选中之后就不能取消了。怎么能只选中一个呢？

这个也是在属性里要设置的。

（看不懂？
扫一扫）

案例09 性别的唯一选择

单选按钮的属性中有一个{设置单选按钮组名称}的设置。如果需要设置多个单选按钮中某一个被选中，其他自动取消选中，则只需要为这些单选按钮添加相同的组名称即可（图6-54）。

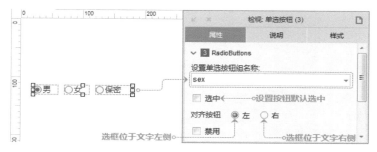

图6-54

● 其他元件

老师，还有……

不用一个一个问啦！我把其他一些元件的属性都给你用截图做标注，了解一下就行了。

■ 表格的属性（图6-55）。

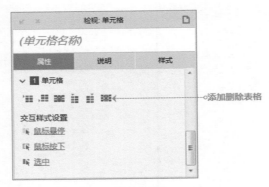

图6-55

■ 菜单的属性（图6-56）。

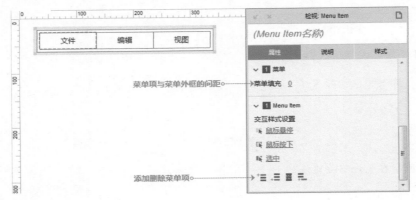

图6-56

■ 树的属性（图6-57）。

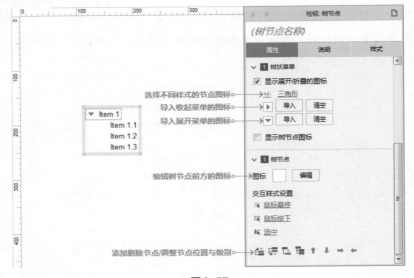

图6-57

▶▶6.9 检视功能——元件交互

小楼老师, 我想向你请教个问题?

你有什么问题呀?

今天我在网上买饮料时, 看到网站上的选择饮料分类, 选择的时候只能选中一种, 被选中的分类标签会改变颜色, 其他的恢复默认颜色。感觉有些像你刚才给Alice.讲的单选按钮组的效果（图6-58）。

图6-58

嗯, 这个也是组的效果, 但不是单选按钮组, 而是选项组。

选项组? 我好像在矩形的属性中看见过。是不是像单选按钮一样给每个矩形设置相同的选项组组名, 就可以了?

不是, 你说的这个交互效果只加组名还不行, 还要设置交互样式, 并且添加交互动作, 通过交互动作让每个矩形被单击时变为选中的状态。

交互动作? 不好意思, 老师, 我还没做过有交互的原型呢! 不知道你说的交互在哪里添加。

好像就是刚才属性面板中没有讲的那部分吧?

是的。正好你们两个都没接触过交互的设置, 我就给你们一起说说交互是怎么回事。

在检视功能的属性面板中, 可以为原型添加交互。

一般来说一个交互的过程就像我们日常生活中的某件事情的过程。

例如, 小楼早晨出门的过程和一个按钮的单击交互过程的描述是相似的（图6-59）。

项目	生活事件	原型交互
主体	帅哥小楼	按钮
触发	早晨出门时	单击时
情形	下雨天	账号未填写
动作1	拿	设置文本
目标	雨伞	提示元件
设置	黑色	请填写账号
动作2	打开	设置焦点
目标	雨伞	账号输入框
设置	无	无

图6-59

所以, 在原型的制作过程中, 设置每一个交互时, 都要遵循图6-60所示的过程。这样才能准确、完整地完成交互设置。

图6-60

案例10　单击按钮等待3秒后打开作者的网站地址

具体步骤如下（图6-61）。

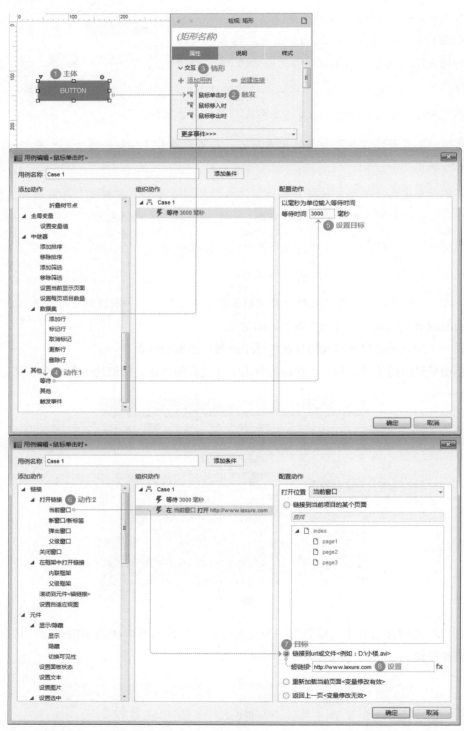

图6-61

步骤1　画布中放入一个按钮元件，选中这个元件（选择主体）。

步骤2　在属性中双击触发事件【鼠标单击时】打开用例编辑界面，或者选中这个触发事件，然后单击【添加用例】按钮（选择触发并设置情形）。

步骤3　在动作列表中找到并选择【等待】的动作（选择动作1）。

步骤4　在右侧的配置动作面板中设置{等待时间}为"3000"毫秒（设置目标）。

步骤5　在动作列表中找到【打开链接】的动作，选择【当前窗口】打开链接的动作（选择动作2）。

步骤6　在配置动作中选择【链接到url或文件】（选择目标）。

步骤7　在{超链接}文本框中输入地址http://www.iaxure.com（设置目标）。

特别说明

　　在Axure中动作是由上至下按组织动作中的顺序执行的，本案例中的两个动作不可颠倒顺序。就如同生活事件中，要先拿雨伞，才能打开雨伞，而不可能先打开雨伞，再拿雨伞。如果需要调整动作的顺序，可以在用例编辑界面的组织动作中拖动调整，或者在属性面板中进行拖动调整。

哦，原来这样就是添加交互呀！

对呀！知道了怎么添加交互，我们来看看你说的那个选择饮料分类的效果。

（看不懂？扫一扫）

案例11　唯一选项选中效果

步骤1　放入多个无边框矩形元件并进行样式设置，包括调整尺寸、编辑文字、设置圆角半径（3px），以及编辑填充颜色（白色）和字体颜色（灰色）（图6-62）。

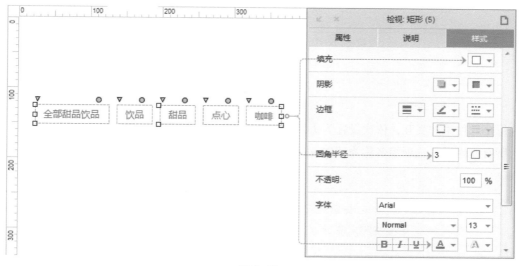

图6-62

步骤2　为所有元件设置交互样式，选中时的交互样式为蓝色的填充颜色和白色的文字颜色（图6-63）。

步骤3　将"全部甜品饮品"的元件默认设置为【选中】状态。这个状态在画布中没有效果，而在浏览器中查看原型时，"全部甜品饮品"的元件会呈现为蓝色的样式（图6-64）。

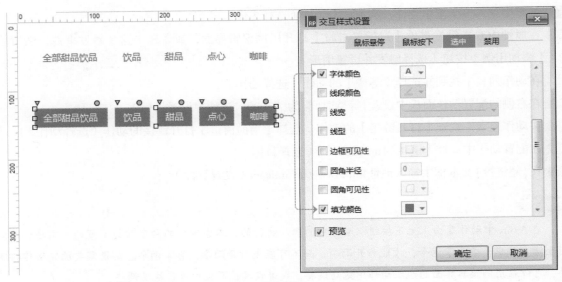

图6-63

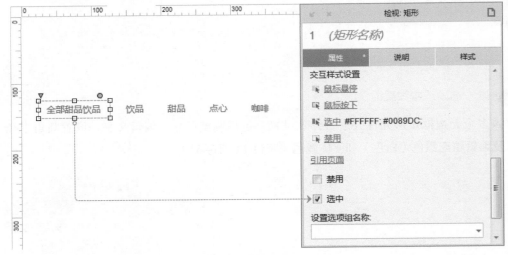

图6-64

步骤4 为每个元件添加交互，依次设置为【鼠标单击时】【选中】【当前元件】（图6-65）。

步骤5 为所有元件设置选项组名称为"DessertType"（图6-66）。

你们都明白了吗？

明白了，老师！我感觉设置交互其实就是我们能够接触到的交互效果在软件中用另一种语句完成描述。这样软件就会按照既定描述去给用户进行反馈。

嗯，我也明白了！老师！如果想准确地设置交互，就必须先按你说的，找准关键的元素（主体、触发、情形、动作、目标、设置），然后把它们组织起来形成整个交互的过程。

嗯，不错！不过，要想熟练进行交互的设置，一定要多加练习。

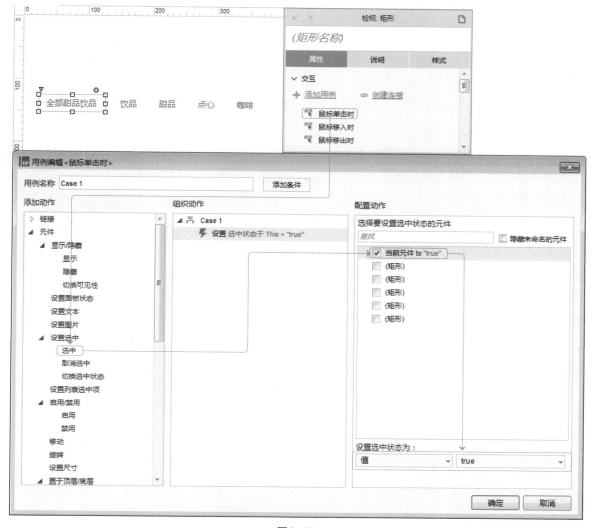

图6-65

图6-66

▶▶6.10 检视功能——组合属性

 我还想问个问题，就是怎么让元件在鼠标指针进入时改变样式呀？

（老师）刚才的例子中不是有吗？加上鼠标悬停的交互样式就可以了！

（练）不是的，老师。我刚刚表达不准确，我是想问几个元件怎么同时改变样式？

（老师）同时改变？你的意思是，鼠标进入一个元件时，有多个元件要改变样式？

（练）是的，老师。比如，我做一个菜单列表的时候，鼠标指针进入一个菜单项的时候，菜单项的背景和上面的文字，都要改变成另外一种样式。就像网易云课堂的首页菜单（图6-67）。

（老师）这个不难！我给你示范一下。

在Axure RP 8.0中可以通过快捷功能中的组合图标或按<Ctrl>+<G>组合键将多个选中的元件组合在一起，组合除了能够共同移动位置，还能够进行命名、添加交互、设置属性。取消组合可以通过快捷功能中的取消组合图标或者按<Ctrl>+<Shift>+<G>组合键取消组合（图6-68）。

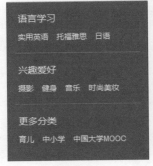

图6-67

图6-68

（看不懂？扫一扫）

案例12 触发组合中所有元件的鼠标交互

步骤1 放入矩形元件和文本标签，组成各个菜单项的基本内容（图6-69）。

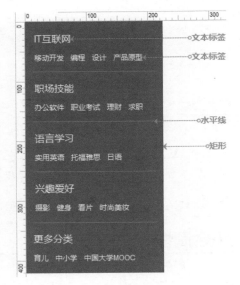

图6-69

步骤2 为各个菜单项中的矩形设置【鼠标悬停】的交互样式为白色的填充颜色（图6-70）。

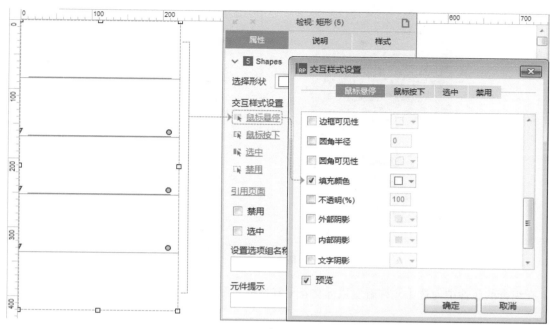

图6-70

步骤3 为各个菜单项中的文本标签设置【鼠标悬停】的交互样式为黑色的文字颜色（图6-71）。

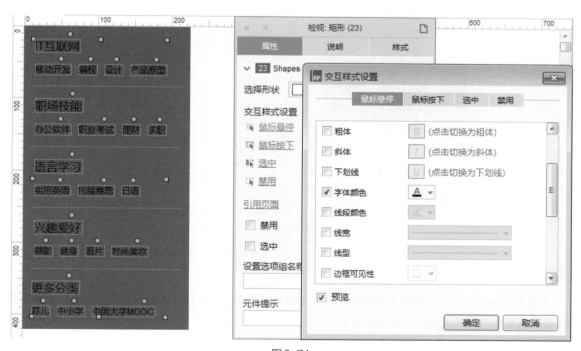

图6-71

步骤4 将各个菜单项中除水平线以外的元件组合（图6-72）。

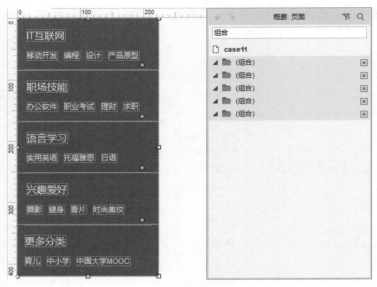

图6-72

步骤5　在组合的属性中勾选【允许触发鼠标交互】复选框（图6-73）。

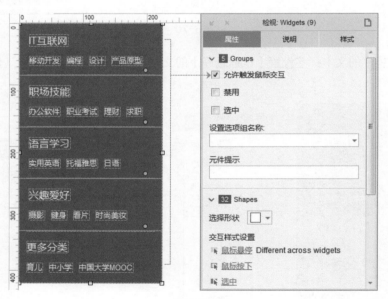

图6-73

特别说明

　　元件组合后如果需要对组合中的某个元件进行编辑，需要先选中组合，再单击元件。或者，在概要中直接单击需要编辑的元件，然后进行编辑。

第7章　母版管理

▶▶7.1 母版简介

小楼，你好！我想问一下，在做多个页面时，如果每个页面中都有相同的内容，有没有办法不用每个页面都做一次？当然，我知道能够复制粘贴，但是，如果将来再发生改动的话，还是每个页面中都要再修改一次。太麻烦啦！

这个简单呀！我来告诉你怎么使用母版！

在Axure中可以通过母版解决多个页面中重复内容的编辑问题。就像PPT中的母版一样，只需要把每个页面中都有的内容在母版中编辑完毕，然后添加到相应的页面中。当页面中添加了母版的内容时，如果母版中的内容发生了改变，页面中的内容也会同步改变。

▶▶7.2 添加/编辑/删除

先来看一下母版的基础操作：新建、编辑与删除（图7-1）。

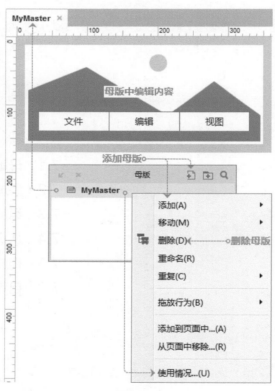

图7-1

● 新建

单击面板中的【新建】按钮或者单击面板空白处，按 <Ctrl>+<Enter> 组合键完成母版的创建。

● 编辑

创建后可以对母版名称进行编辑，双击母版名称，画布则变成母版的编辑区域。母版画布中可以像组织页面内容一样，放入元件、添加交互等组成模板的内容。

● 删除

如果需要删除一个母版，需要先将母版从所有关联的页面中移除，才可以删除母版。当被删除的母版有下级母版时，下级母版将被同时删除。如果需要查看母版被添加到哪些页面中，可以在母版名称上单击鼠标右键，在弹出的快捷菜单中选择【使用情况】命令进行查看。

▶▶7.3　添加母版到页面中

在母版名称上单击鼠标右键，在弹出的快捷菜单中选择【添加到页面中】命令，在弹出的对话框中可以指定将母版放到哪些页面中使用。指定页面的时候软件提供了一些快捷功能（图7-2）。

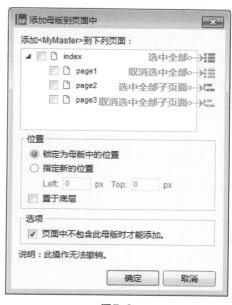

图7-2

▶▶7.4　从页面中移除母版

如果页面上不再需要某个母版，或者将某个母版添加到了无须添加该母版的页面中，可以通过在母版名称上单击鼠标右键，在弹出的快捷菜单中选择【从页面中移除】命令，在打开的对话框中选择要移除的页面后，单击【确定】按钮即可完成移除（图7-3）。

另外，也可以在页面中单击母版将其选中，然后按<Delete>键将其删除。

图7-3

▶▶7.5 拖放行为

像一些网站的底部信息，每个页面中也都相同，这种内容可以做成母版使用吗?

可以呀!

但是，我刚刚试了一下。因为页面长度都不一样，底部信息的母版添加到页面时只能一个一个添加，还要指定添加后的位置，好麻烦!

这个可以采用拖入页面的方式添加母版。

母版除了使用前面的方法添加到页面中，还可以通过选中母版名称拖放到画布中的方式添加到某个页面中。而且为了满足不同情况的需要，软件提供了3种拖放方式。拖放方式的选择可以通过在母版名称上单击鼠标右键，弹出快捷菜单，在【拖放行为】的二级菜单中进行选择（图7-4）。

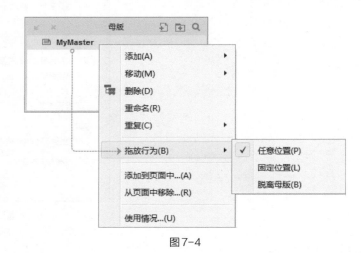

图7-4

- 任意位置

允许将母版内容在画布中的任意位置摆放。

- 固定位置

母版内容放入到画布中并松开鼠标后，母版内容会自动放置到画布中的固定位置，这个位置与母版中该内容所在的位置一致。

- 脱离母版

允许将母版内容在画布中的任意位置摆放。但是，当拖放结束后，这些内容与母版脱离联系，变成普通元件存在于画布中。母版进行编辑发生改变时，这些内容不会同步发生变化。

▶▶7.6 自定义触发事件

这样果然很方便!但是还有个问题:母版中的内容，包括交互都是可以重用在任何页面上，并且与母版保持一致。但是，假如母版中有一个按钮，需要在不同的页面中单击这个按钮时，显示不同的内容。需要怎么做呢?

我没太听懂，你举个例子说一下。

例如，A、B两个页面中添加了同一个母版，母版中有一个在线客服的按钮。在A页面中，鼠标进入这个按钮时显示客服小张的头像，而在B页面中，鼠标进入这个按钮时则显示客服小李的头像。

嗯，这么说我就明白了。我也给你举个例子。我们家里用电，如果只有一个供电总线，那么开关供电总线的电闸会影响家中所有的供电。但是，我们希望每个房间的供电都能单独控制，所以，需要安装一个设备叫"配电箱"，通过配电箱就可以对每个房间的供电进行单独管理，不会互相影响。在 Axure 中，母版中的每个触发事件添加交互都像供电总线，影响所有使用了这个母版的页面。如果在添加了母版的页面上给母版中的某个触发事件单独添加交互，这就需要我们给母版中的这个触发事件接上一个"配电箱"，这个"配电箱"的名字叫"自定义触发事件"。

（看不懂？
扫一扫）

案例13 母版的自定义触发事件

步骤1 创建一个母版，将其命名为"OnlineService"（图7-5）。

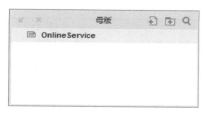

图7-5

步骤2 双击母版名称，在画布中打开母版的编辑区域，然后添加母版中的内容、一个矩形按钮和用于显示头像的图片。因为在鼠标进入按钮时，需要添加交互改变头像图片，所以，需要为图片元件命名为"CallCenter"（图7-6）。

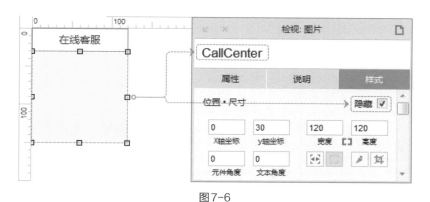

图7-6

步骤3 创建一个自定义的触发事件，就如同需要购买一个配电箱。

创建自定义触发事件，需要先双击母版名称，打开母版的编辑区域。然后，在导航菜单中单击【布局】菜单项，选择列表中的最后一项【管理母版触发事件】进行创建。本案例中，需要对按钮元件的【鼠标移入时】事件进行不同页面的交互设置，就可以单击【+】添加一个自定义的触发事件名称，如"MyMouseMove"（图7-7）。

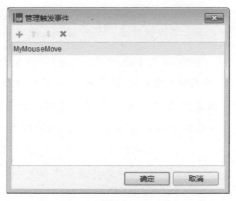

图7-7

　　　只有画布中编辑母版的内容时，才能在导航菜单中打开【管理母版触发事件】的选项。否则，该选项为灰色的禁用状态。

步骤 4　将母版中的触发事件与自定义触发事件绑定，就像将供电总线接入配电箱。

　　为按钮元件的【鼠标移入时】事件添加交互，【添加用例】并设置动作，选择【引发事件】为"MyMouseMove"（图7-8）。

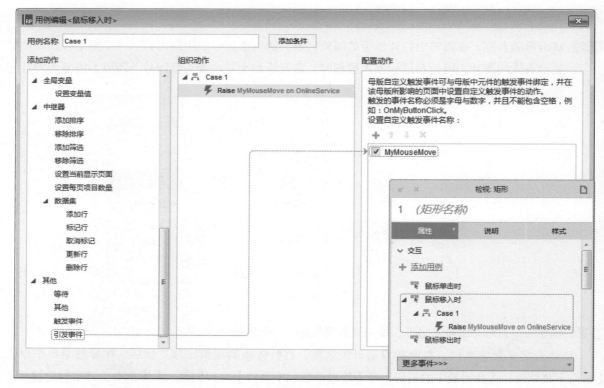

图7-8

步骤5 为每个页面的按钮元件分别添加不同的动作。

将母版添加到PageA和PageB两个页面中。在添加了母版的页面中选中母版，则会在交互的功能界面中出现这个母版中绑定的所有自定义触发事件，就像从配电箱中接出的分线（图7-9）。

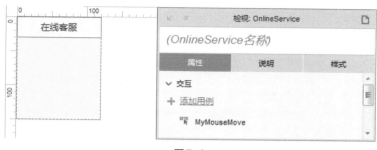

图7-9

● 页面PageA中

为自定义触发事件"MyMouseMove"添加用例，设置动作为【设置图片】，将图片元件"CallCenter"设置为客服小张的头像（图7-10）。

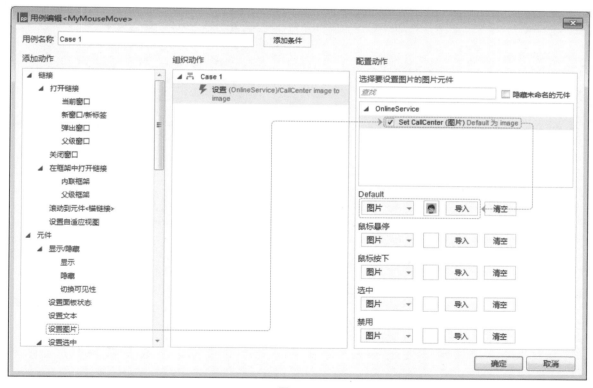

图7-10

然后，继续设置动作【显示】图片元件"CallCenter"，在【更多选项】下拉列表框中选择"弹出效果"选项。弹出效果能够让鼠标离开时显示出来的图片元件"CallCenter"再自动恢复隐藏状态（图7-11）。

● 页面PageB中

为自定义触发事件"MyMouseMove"添加用例，设置动作为【设置图片】，将图片元件"CallCenter"

设置为客服小李的头像（参考图7-10）。

　　继续设置动作【显示】图片元件"CallCenter"，在【更多选项】下拉列表框中选择"弹出效果"选项（参考图7-11）。

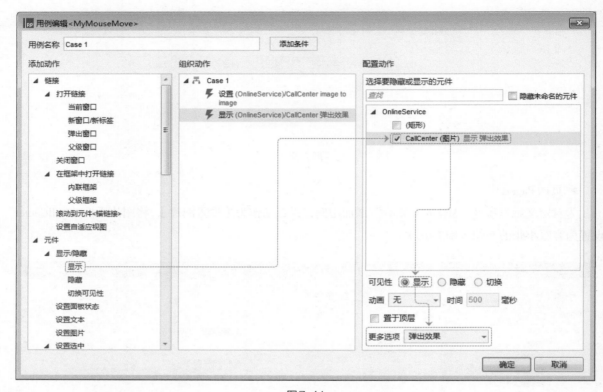

图7-11

第8章 标注与流程

▶▶8.1　页面快照

楼哥，看看我做的图，怎么样（图8-1）？

做的不错嘛！不过，你不必把所有的图都做在一个页面呀！

那要怎么做呢？

Axure RP 8.0 的标记元件中的页面快照元件，能够把其他页面的内容的缩略图呈现在元件内。所以，可以在不同的界面进行设计，最后在一个页面中通过多个页面快照来实现你现在的界面展示。

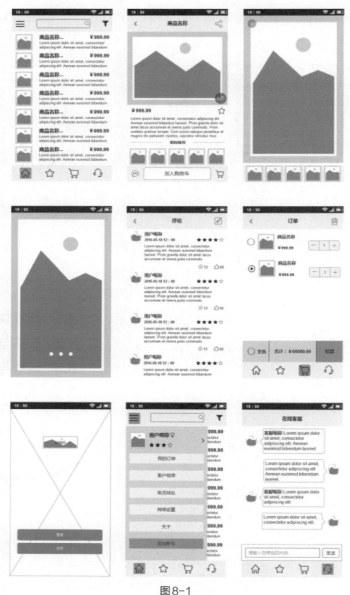

图8-1

　　如果把这些内容全部在一个页面中制作，因为内容过多，编辑起来会比较麻烦。而且，如果想单独浏览某个功能界面，也不方便。所以，可以把每个界面分别放在不同的页面中制作，然后，在一个页面中通过页面快照完成统一的展示。

特别说明

　　本章线框图中使用了图标字体，读者在打开本书案例源文件时，可能会出现图标不能正常显示的情况。具体解决办法请参考9.6节。

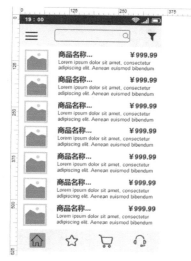

（看不懂？扫一扫）

案例14 页面快照的应用

步骤1 在不同的页面中绘制线框图。这里以第一个界面为例（图8-2）。

步骤2 在汇总页面中放入页面快照元件，然后双击该元件，分别指向不同的页面（图8-3）。

图8-2

图8-3

步骤3 将页面快照元件设置为与页面内容相同的宽高比例，在页面快照的属性中勾选适应比例，并且将4个边界的填充设置为"0"，这样就能将页面内容完整地呈现在页面快照元件中，并且不会有四周的空白部分。

▶▶8.2　便签与标记

 原来是这样呀！这样方便很多。

对呀！

楼哥，我看页面快照旁边还有一些元件，这些怎么使用呢？

那些是用来添加标注的元件。

可以结合便签和标记元件，为一个页面快照写标注（图8-4）。

图8-4

哦，这样标注是比较方便。但是，楼哥，那么多的标注同时看起来挺乱的，能不能只在特定情况下才显示出来？比如我讲解第一个界面的时候，把鼠标进入页面快照的时候，再显示第一个界面的标注。

这可以通过添加交互来实现。

案例15　页面快照的交互

（看不懂？扫一扫）

步骤1　按住<Ctrl>键不放，单击选中一个页面快照的所有标记，然后单击快捷功能中的组图标（图）或者按<Ctrl>+<G>组合键将它们组合到一起（图8-5）。

步骤2　为组合添加相应的名称，如 "MarkGroup01"（图8-6）。

步骤3　将组合隐藏并为页面快照添加交互。在页面快照的【鼠标移入时】触发事件中添加用例，设置动作为【显示】组合 "MarkGroup01"，{动画}选择【逐

图8-5

渐】，{时间}为"500"毫秒，{更多选项}选择【弹出效果】。

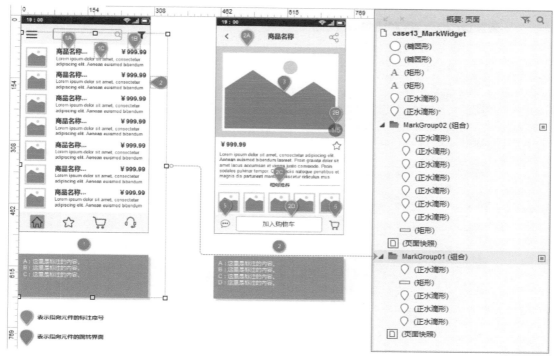

图8-6

用例动作如图8-7所示。

图8-7

交互事件如图8-8所示。

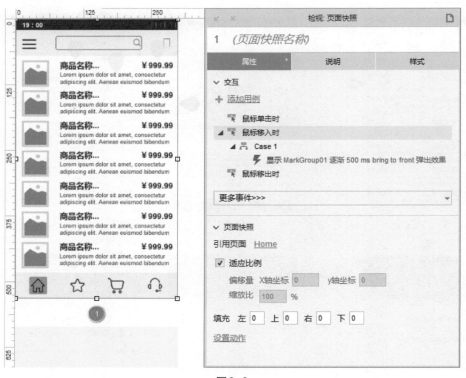

图8-8

步骤4 参照以上操作，将所有页面快照及标记元件进行设置。

▶▶8.3 连线与箭头

Get，又学到了！

嗯，还有什么问题没？

还有一个，我有时需要连线标注，但是我看标记元件中只有直线箭头，有没有灵活的连线功能呢？

当然有啦！而且，有很多种连线的类型呢！

Axure RP 8.0可以方便地进行元件之间连线的操作。在软件顶部的快捷功能中选择连线工具，就可以在元件之间进行连线了（图8-9）。

图8-9

选择连线工具后，当鼠标指针进入元件区域，元件的四周边界就会出现连接点，将鼠标指针指向连接点，按下鼠标左键并拖动，就会出现连接线。将连线的另一端进入其他元件的连接点，这时松开鼠标左键就完成了连接（图8-10）。

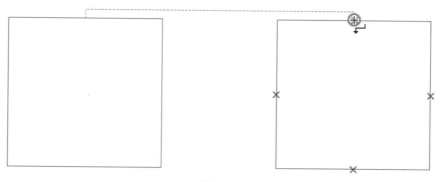

图8-10

连线的两端可以显示箭头或者其他的样式，可以在快捷功能或样式中进行设置（图8-11）。

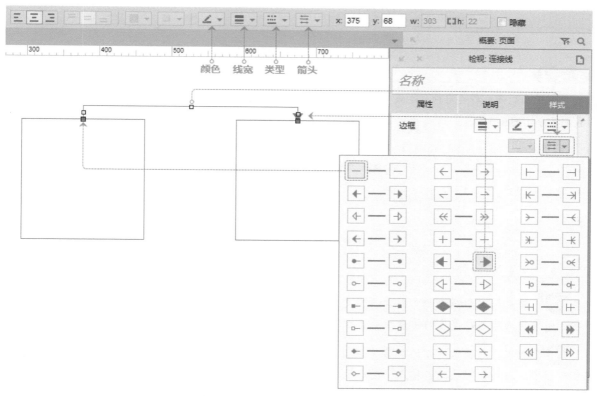

图8-11

默认情况下，当两个连接点不在同一水平线或垂直线时，连线会自动变为带有折角的连线，可以设置折角为直角或圆角。连线也可以设置成为直线或曲线，曲线的弧度可以通过拖动连线中央的节点改变。另外，还有一个连线重排的功能。默认情况下重排功能是开启的，连线就能够跟随元件的位置自动变化。如果对连线中的某个节点进行了拖动操作，此时该连线的重排功能将被关闭，如果需要再次开启，则需要选中该连线，单击重排按钮（图8-12）。

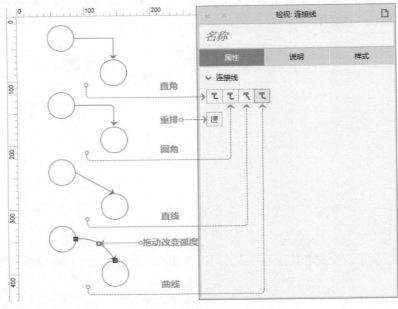

图8-12

重排功能开启与关闭时，连线节点的颜色会有稍许差别，关闭时为纯白色，开启时为淡黄色，便于我们区分（图8-13）。

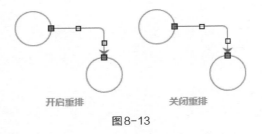

开启重排　　　　关闭重排

图8-13

楼哥，我想在一个形状上有多个连接点行不行？例如，在做界面之间的流程图时，不想用标记，而是用连线把被单击的按钮与单击按钮时跳转到的界面连接起来。

可以，形状是可以添加多个连接点的。可以在页面快照上覆盖一个同等大小的矩形，然后在矩形上添加与按钮对应的连接点，最后把连接点与页面快照连接到一起就可以啦！

（看不懂？
扫一扫）

案例16　添加连接点

步骤1　在页面快照元件上覆盖一个同等大小的矩形元件，并设置填充色为透明（图8-14）。

步骤2　在快捷功能的【更多】列表中有添加连接点的工具。选中需要添加连接点的矩形，并选择连接点工具后，就可以为这个形状添加更多连接点了（图8-15）。

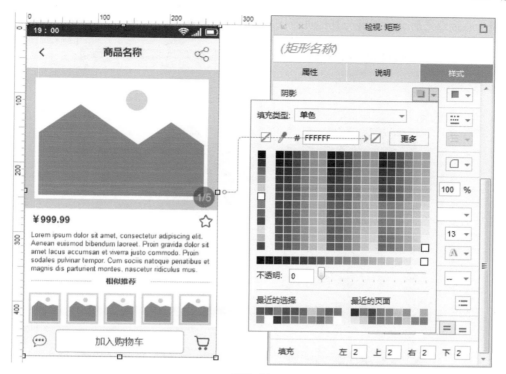

图8-14

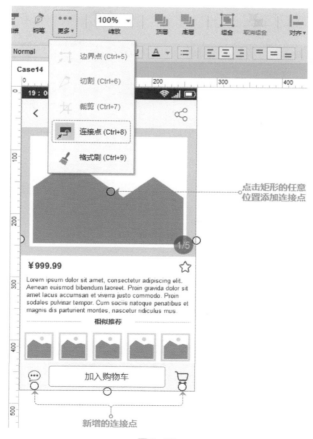

图8-15

步骤3 添加了连接点之后，就能够与其他页面快照元件进行连接（图8-16）。

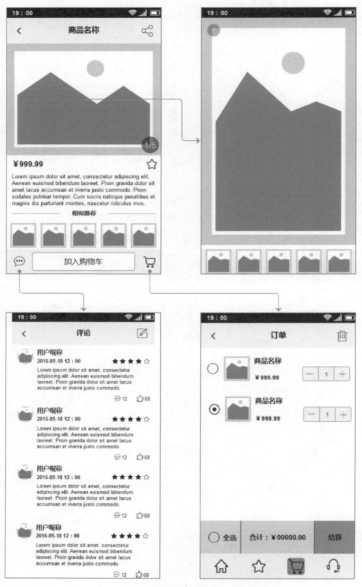

图8-16

第9章　其他

▶▶9.1 自定义元件库

小楼老师，有没有办法让一些经常用到的内容能够重复使用？就像母版那样，能够多次添加到页面中。但是，不仅限于一个RP文件内，其他的RP文件也能用。

哦，这个需要制作自定义的元件库。

自定义元件库？

对呀！你可以把经常用到又不会有什么变化的内容做成元件库，用的时候就像软件自带的元件库那样，直接拖放，插入到新的页面中！

9.1.1 创建元件库

制作自定义元件库很简单，首先单击功能列表创建一个元件库（图9-1）。

图9-1

在弹出的"保存Axure RP元件库"对话框中选择一个保存元件库的位置，并输入一个自定义元件库的名称，单击【确定】按钮后会打开元件库编辑界面。这里把元件库保存在桌面上，为之命名为"MyWidget"（图9-2）。

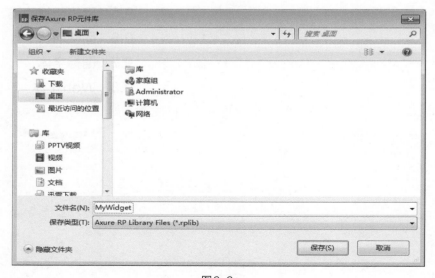

图9-2

元件库编辑界面打开之后，和原型的编辑页面大同小异。不同的地方只是页面面板变成了元件库页面面板，检视面板中页面的相关设置变为元件库页面属性和说明的设置（图9-3）。

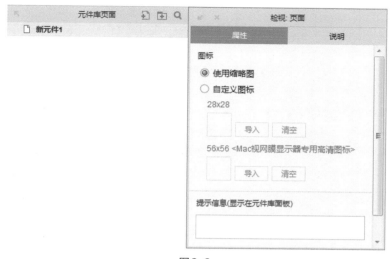

图9-3

9.1.2　制作自定义元件

制作一个元件的步骤如下（图9-4）。

步骤1 添加新元件页面并设置名称。

图9-4

步骤2 编辑元件组成内容，调整属性及样式，添加添加元件交互（图9-5）。

步骤3 设置元件图标，以及元件库面板中关于该元件的提示信息（图9-6）。

根据上面的步骤可以为元件库添加多个元件页面，从复杂交互的元件组合到简单的图标都可以作为一个元件页面的内容。当完成所有元件页面的编辑后，按<Ctrl>+<S>组合键或单击【保存】按钮保存元件库，然后关闭元件库编辑界面。

图9-5

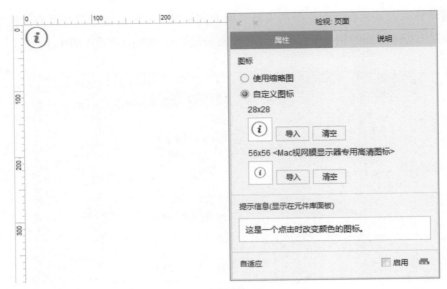

图9-6

9.1.3 使用元件库

回到原型编辑器中，单击功能列表，选择【刷新元件库】选项（图9-7）。

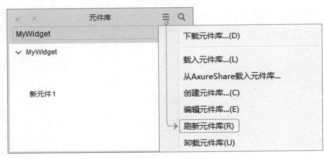

图9-7

这时做好的元件就会在元件列表中显示出来（图9-8）。

前文中讲到，自定义元件库可以通过元件库功能列表的【载入元件库】进行载入。载入的自定义元件库也可以通过【卸载元件库】进行删除。如果元件库的内容需要修改，也可以选择【编辑元件库】选项（图9-9）。

图9-8

另外，还能把制作好的元件库像发布原型一样发布到Axure Share，保存在服务器中，然后，在网络畅通的任何时候，都能通过单击【从AxureShare载入元件库...】按钮，获取在线元件库使用（图9-10）。

获取在线元件库时，需要输入该元件库发布到Axure Share后自动生成的ID，也可以单击【...】按钮，从工作区中选择已发布的元件库（图9-11）。

除了以上方法载入元件库，还可以通过复制的方式将自定义元件库添加到元件库的列表当中。方法就是将元件库文件（.rplib）复制到 Axure RP Pro 7.0 安装目录的\DefaultSettings\Libraries 文件夹中，重新打开 Axure，就能够在列表中看到这个元件库的名称，并选择使用了。

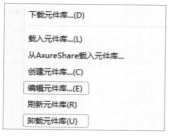

图9-9

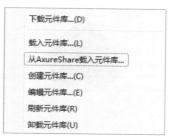

图9-10

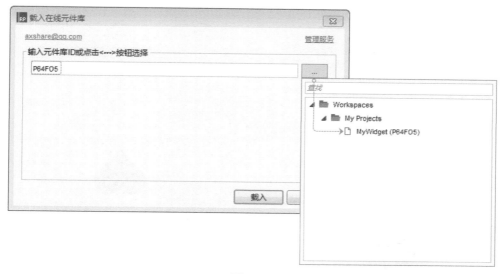

图9-11

▶▶9.2 自定义形状

老师，我想做一些自己用的图标，放到自定义元件库中，用 Axure RP 8.0 可以办到吗？

简单的形状图标是可以制作的，比如做个扑克牌中黑桃的图标。

在 Axure RP 8.0 中提供了自定义形状的功能，并且能够实现多个形状的合并、去除等操作。借助这些功能就能够实现一些简单的形状制作。

（看不懂？扫一扫）

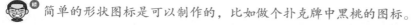

案例17 黑桃图标的制作

步骤1 放入一个矩形到画布，调整为正方形，设置为黑色，然后将其变为心形，旋转180°，并转换为自定义形状（图9-12）。

步骤2 将转为自定义形状的心形添加一些节点，略做调整，作为黑桃形状的上半部分（图9-13）。

步骤3 再次放入一个矩形到画布，设置为黑色，然后放入两个圆形到画布，摆放在合适的位置（图9-14）。

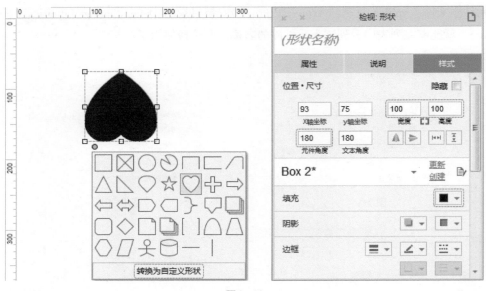

图9-12

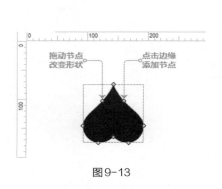

图9-13　　　　　　　　　　　　　　　　　　　图9-14

步骤 4　选中黑色矩形和两个圆形，然后在样式中单击【去除】图标按钮，做出一个黑色的类似沙漏的形状。注意，黑色矩形需要在两个圆形的底层，这样才能够从矩形中去除圆形与之相重合的部分，即最底层的形状为被去除内容的形状（图9-15）。

步骤 5　将心形与类似沙漏的形状重叠摆放好，组成黑桃的形状，单击样式中的【合并】按钮，将两个形状合二为一。至此，一个黑桃图标就制作完成了（图9-16）。

下面通过一个图示，来了解自定义形状相关功能按钮的作用（图9-17）。

- 结合：将多个形状结合到一起，但是，仍保持形状的独立。
- 分开：将结合到一起的形状分开。
- 合并：并集，将多个形状合并到一起，形成一个新的形状。
- 去除：补集，从A形状中去除A、B两个形状共有的部分。
- 相交：交集，保留多个形状相交的部分。
- 排除：差集，保留多个形状不相交的部分。

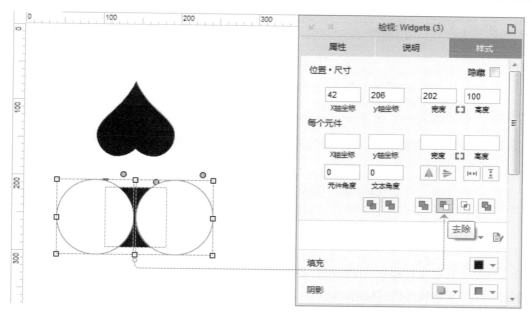

图9-15

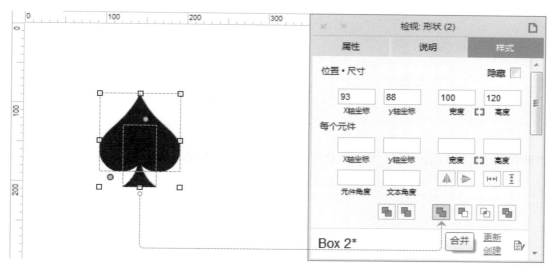

图9-16

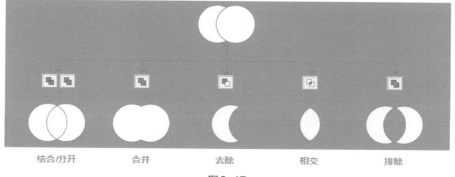

图9-17

▶▶9.3 钢笔工具

老师，这个自定义形状功能确实不错，不过我想做一些不规则的图像，就像用笔画的一样，可以吗？

可以呀！Axure RP 8.0刚好新增了钢笔工具。

Axure RP 8.0提供了钢笔工具，在快捷功能中就能够选择（图9-18）。

图9-18

选择了钢笔工具之后，就可以在画布上进行图形的绘制了。

绘制过程中如果将线连接到起点，就会自动结束图形的绘制（图9-19）。

图9-19

如果需要绘制不规则的线段，则在线段需要结束绘制时，按<Esc>键（图9-20）。

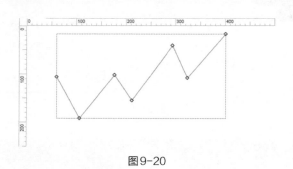

图9-20

▶▶9.4 裁剪与切割图片

老师，你会PS吗？

怎么啦？

我找到了一些图标素材，想做成元件。但是这些图标都在一张大图上，我之前看过你做的一些图标元件，你能帮我PS一下吗？

这个不用PS呀！Axure RP 8.0 自带了图片的裁剪切割功能（图9-21）。

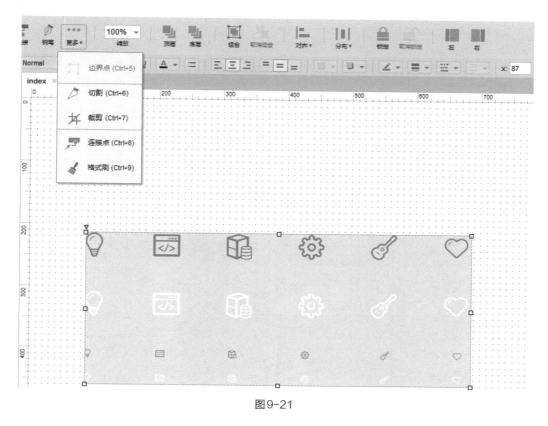

图9-21

单击切割之后，鼠标就会变成刀片的样子，能够将图片切割；在画布右上方可以设置切割线（图9-22）。

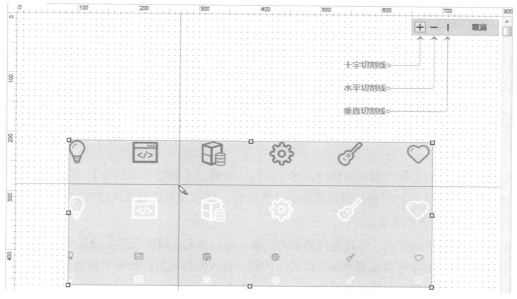

图9-22

切割一般用于切除图片多余的部分。如果需要将图片中的某些部分取出，裁剪功能更加适合，特别是取出多个相同尺寸的内容（图 9-23）。

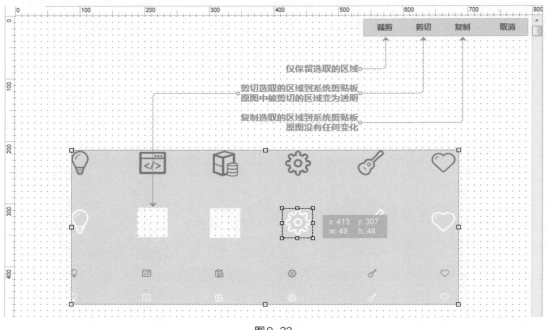

图 9-23

> **特别说明**
>
> 图片的切割与裁剪工具，可以在检视面板的样式设置中选择（参考 6.6 节图 6-16）。

▶▶ 9.5　网格与辅助线

兔：原来还有这种小工具呀！真是很方便。

老师：是呀！熟练掌握一些小工具的使用，很有用处的！

兔：但是，老师，为什么我的界面与你的不一样呀？你的界面中好多小点点呀？

老师：这个是网格，让我们制作原型的时候，能够更方便地把内容排列整齐。

在页面上单击鼠标右键，弹出的快捷菜单中最后一项就是【网格和辅助线】。鼠标进入这个菜单项之后，会显示二级菜单，里面就是网格和辅助线的设置。显示或取消网格可以直接在二级菜单中单击【显示网格】的选项选择或取消选择。

如果需要改变网格的样式，或者进行更多的设置，可以单击【网格设置】的选项（图 9-24）。

在网格设置对话框中可以设置网格的样式与间距。对齐网格是指在画布中拖动元件时，元件左侧、顶部边缘会自动与网格对齐。此项是否选中，取决于个人操作习惯（图 9-25）。

另外，在页面中点住左侧标尺向右拉动，可以创建垂直辅助线；同理，点住上方标尺向下拉动，则能够创建水平辅助线。辅助线可以创建多个。单击辅助线，按<Delete>键即可删除辅助线（图9-26）。

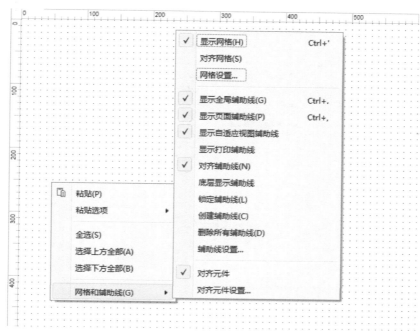

图9-24

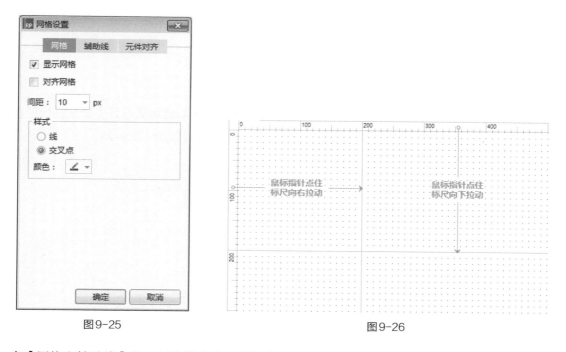

图9-25　　　　　　　　　　　　图9-26

在【网格和辅助线】的二级菜单中选择【创建辅助线】，还能创建栅格化的辅助线（图9-27）。

关于栅格化设计可参考作者网站的两篇文章，网址为http://www.iaxure.com/3636.html 和 http://www.iaxure.com/3642.html。

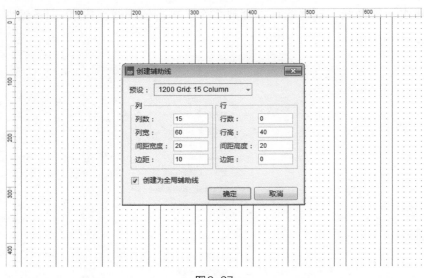

图9-27

▶▶9.6 团队项目

楼大，我也要问问题！

什么问题？说吧！

我们公司接了个大项目，要大家一起设计原型，但是团队项目的功能以前我们没用过。你能告诉我怎么做吗？

可以，这个并不复杂！只是一些创建、打开、编辑的操作。

● 创建团队项目

创建团队项目，可以通过在导航菜单的【文件】列表中选择【新建团队项目】命令进行创建。也可以在【团队】列表中选择【从当前文件创建团队项目】命令来进行创建（图9-28）。

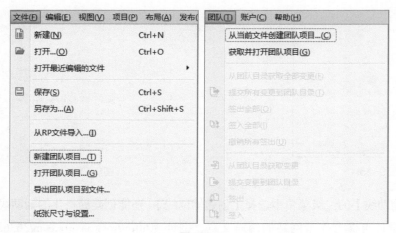

图9-28

Axure官方为Axure RP 8.0提供了团队项目的存储服务，在创建团队项目时可以选择【Axure Share】

选项，然后依次进行以下操作（图9-29）。

步骤1 选取保存项目的工作区文件夹（不填写则发布到默认文件夹）。

步骤2 填写团队项目名称。

步骤3 选择本地保存团队项目的路径。

步骤4 需要的话，可以为团队项目的URL添加密码保护。

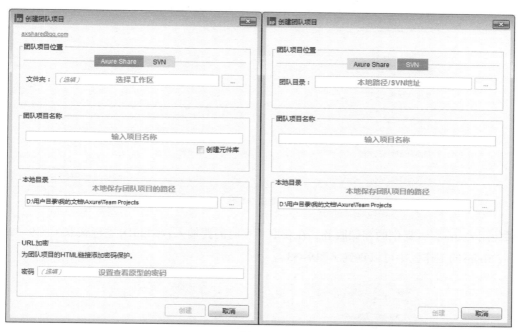

图9-29

如果不需要官方的存储服务，也可以选择【SVN】的选项。不同的是在设置保存项目的路径时需要填写本地路径或SVN地址。

样例如图9-30所示。

图9-30

● 获取团队项目

获取打开团队项目，可以通过在导航菜单的【文件】列表中选择【打开团队项目】命令进行获取。也可以在【团队】列表中选择【获取并打开团队项目】命令来进行获取（图9-31）。

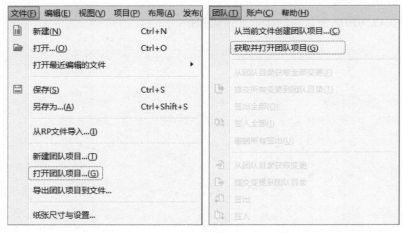

图9-31

如果使用Axure官方提供的存储服务，在获取项目时需要输入{项目ID}进行获取（图9-32），这个ID在Axure Share的工作区中可以查到（图9-33）。

图9-32

> **注 意**
>
> 　在获取团队项目时，存储团队项目的{本地目录}中不可有同名的项目文件夹，否则无法获取。

如果是存储在局域网某台计算机中的项目或者SVN中存储的项目，则需要输入相应的地址进行获取（图9-34）。

图9-33

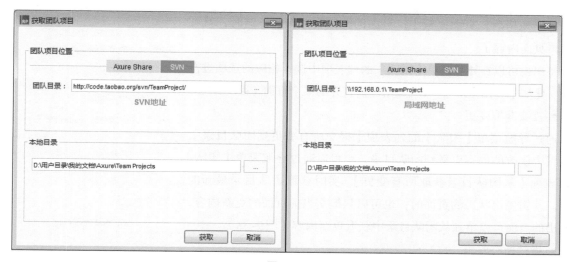

图9-34

● 打开团队项目

获取团队项目后，会自动打开团队项目。

如果曾经获取过团队项目，也可以通过直接打开{本地目录}中的团队项目文件打开团队项目（图9-35）。

图9-35

● 签出进行编辑

打开后的团队项目，并不能直接编辑页面内容，而是需要先将需要编辑的页面进行签出操作，才能够进行编辑。签出操作是为了避免多人同时编辑同一页面（图9-36）。

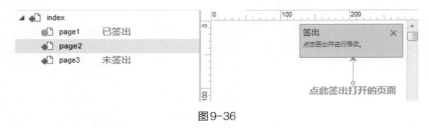

图9-36

在画布中打开需要编辑的页面，在画布右上角单击【签出】按钮，进行签出操作。

签出完毕后，页面面板中，页面的图标变为绿色，这时，就可以编辑页面内容了。

签出也可以在导航菜单【团队】的列表项中选择相应的选项进行操作。比如【签出全部】，或只签出当前打开的某个页面（图9-37）。

● 提交获取变更

通过导航菜单【团队】的列表项【提交所有变更到团队目录】，将编辑中修改的内容更新到团队目录，也可以通过导航菜单【团队】的列表项【从团队目录获取所有变更】，实时获取团队目录最新的内容。编辑签出状态的页面时，也可以只提交当前页面的更新内容，未签出的页面可以单独从团队目录中获取更新内容（图9-38）。

● 撤销所有签出

在导航菜单【团队】的列表项中选择【撤销所有签出】命令，可以将页面恢复成未签出的状态。如果选择此项，所有未提交的变更将不会保存。当然，也可以只撤销签出当前所编辑的页面（图9-39）。

图9-37

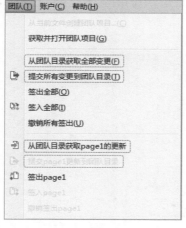

图9-38

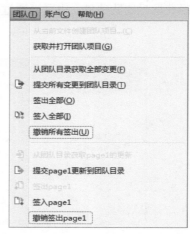

图9-39

● 签入团队项目

完成签出内容的编辑后可以在导航菜单【团队】的列表项中选择【签入全部】命令，将所有内容保存至团队目录，并将所有页面恢复未签出状态。当然，也可以选择只签入当前编辑的某个页面（图9-40）。

- 查看团队项目历史记录

对团队目录的操作可以通过在导航菜单【团队】的列表项中选择【浏览团队项目历史记录】命令进行查看（图9-41）。

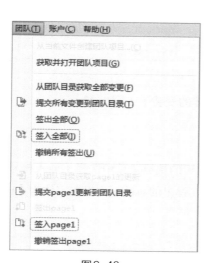

图9-40

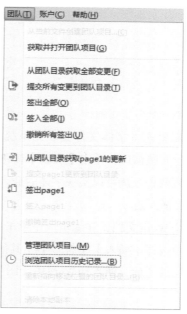

图9-41

在打开的界面中输入项目ID（Axure Share）或者项目的地址（局域网或SVN），然后，选择起始日期与结束日期或者勾选全部日期，最后，单击【获取】按钮，就能查看相关的记录了（图9-42）。

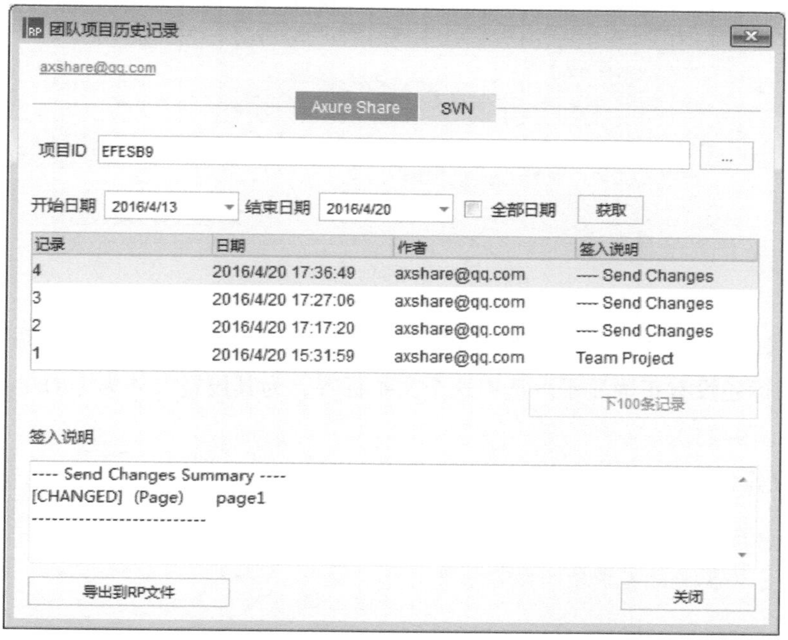

图9-42

▶▶9.7　图标字体

楼大，还有个事情需要你帮忙！

哦，还有什么？

是这样的，我们的团队项目想统一一下使用的图标，然后觉得iOS8的图标不错，就找到了一套iOS8的图标字体，但是不知道怎么把字体图标插入到原型页面中去！

图9-43

这个图标字体的使用，需要一些技巧！

首先，需要先将字体文件安装到系统中。双击字体文件，弹出安装窗口，单击【安装】按钮就能够完成字体的安装了（图9-43）。

然后，有两种办法可以实现字体的插入。

1. Word插入法

新建一个Word文档，在编辑区中单击鼠标右键，在弹出的快捷菜单中选择【插入符号】命令或者在导航菜单中选择【插入】-【符号】-【其他符号】命令，在弹出的对话框中设置字体为【IOS8-Icons】，然后双击想要的图标，插入到Word中（图9-44）。

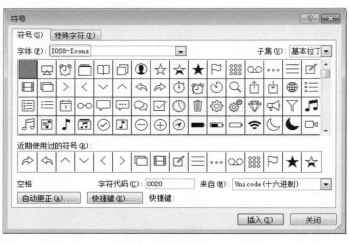

图9-44

需要使用的图标插入完成之后，复制这些图标，回到Axure中粘贴到编辑区。粘贴之后会出现一个文本标签，但是图标还没有正确显示。选中这个文本标签，为其设置字体为【IOS8-Icons】，漂亮的图标就能够使用了（图9-45）。

2. 使用自定义元件库

小麟子，我把你的这个字体文件中的图标全部弄到Axure中，做成了元件库，你载入到你的软件中，就能够把字体拖进画布中使用啦！

哇！谢谢楼大！

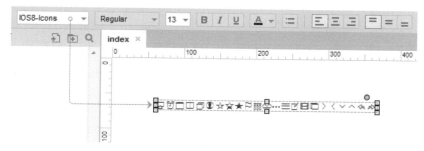

图9-45

　　本书的附件中，有一个名为"iOS8AxureLibV1.0.zip"的压缩文件，解压缩后需要先安装里面的"IOS8-Icons.ttf"字体文件，再将名为"iOS8AxureLibV1.0.rplib"的元件库文件载入到Axure RP 8.0中。找到里面的字体图标元件，将需要的图标拖进编辑区即可使用（图9-46）。

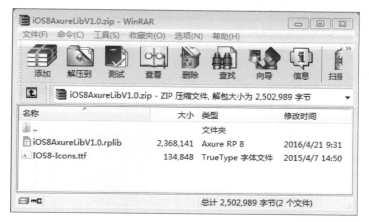

图9-46

　　通过以上两种方法都可以将图标字体插入到Axure编辑区中，然后，双击包含字体图标的文本标签，将里面的图标复制出来，粘贴到需要使用该图标的地方。例如，移动端导航菜单的矩形中。

　　最后，介绍一下使用图标字体的优势。

- 小巧：比图片图标更小，加载快。
- 灵活：颜色、阴影等样式可以调节。
- 保真：不管如何改变尺寸，图标都不会失真。
- 可嵌入：字体图标可以嵌入到其他文本中。

▶▶9.8　Web字体

9.8.1　@font-face代码

　　楼大，快来帮忙！我们用了iOS8的字体图标，但是把生成的HTML文件发给客户的时候，那些字体图标统统看不见了！

　　　吓我一跳！这个问题，你让客户也装个 iOS8 的字体文件就行了。

　　　是哦！我怎么没想到！不过，这样也麻烦！能不能不用客户做什么设置，就能直接看到字体图标呢？

　　　可以呀！需要做一下 Web 字体的设置！

　　当我们在原型中使用了字体图标，就会面临一个问题。当把生成的 HTML 文件发给其他人，或者通过 Axure Share 地址分享给别人观看的时候，如果对方系统中没有安装该图标字体，就会导致图标无法显示。

　　除了把字体文件发给对方安装外，还可以通过 Web 字体来解决这个问题。

　　按 <F8> 键或者选择【发布】–【生成 HTML 文件】命令，打开【生成 HTML】对话框，在界面左侧找到【Web 字体】选项，选中后进行 Web 字体的设置（图9-47）。

步骤1　勾选【包含 Web 字体】复选框。

步骤2　单击【+】按钮添加一个设置方案。

步骤3　输入方案的名称，建议使用字母命名。

步骤4　选择【@font–face】。

步骤5　输入字体配置代码。

图9-47

字体配置代码注意事项：

　　（1）配置代码的内容格式如下，使用时必须替换中文部分,并注意单引号为英文半角格式。font-family:'字体名称'；

　　src:url（'字体文件路径'）format（'truetype'）；

　　（2）配置代码中的字体名称，在软件中选择元件字体时字体列表中的名称。

　　（3）配置代码中的字体文件路径有两种，分为相对路径和网络地址。

　　● 相对路径

如果将生成的 HTML 文件发送给他人，只需将字体安装文件放入保存 HTML 文件的文件夹中，然后在字体配置代码中填写文件名称即可，如"IOS8-Icons.ttf"。

如果在生成的 HTML 文件夹中创建了新的文件夹存放字体（如 Fonts），那么在字体配置代码中则要输入"Fonts/IOS8-Icons.ttf"（图 9-48）。

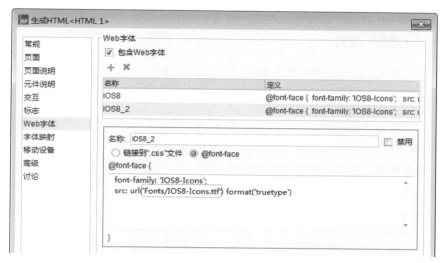

图 9-48

● 网络地址

将字体文件上传到一个支持外链网络存储空间中（如公司的服务器），将它的下载地址填写到配置代码中。地址格式为"http:// 域名或 ip 地址 / 文件名 .ttf"。比如："http://7xk31e.com1.z0.glb.clouddn.com/IOS8-Icons-Regular.ttf"（图 9-49）。

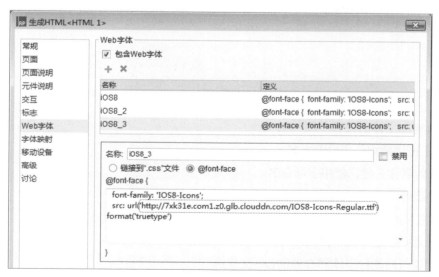

图 9-49

使用网络地址，可以在无法安装字体或者使用本地字体的环境下，正常显示原型中的字体。例如，将原型发布到 Axure Share 时，如果不想让查看原型的设备安装字体，就要使用网络地址的方式。

特别说明

　　不仅图标字体可以按照以上方法使用，其他字体也可以参照此方法进行配置。例如，网络上流行的一些娃娃体、手写体等特殊字体。

9.8.2 链接到".CSS"文件

　　楼大，是不是系统中没有的字体都要这样设置？写那个代码好复杂！

　　嗯，一般来说是这样的。不过，有些字体会提供在线的CSS文件链接，就可以通过另外一种方式，进行Web字体配置。这样，只要网络良好，也能够正常显示字体。比如，我从网上搜集了一些字体图标制作成了一个字体文件，这个字体文件，我就提供了在线的CSS文件连接。

　　首先，先进行字体的安装和元件库的载入操作。

　　本书的随书资源中，有一个名为"IaxureFontV1.2.zip"的压缩文件，解压缩后需要先安装里面的"IaxureFont.ttf"字体文件，再将名为"IaxureFontV1.2.rplib"的元件库文件载入到Axure RP 8.0中（图9–50）。

图9-50

　　然后，进行Web字体的设置（图9–51）。

步骤1 单击【+】按钮添加一个设置方案。

步骤2 输入方案的名称，建议使用字母命名。

步骤3 选择【链接到".css"文件】。

步骤4 输入CSS文件的URL地址：http://at.alicdn.com/t/font_1463732837_2257087.css。

　　经过以上设置，就能够正常使用元件库中的字体图标了。

　　目前，一些流行的图标字体都有提供CSS文件链接。

　　字体下载地址如下。

　　FontAwesome：https://github.com/FortAwesome/Font–Awesome/raw/master/fonts/fontawesome–webfont.ttf。

　　Ionicons：https://github.com/driftyco/ionicons/archive/v2.0.1.zip。

　　CSS链接地址如下。

　　FontAwesome：https://maxcdn.bootstrapcdn.com/font–awesome/4.6.1/css/font–awesome.min.css。

Ionicons：http://code.ionicframework.com/ionicons/2.0.1/css/ionicons.min.css。

图9-51

注 意

　　字体文件更新到更高版本时，CSS文件的链接地址也需要相应改变。一般情况下只需将CSS链接地址中的版本号改成与字体文件相同的版本号即可。

特别说明

　　使用网络地址也有其局限性，在没有网络的环境中会失效。如果已知浏览原型的环境没有网络支持，可以将字体图标元件放入到画布中，然后，在元件上单击鼠标右键，在弹出的快捷菜单中选择【转换为图片】命令，这样就将字体图标转换成了图片图标，不再受网络环境的限制。

　　　楼大，字体转成图片再拉大，变得好模糊！有没有可以拉大不变模糊的图片图标？

　　　Axure RP 8.0支持SVG格式的图标，这种图标是矢量图，拉大也不会失真，在我的网站上就可以下载。你可以打开www.iaxure.com，站内搜索"矢量图标元件库"。

特别说明

　　本书的随书资源中有"IaxureSVG矢量图标元件库V1.2版.rplib"的元件库文件，就是上面提到的矢量图元件库，如果读者需要更多或更新版本的元件库，可以关注作者网站中发布的相关资源。

第 **2** 篇

进阶

第10章　动态面板

▶▶10.1　动态面板简介

老师好！我听说动态面板能做很多动态效果，但是，我研究好久都不知道怎么用。能麻烦你教教我吗？

可以呀！首先，要想使用好动态面板，需要先了解一下这个元件。

把动态面板放到画布中，看上去它是一个半透明的形状。但是，如果在浏览器中查看原型，是看不到动态面板的存在的。也就是说，动态面板本身是个透明的元件（图10-1）。

接下来，介绍动态面板的结构和特点。

对于一个陌生的元件，可以双击试试看。双击动态面板，弹出一个窗口，这个窗口的标题是"面板状态管理"。可以单击【+】按钮，添加新的状态。也可以单击上下箭头按钮，调整状态的顺序。还可以选中一个状态，然后单击【复制】按钮，复制一个状态。还有【删除】按钮，可以删除状态（图10-2）。

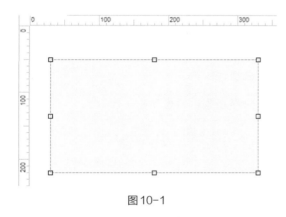

图10-1

图10-2

但是，状态又是什么呢？如果要做一个比喻的话，可以将动态面板想象成幻灯片的放映机。而状态就是幻灯片。幻灯片里面可以放置内容，状态也一样可以编辑。可以单击编辑状态的按钮，或者直接双击某个状态的名称，打开状态的编辑界面。状态的编辑区域和页面的编辑区域一样，可以放置各种各样的元件，组成内容（图10-3）。

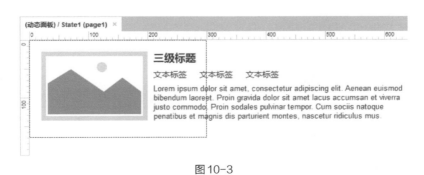

图10-3

动态面板的样式设置中，可以单独为各个状态设置背景颜色或图片（图10-4）。

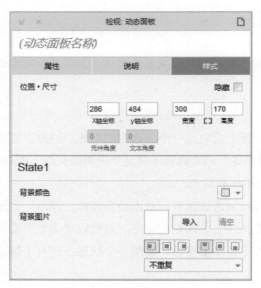

图 10-4

啊！原来是要双击状态名称才能进一步编辑啊！

对呀！对于一个陌生的元件，可以尝试双击的操作！

嗯，我记住了。不过，动态面板编辑区域中的那个蓝色的虚线框是什么？

这个是动态面板的尺寸范围。动态面板的尺寸如果是固定的，就只能显示固定范围（蓝色虚线框）中的内容（图 10-5）。

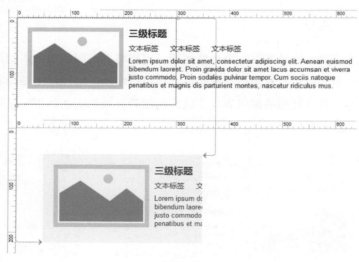

图 10-5

明白了，老师。是不是动态面板状态编辑区域中左上角留有空白的话，页面中也会有这个空白？

对呀！动态面板加载状态中的内容，是从编辑区域的左上顶点开始一直到固定范围的右下角的。

那能不能让动态面板的尺寸和里面的内容尺寸自动保持一致呀？这样省得状态中内容尺寸发生改变时，还要去改动态面板的尺寸。

可以。动态面板的属性中有【自动调整为内容尺寸】选项，当勾选了该复选框，动态面板的尺寸就会自动跟随状态中内容的尺寸调整了（图10-6）。

图10-6

哦，这样果然方便了很多。老师，给我讲讲动态面板都能做什么吧！听说能够用动态面板做出很多动态效果呢！

嗯！动态面板总的来说有几种独有的特性，分别是容器、多状态、拖动、循环、适应宽度和相对固定。我给你分别举例来看一下动态面板的各种应用场景。

▶▶10.2　动态面板特性——容器

你知道什么是容器吧？

当然知道啦！容器用来包装或装载物品的储存器（如箱、罐、坛）或者成形或柔软不成形的包覆材料。

你这是百度来的吧！你知道容器都有什么特点吗？

容器就是能装东西喽！

嗯，装东西是最基本的功能。容器的特点是能够让装载的内容有统一的动作。比如，推一个箱子，箱子里的东西都会跟着箱子移动。或者，将箱子藏起来，箱子里的东西也就找不到了。

嗯，老师你这么说，我大概明白了。我们可以利用动态面板的容器特性，实现多个元件的统一移动或显示隐藏。

是的，比如我原来发布视频课程的网站，如果用户没有登录，在单击"开始学习"按钮时就会在页面中弹出一个登录面板，要求用户登录。在面板弹出的同时，还有遮罩页面其余部分的效果。就像我们晚上看灯箱，灯箱是亮的，四周是暗的（图10-7）。

嗯，这个效果我见过。也就是说，要把组成登录面板的所有元件，放入一个动态面板，进行统一的显示与隐藏，显示的时候带有灯箱那种效果？

是的，下面演示这个效果的实现过程。不过页面上东西太多了，页面的内容就用截图代替。"开始学习"的按钮，用一个热区进行覆盖，实现单击的交互。

图 10-7

（看不懂？
扫一扫）

案例18　单击登录按钮显示登录面板

步骤1　放入一个图片元件到画布，双击图片元件，将背景图片导入（图10-8）。

图 10-8

步骤2　在画布空白处制作登录面板的内容（图10-9）。

步骤3　全选这些内容并单击鼠标右键，在弹出的快捷菜单中选择【转换为动态面板】命令，这样就将登录面板的内容放进了动态面板的状态"State1"中（图10-10）。

图 10-9

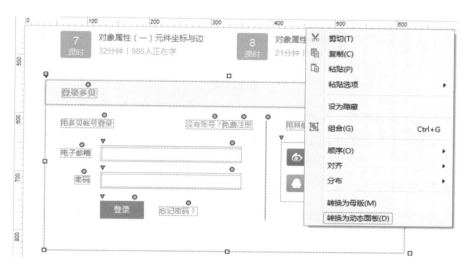

图 10-10

步骤4 将动态面板命名为"LoginPanel"（图10-11）。

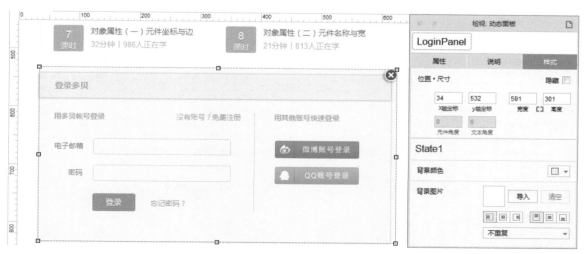

图 10-11

步骤5 将制作好的登录面板放到背景图片中央的位置，并在快捷功能中将其置于顶层。同时，还要勾选【隐藏】复选框，将其默认状态设置为隐藏（图10-12）。

图10-12

步骤6 放入一个热区元件到画布，放在背景图片的"开始学习"按钮的位置上。为热区添加【单击时】的用例，设置动作为【显示】动态面板"LoginPanel"，在【更多选项】下拉列表框中选择"灯箱效果"。

用例动作如图10-13所示。

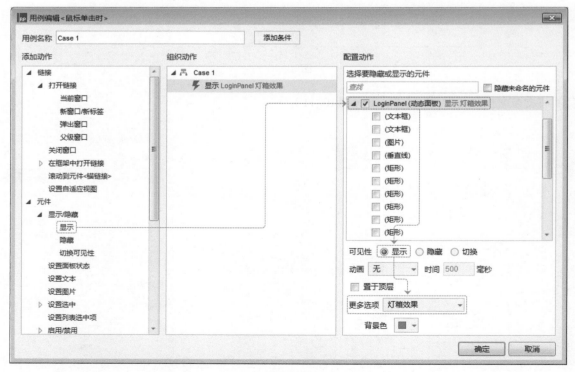

图10-13

交互事件如图10-14所示。

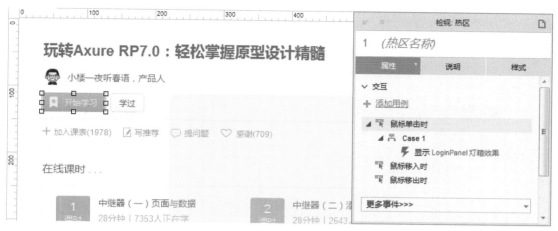

图10-14

步骤7 为动态面板"LoginPanel"中的关闭按钮添加【单击时】的用例，设置动作为【隐藏】动态面板
"LoginPanel"。

用例动作如图10-15所示。

图10-15

交互事件如图10-16所示。

图 10-16

步骤8 在检视面板中设置{页面排列}类型为【水平居中】，这样在浏览器中查看原型时，内容会在浏览器的中央显示（图10–17）。

图 10-17

老师，我在将面板内容转换成动态面板时，不小心少选了个元件，这怎么办？

你可以选中漏掉的元件，按<Ctrl<+<X>组合键剪切，然后双击动态面板，再双击状态"State1"的名称，打开状态的编辑界面，按<Ctrl>+<V>组合键将它们粘贴进去。

老师，这样位置就不对了，我好不容易才摆好的！

还有一种办法，可以在动态面板上单击鼠标右键，在弹出的快捷菜单中选择【从首个状态中脱离】命令。这样就把转换为动态面板的内容又恢复到页面中了，重新做一下转换为动态面板的操作就行了。

老师，刚才的这种效果是不是也能用组合来实现啊？

是的！刚才是为了给你讲动态面板可以这么用，其实这样的效果也可以把登录面板的所有元件进行组合，然后显示或隐藏这个组合就可以了。

也就是说，只要是多个元件需要统一显示隐藏，都能够用动态面板或者组合来实现。是不是还能够用来制作一般页面顶部菜单项的子菜单啊？那些子菜单的菜单项就是好多个元件组成的。

理解正确。你挺聪明的嘛！正好结合动态面板，我再给你讲两个有关显示隐藏时特效的案例。

（看不懂？扫一扫）

案例19 水平菜单移入时弹出隐藏效果

步骤1 放入一个矩形作为一级菜单，再放入多个矩形作为二级菜单（图10–18）。

步骤2 将二级菜单的多个矩形全部选中并单击鼠标右键，在弹出的快

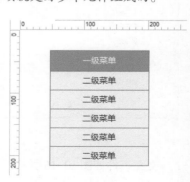

图 10-18

捷菜单中选择【转换为动态面板】命令，然后，将动态面板命名为"Submenu"，将其默认状态在快捷功能或样式中设置为【隐藏】（图10–19）。

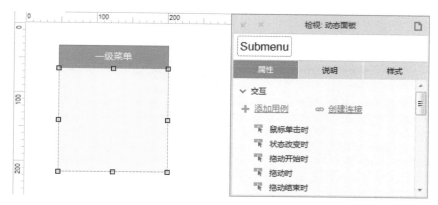

图10–19

步骤3　为一级菜单添加【鼠标移入时】的用例，设置动作为【显示】动态面板"Submenu"，在【更多选项】下拉列表框中选择"弹出效果"。显示元件时添加弹出效果，能够实现鼠标在一级菜单和二级菜单范围内时，二级菜单保持显示。当鼠标离开一级菜单与二级菜单的范围时，二级菜单自动隐藏。

用例动作如图10–20所示。

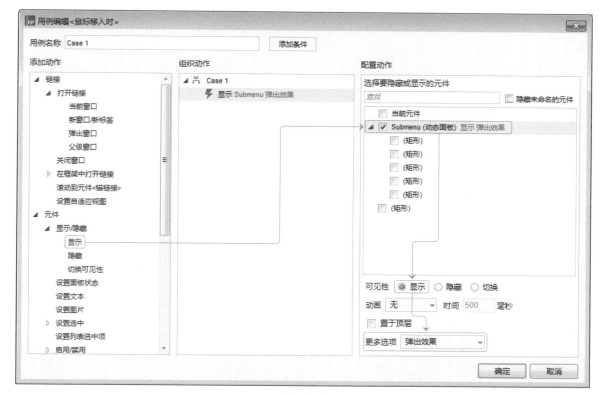

图10–20

交互事件如图10–21所示。

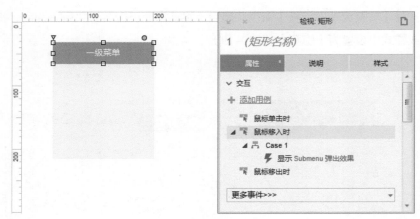

图 10-21

老师，刚才的这种效果二级菜单是直接显示出来的，能不能让它向下滑出来呢？

可以呀！动作配置的时候，可以设置动画和动画过程的时间。你喜欢哪种效果就用哪种效果。比如"逐渐"动画，就是从无到有逐渐显示的效果（图 10-22）。

图 10-22

案例 20 ▶ 垂直菜单单击时展开收起效果

(看不懂？扫一扫)

步骤 1　放入一个矩形作为一级菜单，再放入多个矩形作为二级菜单（图 10-23）。

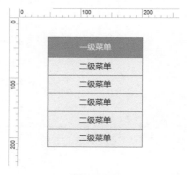

图 10-23

步骤2 将二级菜单的多个矩形全部选中并单击鼠标右键，在弹出的快捷菜单中选择【转换为动态面板】命令，然后将动态面板命名为"Submenu"，然后将其默认状态在快捷功能或样式中设置为【隐藏】（图10-24）。

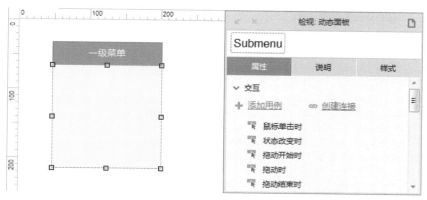

图10-24

步骤3 为一级菜单添加【单击时】的用例，于动态面板"Submenu"设置动作为【切换可见性】，勾选【推动/拉动元件】复选框，下级选项保持默认。推动/拉动元件的设置（以默认的向下为例），能够在显示元件时，将与之平行或下方的元件推动与元件高度相同的距离。当元件隐藏时，能够将与之平行或下方的元件拉动与元件高度相同的距离。这就是展开二级菜单向下推动其他菜单，收起二级菜单拉起下方其他菜单的效果。

用例动作如图10-25所示。

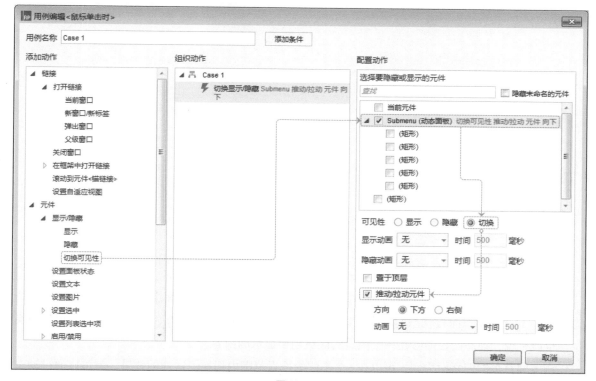

图10-25

交互事件如图10-26所示。

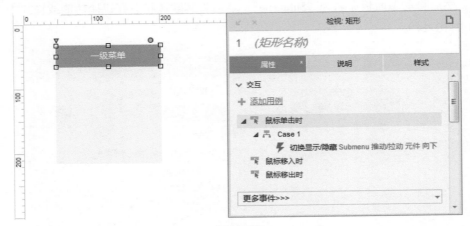

图10-26

步骤4 将做好的一组菜单全选，复制多个，并依次垂直排列（图10-27）。

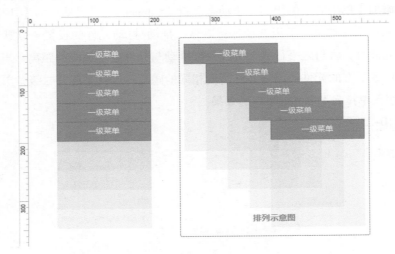

图10-27

▶▶10.3　动态面板特性——多状态

记得前面我说过动态面板能够添加多个状态吗？

嗯，记得。但是，有什么用呢？

每个状态都能放不同的内容，就像幻灯机能够有很多张幻灯片。

动态面板有多个状态，每个状态中可以放置不同的内容。但是，页面中只能显示位置排在首位的状态内容。不过，动态面板状态的顺序可以进行调整，可以通过添加交互，让某个状态的顺序切换到首位。也就是说，动态面板能够在一个固定的区域切换显示的内容。

以淘宝网首页的搜索栏为例，可以在3个不同的搜索范围内切换。这样的效果，就可以通过动态面板来实现（图10-28）。

图10-28

（看不懂？扫一扫）

案例21 淘宝搜索栏内容切换

步骤1 放入一个矩形到画布，调整增加边框宽度，然后，在矩形上方放入一个文本框。在文本框属性中勾选【隐藏边框】复选框，并为文本框添加{提示文字}。文字中第一个字符为放大镜形状的图标字体。可以从本书附带的图标字体元件库"IaxureFontV1.2"中找到带有该字符的元件；将元件放入画布；双击该元件，进入文字编辑状态，将里面的文字进行复制；然后，粘贴到提示文字的输入框中；最后，输入其他提示文字；完成文字的输入后，设置提示文字的{提示样式}，勾选{字体}复选框，设置字体为"IaxureFont"，{字色}为默认的灰色不变（图10-29）。

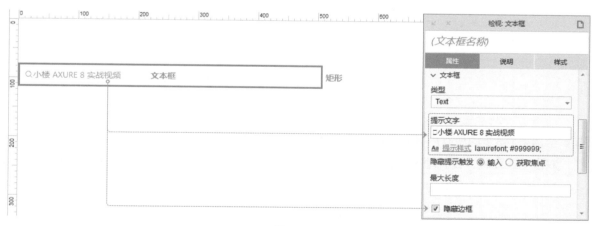

图10-29

步骤2 放入一个矩形和一个文本标签作为搜索和高级搜索的按钮，摆放在合适的位置上（图10-30）。

图10-30

步骤3 放入3个矩形，取消它们的边框（线宽设置为"无"），并输入相应的文字，作为切换标签（图10-31）。

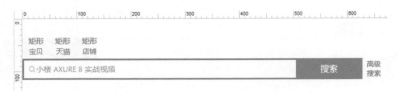

图10-31

步骤4 为这3个标签的矩形元件设置【选中】时的交互样式，"宝贝"与"店铺"标签的{填充}为橙色，"天猫"的填充颜色为"深红色"，所有标签的{字色}为白色；然后为3个标签设置选项组名称为"SearchTab"，以便切换标签时，实现唯一选中的效果。最后，"宝贝"标签的矩形元件要勾选属性中的【选中】复选框，让该标签默认情况下就显示橙色被选中状态的样式（此步骤以"宝贝"标签为例，见图10-32）。

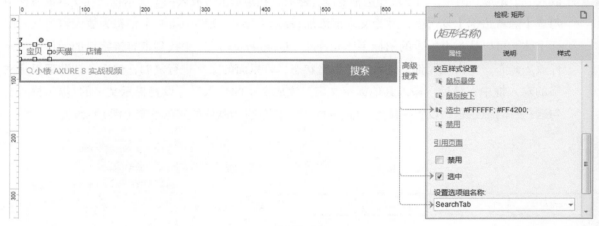

图10-32

步骤5 全选第1~3步的所有内容并单击鼠标右键，在弹出的快捷菜单中选择【转换为动态面板】命令。双击动态面板，设置动态面板名称为"SearchPanel"，再选中第一个状态，然后单击【复制】按钮，将这个状态复制为3个（图10-33）。

图10-33

步骤6 修改每个状态中的内容。第1个状态添加相机图标；第2个状态修改提示文字并改变搜索框和按钮的颜色为紫色；第3个状态删除提示文字中的汉字部分（图10-34）。

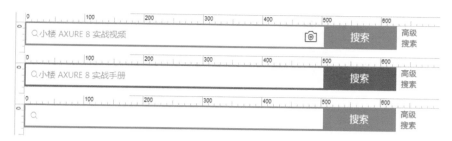

图10-34

步骤7 为每一个标签元件添加【单击时】的用例，设置第1个动作为【选中】"当前元件"（以"宝贝"标签为例）。

用例动作如图10-35所示。

图10-35

步骤8 继续上一步，第2个动作为【设置面板状态】为标签所对应的状态。

用例动作如图10-36所示。

交互事件如图10-37所示。

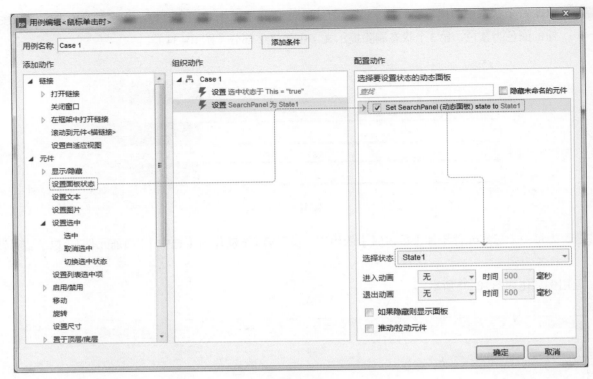

图 10-36

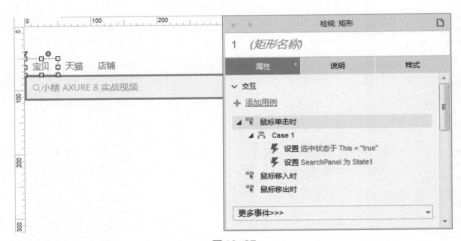

图 10-37

▶▶10.4　动态面板特性——循环

　　老师，你看淘宝商品页的商品图片展示是不是就要用到动态面板的多状态呀（图10-38）？

　　这个可以用。不过，这个切换的只有一张图片，切换时也没有什么动画，其实是用不到动态面板的。你想一下，是不是下面的小图【鼠标移入时】，设置大图的图片为另外一张图片就可以了呀？

　　对哦！只需要【设置图片】的动作，设置大图的{默认}图片，【导入】与小图一致的图片就可以了。

图10-38

不过，要使图片在切换时带有动画效果，就要用到动态面板的多状态了。而且，动态面板多状态还有一种应用，就是循环。比如，京东网首页正中的图片轮播，就需要用动态面板的多状态，结合循环来实现（图10-39）。

图10-39

（看不懂？
扫一扫）

案例22 使用循环实现图片轮播

步骤1 把一个图片元件放到画布中，双击图片元件导入第一张宣传图片（图10-40）。

步骤2 在图片上单击鼠标右键，在弹出的快捷菜单中选择【转换为动态面板】命令（图10-41）。

步骤3 双击动态面板，在弹出的编辑界面中将动态面板命名为"ImagePanel"，然后选中第一个状态，将其复制5次（图10-42）。

图 10-40

图 10-41

图 10-42

步骤 4　修改状态"State2~State6"的图片为其他几张宣传图片。比较快捷的方法是双击两次概要中相应的图片，即可进行导入（图10-43）。

图10-43

步骤5　页面打开时，图片就会自动循环切换播放，切换时为渐变效果，所以，为动态面板"ImagePanel"
添加【载入时】的用例，设置动作为【设置面板状态】，勾选"当前元件"或"ImagePanel"，{选
择状态}为【Next】；勾选【向后循环】和【循环间隔】复选框，设置间隔时间为"3000"毫秒；
勾选【首个状态延时3000毫秒后切换】复选框，{进入动画}选择【逐渐】，{时间}为"500"毫
秒；{退出动画}也选择【逐渐】，{时间}为"500"毫秒。

用例动作如图10-44所示。

图10-44

交互事件如图 10-45 所示。

图 10-45

▶▶10.5 动态面板特性——拖动

泡菜，拖动的效果你见过吗？

见过呀！

在哪里见过？

就在你的网站见过呀！发表评论时需要拖动滑块解锁（图 10-46）。

对哦！我都忘记有这码事了。你想知道拖动的效果怎么实现吗？

当然想知道啦！特别想知道怎么能够限制滑块在一定范围内拖动呢。

图 10-46

动态面板是唯一一个能够实现拖动效果的元件。如果想让一个元件有被拖动的效果，首先应将这个元件放入动态面板的首个状态中。最简单的操作就是在需要有拖动效果的元件上单击鼠标右键，在弹出的快捷菜单中选择【转换为动态面板】命令。

（看不懂？扫一扫）

案例 23 滑块在一定范围内拖动的效果

步骤 1 放入两个图片元件，分别双击导入滑块图片和外框图。这里需要记录两个 x 轴的坐标值，就是外框的左侧边界坐标值"100"和右侧的边界坐标值"302"（左侧边界坐标值+外框宽度值）（图 10-47）。

步骤 2 将滑块图片【转换为动态面板】，命名为"SliderPanel"，摆放在外框的左侧（图 10-48）。

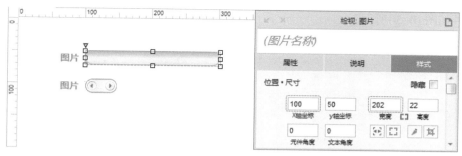

图 10-47

图 10-48

步骤 3 为动态面板"SliderPanel"添加【拖动时】的用例，设置动作为【移动】"当前元件"；{移动}的类型为【水平拖动】；单击{界限}后面的【添加边界】链接，设置【左侧】【>=】"100"，【右侧】【<=】"302"。

用例动作如图 10-49 所示。

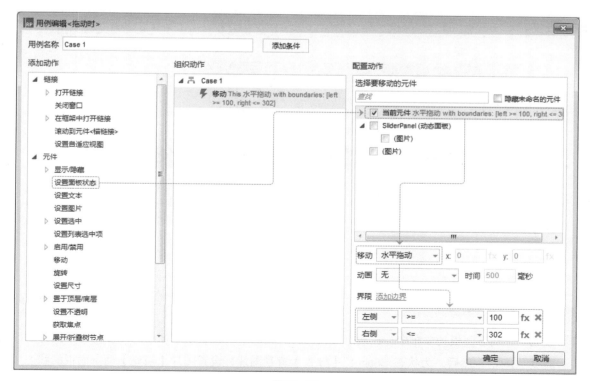

图 10-49

交互事件如图 10-50 所示。

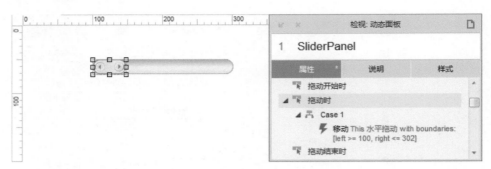

图 10-50

原来这么容易就能实现拖动和限制呀！不过，拖动结束的时候是解锁成功还是滑动回原位，要怎么做呢？

这个需要使用系统变量获取元件的边界属性，然后通过对属性值进行判断来实现，等以后了解了系统变量与函数，就会明白了。

▶▶10.6　动态面板特性——适应宽度

动态面板还能够自动适应浏览器的宽度。

老师，什么叫适应宽度？

就是能够随着浏览器的宽度改变自己的宽度，永远铺满浏览器整个宽度。比如，我发布在线视频时的课程管理主页，欢迎语所在位置的蓝色背景就是随着浏览器的宽度变化而变化的（图 10-51）。

图 10-51

（看不懂？扫一扫）

案例24　横向铺满屏幕的背景条

步骤1　放入一个动态面板到画布中；在动态面板的样式设置中，设置动态面板的高度为背景图片的原始高度"160"；然后，为状态"State1"【导入】背景图片，设置图片【填充】动态面板的状态（图 10-52）。

步骤2 勾选动态面板属性中的【100%宽度】复选框（图10-53）。

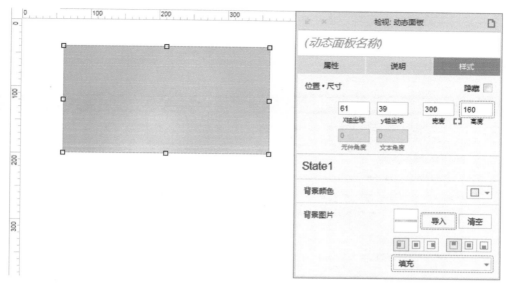

图10-52

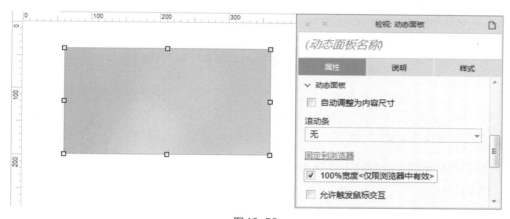

图10-53

> **特别说明**
>
> 　　水平方向自动铺满屏幕的动态面板，只需要确定纵向的摆放位置。不过，为了设计方便，可以设置动态面板的 x 轴坐标位置为 "0"，宽度为页面内容的整体宽度。

▶▶10.7　动态面板特性——相对固定

　　动态面板最后一个特性是能够实现相对固定。

　　老师，什么叫相对固定？

　　有些网站拖动浏览器滚动条时，页面会跟随滚动，但页面中总有一部分内容是保持在某个位置不动的，如知乎网的导航菜单（图10-54）。

那就是固定位置了呀！为什么叫相对固定？

其实，页面的内容是不会移动的，在拖动浏览器的滚动条时，其实是视觉上保持不动的内容，在跟随着滚动条的滚动而移动位置。所以，这个相对固定是相对于浏览器窗口而言的固定效果，并不是内容自身没有移动。

图 10-54

（看不懂？扫一扫）

案例 25 导航菜单顶部固定的效果

步骤1 放入两个图片元件，分别双击并导入代替导航菜单与页面内容的图片，将它们摆放在合适的位置（图 10–55）。

图 10-55

步骤2 在代替导航菜单内容的图片上方单击鼠标右键，在弹出的快捷菜单中选择【转换为动态面板】命令（图10–56）。

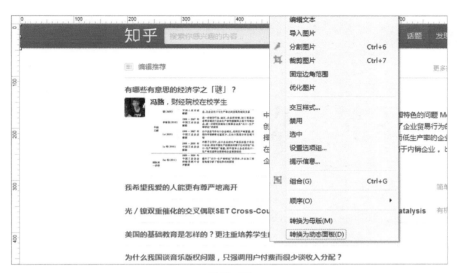

图10–56

步骤3 在动态面板属性中单击【固定到浏览器】，在弹出的对话框中勾选【固定到浏览器窗口】复选框，{水平固定}选择【居中】，{垂直固定}选择【上】（图10–57）。

图10–57

第11章 公式与自定义变量

▸▸11.1　公式的格式

小楼叔叔好！我想问一下，怎么做数值的计算。

让你叫的我觉得自己年纪好大哦！你想什么样的数值计算？

比如有个订单，我在改变商品数量的时候，商品的合计要跟随改变。

这个需要用到公式和变量来计算。

公式和变量？

是的。你有没有接触过 Excel 的公式？

这个我知道。就是表格的上方有个"fx"，输入一个"="再写相应的内容就可以了。

对的。在 Axure 中如果要进行值的计算，也需要写公式。不过 Axure 中写公式也有自己固定的格式。我先简单给你讲一下，再举例怎么完成值得计算。

在 Axure 中，只要有输入【值】的地方，就能够输入公式（图 11-1）。

图 11-1

一般可以在【值】的文本框中直接输入公式内容，也可以单击"fx"按钮进入"值"的编辑界面，在更大的空间中编辑公式内容（图 11-2）。

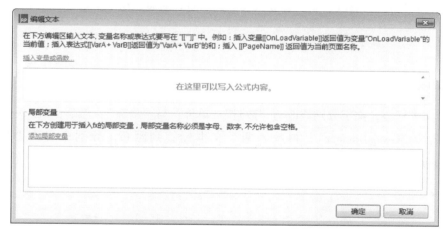

图 11-2

Axure 公式需要写在"[["与"]]"之间。这样软件才会根据写入的公式内容进行运算。例如，【单击时】为一个文本标签元件【设置文本】为【值】"[[3*5]]"，那么，在浏览器中查看原型时，单击这个文本标签元件，就会显示出运算结果"15"。

哦，写在两个双方括号之间的公式就能运算啦！那如果写在外面呢？会报错吗？老师。

不会。

Axure 中如果将字符写在"[["和"]]"的外面，软件会自动将里面的运算结果与外面的字符连接到一起，形成新的字符串。例如，【单击时】为一个文本标签元件【设置文本】为【值】"[[3*5]]个"，那么，在浏览器中查看原型时，单击这个文本标签元件，就会显示出元件的文字为"15个"。

▶▶11.2　自定义变量——局部变量

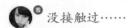 老师，我知道公式怎么写啦！快教我怎么做合计的计算吧！

別着急！你一定要记住千万别把"[[3*5]]"写成"[[3]]*[[5]]"，前面的结果才是数值"15"，后面的结果是字符串"3*5"。然后，我问你，你接触过变量吗？

没接触过……

那你着急也没有用，我先给你讲讲变量。

变量是一个用于存储与传递数据的工具，对于变量只有3个操作，就是创建、写入与读取。可以把变量想象成一个U盘，当我们获得了一个U盘（创建），不但可以把文件存放到里面（写入），也可以把文件通过U盘传递给别人（读取）。

在这里，先介绍自定义变量。

自定义变量分为两种，局部变量和全局变量。

局部变量，顾名思义只作用于某个部分，而非整体。这个部分指的是值的运算过程。在值的运算过程中，局部变量负责获取到某个目标的指定内容，然后参与到公式的运算中。在完成这个过程后，局部变量就不再存在。也就是说，运算过程A中无法调用运算过程B中创建的局部变量。

在进行合计的计算时，需要获取商品的数量和金额，然后通过乘法公式进行运算。而商品数量与金额都可能不是固定的值，所以，无法直接写入公式，而必须通过局部变量进行获取，再插入到公式中进行运算。

（看不懂？扫一扫）

案例 26　使用局部变量计算商品合计

步骤1　放入3个文本标签，文字分别修改为"数量""单价"与"金额"；然后，放入一个文本框到画布，命名为"GoodsNumber"；再放入两个文本标签到画布，分别命名为"GoodsPrice"和"TotalAmount"。数量文本框默认值输入"1"，单价和金额的默认值为"19.80"（也可以自定义其他数值）（图11-3）。

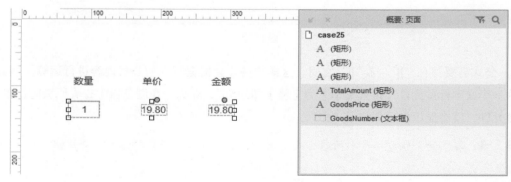

图11-3

步骤2　为文本框"GoodsNumber"添加【文本改变时】的用例，设置动作为【设置文本】于元件"TotalAmount"。单击"fx"打开编辑文本的界面。

用例动作如图11-4所示。

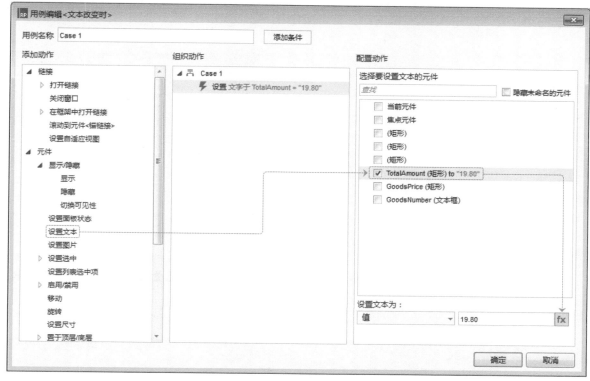

图11-4

步骤3 在编辑文本的界面中单击两次【添加局部变量】，创建两个局部变量，分别命名为"n"和"p"；局部变量"n"存入的内容为"当前元件"（文本框）的【元件文字】，局部变量"p"存入的内容为元件"GoodsPrice"的【元件文字】；然后，在文本编辑区域写入公式"[[n*p]]"，就能够运算出数量乘以价格的结果。

变量设置如图11-5所示。

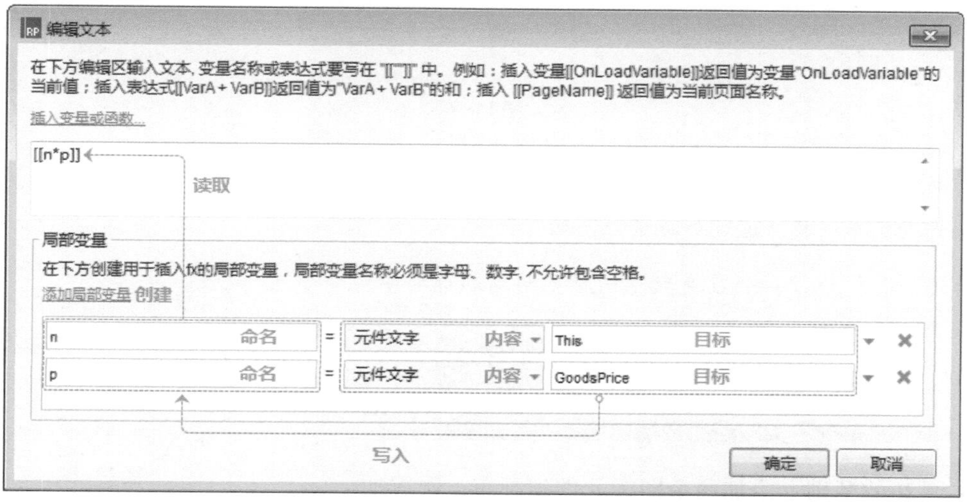

图11-5

交互事件如图11-6所示。

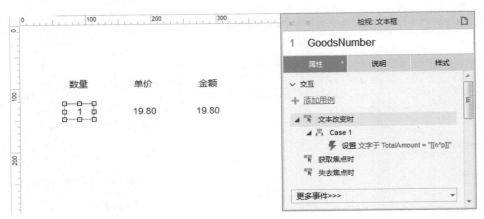

图11-6

　　在完成了局部变量的创建后，局部变量的名称也可以从【插入变量或函数】的列表中选取（图11-7）。

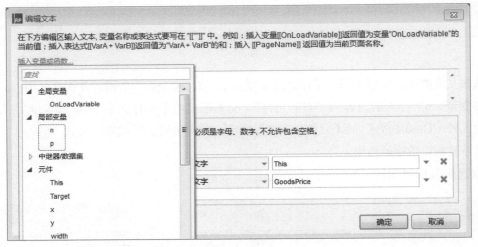

图11-7

　　老师，我想做的计算合计，不是你这个样子的！是像购物网站的购物车一样，通过加减按钮来改变数量。

　　这样啊！通过按钮改变数量同样要用到局部变量，我们来把这个功能加上。

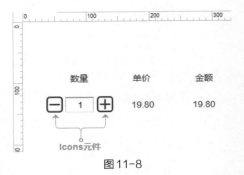

Icons元件

图11-8

案例27 单击加减按钮实现商品数量自增减 （看不懂？扫一扫）

步骤1 在案例26的基础上添加两个图标元件到画布，做成加减按钮（图11-8）。

步骤2 为加号按钮添加【单击时】的用例，设置动作为【设置文本】于文本框"GoodsNumber"；单击 "fx"打开编辑文本的界面。

用例动作如图11-9所示。

图11-9

步骤3 在编辑文本的界面中单击【添加局部变量】按钮，创建一个局部变量，命名为"n"；局部变量 "n"存入的内容为文本框"GoodsNumber"的【元件文字】；然后，在文本编辑区域写入公式 "[[n+1]]"，就能够运算出当前数量递增1的结果。

变量设置如图11-10所示。

图11-10

交互事件如图11-11所示。

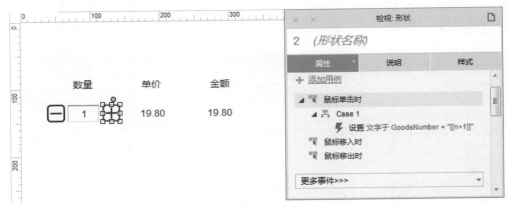

图 11-11

步骤 4 参考加号按钮的交互，为减号按钮添加相同的动作，同样设置局部变量 "n"，只是最后在文本编辑区域写入公式 "[[n-1]]"，就能够运算出当前数量递减1的结果。

交互事件如图11-12所示。

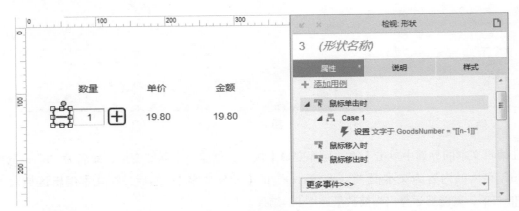

图 11-12

特别说明

　　在这个案例中，我们通过局部变量将数量文本框当前的文本获取到，通过公式运算到递增1的结果后，再写入文本框中。例如，文本框中的数值为1时，局部变量 "n" 中存储的值为 "1"，通过公式 "[[n+1]]" 进行运算后，就取到了结果 "2"，而获取到的结果 "2" 这个数值，又被动作 "设置文本" 写回到了文本框中。当再次单击加号按钮时，文本框中的数值为 "2"，通过上述过程的运算后，就会将结果 "3" 写回到文本框中。以此类推。

　　老师，我按你说的做了。加号按钮没有什么问题，但是减号按钮会出现负数。

　　这个需要添加条件限制，我现在没时间，回头再给你讲啊！

———————————— 与此同时 ————————————

　　老师！上次做的宣传图片循环播放时，下面还有相应的圆形页签跟着在切换呢！你都没告诉我这个怎么实现？

 你会设置条件吗？

 我还不会……

 好吧！那只能通过局部变量来实现了。

（看不懂？扫一扫）

案例28 图片轮播中页签的切换（1）

步骤1 在案例22的基础上放入6个圆形到画布的空白区域，取消边框（线宽设置为"无"），设置第1个圆形填充颜色为红色，其余圆形为黑色，文字颜色均为白色（图11-13）。

图11-13

步骤2 将6个圆形全部选中并单击鼠标右键，弹出的快捷菜单中选择【转换为动态面板】命令（图11-14）。

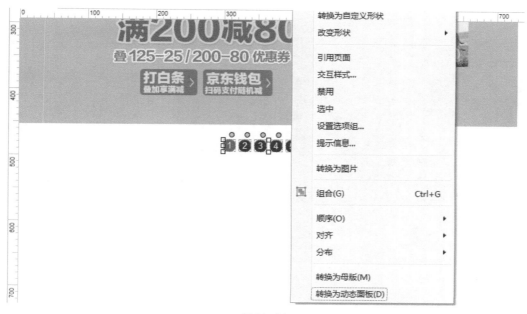

图11-14

步骤3 双击动态面板，在弹出的编辑页面中将动态面板命名为"IndexPanel"，并将第1个状态点中，复制5次（图11-15）。

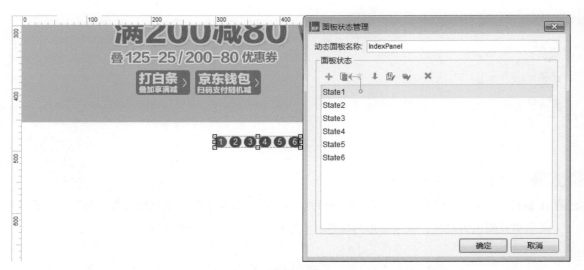

图 11-15

步骤4 进入动态面板 "IndexPanel" 的状态 "State2~State6",将对应的圆形的填充颜色修改为红色,其他圆形改为黑色(图 11-16)。

步骤5 将页签面板 "IndexPanel" 放到适合的位置;放入一个文本标签,将其隐藏,命名为 "StateIndex",用于记录动态面板 "ImagePanel" 切换到的状态名称(图 11-17)。

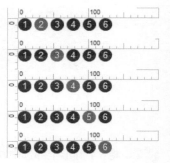

图 11-16

图 11-17

步骤6 为动态面板 "ImagePanel" 添加【状态改变时】的用例,设置动作为【设置文本】于 "StateIndex" 为【面板状态】"当前元件"。

用例动作如图 11-18 所示。

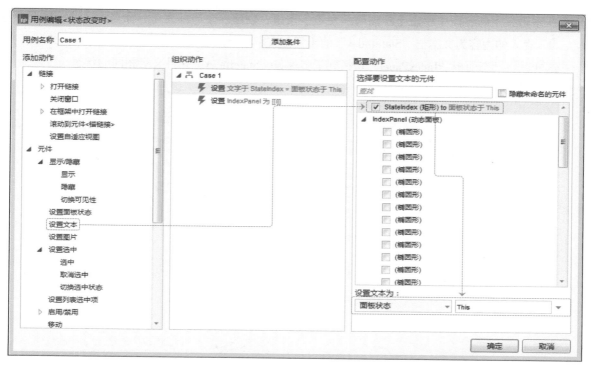

图 11-18

步骤 7 继续上一步，添加动作【设置面板状态】于"IndexPanel"；{选择状态}为【Value】（值），在{状态名称或序号}后方单击"fx"打开编辑文本的界面。

用例动作如图 11-19 所示。

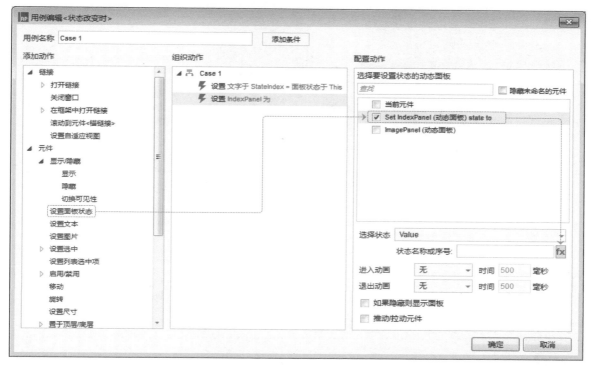

图 11-19

步骤8 在编辑文本的界面中单击【添加局部变量】按钮，创建一个局部变量，命名为"i"；局部变量 "i"存入的内容为文本框"StateIndex"的【元件文字】；然后，在文本编辑区域写入公式"[[i]]"； 这样就将动态面板"IndexPanel"切换到了名称与"StateIndex"元件文字相同的状态。

变量设置如图11-20所示。

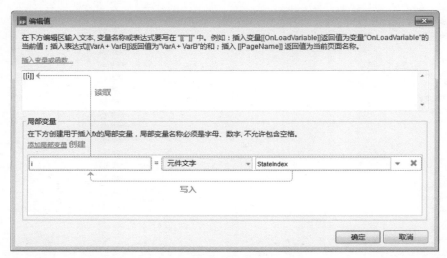

图 11-20

交互事件如图11-21所示。

图 11-21

▶▶11.3　自定义变量——全局变量

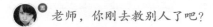 老师，你刚去教别人了吧?

 呃……是之前没有帮她弄完，我要负责的嘛！

那你也要对我负责！你刚才只给我讲了局部变量，全局变量还没有讲。我想你继续给我讲……

……好吧！

全局变量能够作用于整个原型。也就是说，在原型的任何页面中，都可以对同一个变量进行写入与读取操作。这种特性，让全局变量非常适合于页面之间数值的传递，实现跨页面的交互效果。

一般在用户进行找回密码操作的时候，需要在第1个找回页面中输入电子邮箱地址"****@****.com"，然后单击【下一步】按钮（图11–22）。

图11-22

在打开的第2个页面中，会提示"重置密码邮件已经发送至您的****@****.com邮箱，请查看邮件并按照邮件中的提示完成密码重置。"（图11–23）。

图11-23

这样的交互效果，需要将第1个页面中输入的邮箱地址在第2个页面的提示中显示出来。如果通过原型实现这种页面间邮箱地址的传递，就要用到全局变量。在第1个页面中输入邮箱地址时，实时将输入的内容存入全局变量；在第2个页面打开的时候，将全局变量中保存的内容读取出来，呈现在显示提示文字的元件上。

（看不懂？扫一扫）

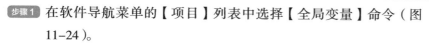

案例29 密码找回的跨页面传递数据

步骤1 在软件导航菜单的【项目】列表中选择【全局变量】命令（图11–24）。

步骤2 在弹出的界面中删除软件自带的全局变量，创建一个全局变量"EmailText"；或者，直接更改软件自带的变量名称。因为存入全局变量的内容是获取文本框中输入的内容，所以，无须给全局变量添加默认值（图11–25）。

步骤3 在第1个页面中放入文本标签、矩形与文本框元件，组成页面内容（图11–26）。

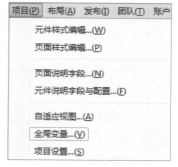

图11-24

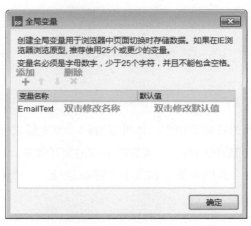

图 11-25

图 11-26

步骤 4 为输入邮箱地址的文本框添加【文本改变时】的用例，设置动作为【设置变量值】，选择要设置的全局变量"EmailText"并设置全局变量值为"当前元件"的【元件文字】。这一步就能够在输入邮箱地址时，将输入的内容保存到全局变量中。

　　用例动作如图 11-27 所示。

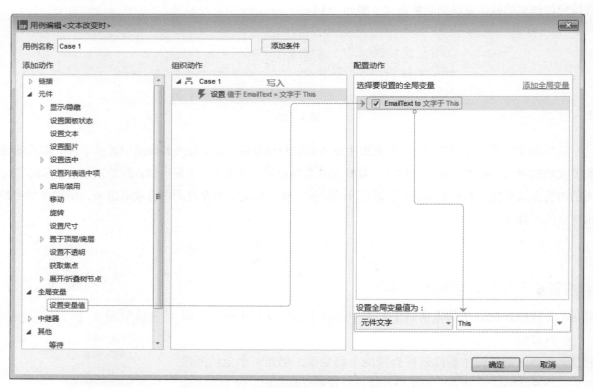

图 11-27

　　交互事件如图 11-28 所示。

步骤 5 为"下一步"按钮添加【单击时】的用例，设置动作为【当前窗口】【链接到当前项目的某个页面】，页面列表中选择本案例第 2 个页面。

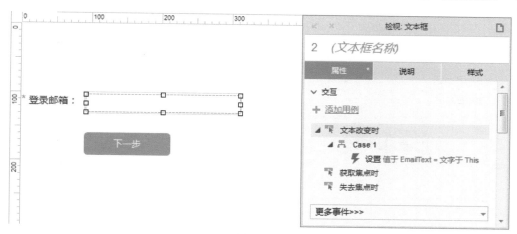

图 11-28

用例动作如图 11-29 所示。

图 11-29

交互事件如图 11-30 所示。

步骤 6　为第 2 个页面添加图片、文本标签等元件组成页面内容，并添加默认的图片与文字，然后，将显示提示信息的文本标签元件命名为"MessageText"（图 11-31）。

步骤 7　为提示信息元件"MessageText"添加【载入时】的用例，设置动作为【设置文本】于"当前元件"，{设置文本为}【富文本】，单击"编辑文本"按钮，打开编辑文本的界面。

图 11-30

图 11-31

用例动作如图11-32所示。

图 11-32

步骤8 在编辑文本的界面中，单击打开【插入变量或函数】的列表，选取全局变量"EmailText"或者手动输入"[[EmailText]]"，将全局变量读取出来，与提示中的其他文字进行组合。

文本编辑如图11-33所示。

图11-33

交互事件如图11-34所示。

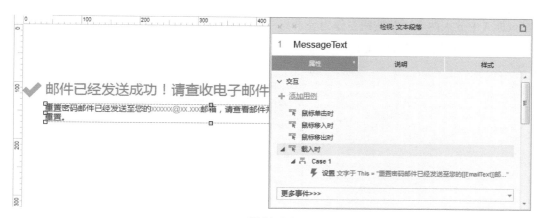

图11-34

老师，是不是只要涉及跨页面的交互就需要使用全局变量呀？

是的，只有全局变量才能够实现页面间的交互！

比如说，我在A页面有登录与注册两个按钮，对应B页面中动态面板的不同状态内容，是不是就要使用全局变量记录A页面哪个按钮被单击，然后在B页面的载入时，根据全局变量中的记录，来改变动态面板的状态呀（图11-35）？

对，就是这样操作！

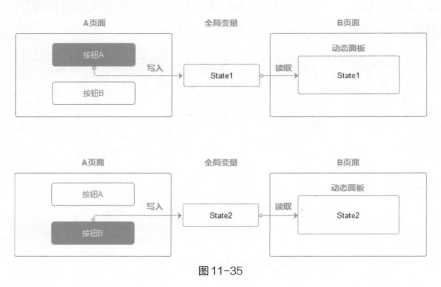

图 11-35

特别说明

变量都会有创建、写入与读取的操作，缺少任何一个操作都会导致变量不能正常使用或者没有作用。

案例 30 跨页面控制动态面板状态

（看不懂？扫一扫）

步骤 1 在页面 A 中放入两个形状按钮，作为登录与注册的按钮；并且，创建全局变量"StateText"用于按钮被单击的记录（图 11-36）。

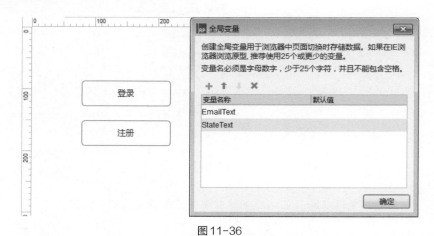

图 11-36

步骤 2 为"登录"按钮添加【鼠标单击时】的用例，设置动作为【设置变量值】于全局变量"StateText"为【值】"State1"。

用例动作如图 11-37 所示。

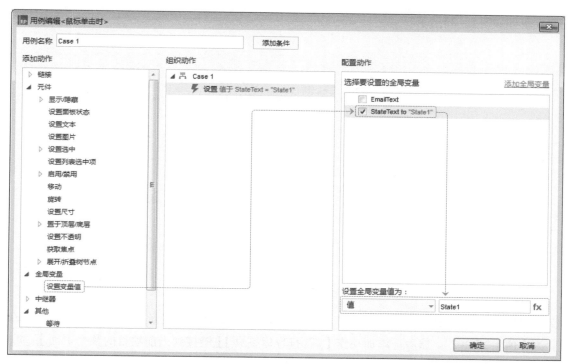

图 11-37

步骤 3 继续上一步，添加动作【新窗口/标签页】，选择【链接到当前项目的某个页面】，页面列表中选择本案例的 B 页面。

用例动作如图 11-38 所示。

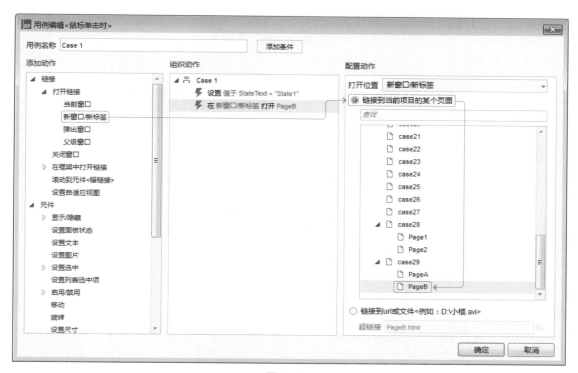

图 11-38

交互事件如图11-39所示。

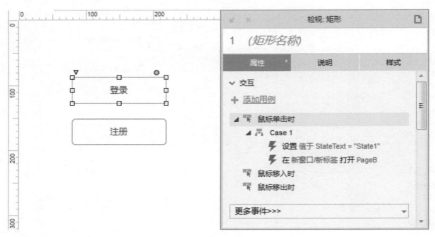

图 11-39

步骤 4　为"注册"按钮添加【鼠标单击时】的用例，设置动作为【设置变量值】于全局变量"StateText"为【值】"State2"。然后，添加动作【新窗口/标签页】【链接到当前项目的某个页面】，页面列表中选择本案例的B页面（参考操作步骤2~3）。

步骤 5　为B页面添加动态面板，设置为两个状态，每个状态中分别放入登录面板与注册面板的内容（图11-40）。

图 11-40

步骤 6　为动态面板添加【载入时】的用例，设置动作为【设置面板状态】于"当前元件"；{选择状态}为【Value】（值），在{状态名称或序号}后方填入"[[StateText]]"。

用例动作如图11-41所示。

特别说明

　　在浏览原型时，可以使用工具栏中的调试功能，实时查看变量中存储的数据内容。具体见4.7节。

图11-41

交互事件如图11-42所示。

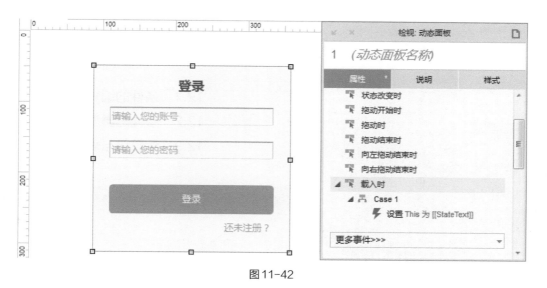

图11-42

第12章　条件与表达式

▶▶12.1 条件的编辑

老师，现在有时间了吗？减号按钮会出现负数的问题快都我解决呀！

哦，你还没忘呢！我这就来给你讲条件编辑。

在日常生活中，经常会根据不同的情况做出不同的选择。

例如，出门的时候，会看一下天气如何，如果是晴天，可以戴上墨镜；如果是阴天，可以带上雨伞。

再比如，我们参加宴会聚餐。可能对于每一道菜都会有选择。是否油腻？是否辛辣？是否太咸？是否太甜？都会根据自己的需求，决定吃或者不吃某一道菜。

在Axure中为原型添加交互时，也会出现不同情况的选择。每一种情况，都需要添加一个用例（case），并添加相应的条件，来判断是否符合某种情形，当符合情形时，再执行用例中的动作。

给用例添加条件，必然是在用例的编辑界面中，单击用例编辑界面中的"添加条件"按钮，就会打开设立条件的界面。这里我们就能够编辑条件的内容了（图12-1）。

图12-1

每一个条件判断，都是将两侧指定的内容进行比较，判断二者之间的关系是否成立。所以，判断的结果只有两种，真（True）或假（False）。真（True）即表示符合条件，假（False）即表示不符合条件。当一个用例的条件判断结果为真（True）时，才会执行用例中设置的动作。

如果想掌握条件判断的使用，必须了解可判断的内容及有哪些比较的关系。

判断的内容有很多类型，如某个元件的文字，某个列表的被选项或者某个值的内容。这些内容基本能够满足大部分条件判断的需求（图12-2）。

值	数值/文字/公式的运算结果
变量值	全局变量中存储的数据内容
变量值长度	全局变量中数据内容的字符数量
元件文字	元件上的文字内容
焦点元件文字	光标所在元件上的文字内容
元件文字长度	元件上文字内容的字符数量
被选项	列表元件中被选择的项
选中状态	元件的选中状态
面板状态	动态面板当前呈现状态的名称
元件可见	元件的显示与隐藏状态
按下的键	键盘上按下的按键
指针	鼠标指针
元件范围	元件上下左右四个边界组成的矩形区域
自适应视图	当前呈现的视图方案

图12-2

比较关系的类型也很多，包含常见的几种关系类型及一些对字符串判断的类型（图12-3）。

==	判断两侧内容是否相同
!=	判断两侧内容是否不同
<	判断左侧内容是否小于右侧内容
>	判断左侧内容是否大于右侧内容
<=	判断左侧内容是否大于等于右侧内容
>=	判断左侧内容是否大于等于右侧内容
包含	判断左侧内容是否包含右侧内容
不包含	判断左侧内容是否不包含右侧内容
是	判断左侧内容是否是某种类型或某些字符之一
不是	判断左侧内容是否不是某种类型或某些字符之一

图12-3

除此之外，还有鼠标指针与元件范围的关系类型（图12-4）。

进入	判断鼠标指针是否有进入元件范围的动作
离开	判断鼠标指针是否有离开元件范围的动作
接触	判断判断鼠标指针或左侧元件是否与右侧元件有接触
未接触	判断判断鼠标指针或左侧元件是否与右侧元件未接触

图12-4

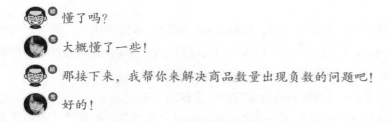

懂了吗？

大概懂了一些！

那接下来，我帮你来解决商品数量出现负数的问题吧！

好的！

（看不懂？扫一扫）

案例31 通过条件判断限制商品数量

步骤1 在案例27的基础上，为减号按钮的用例添加条件判断；双击减号按钮，选择【鼠标单击时】的用例名称"Case 1"，打开用例编辑界面（图12-5）。

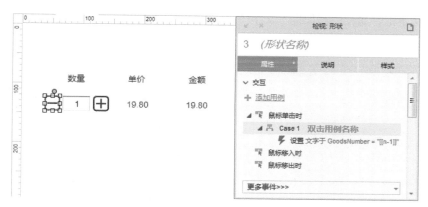

图12-5

步骤2 只有数量文本框"GoodsNumber"中的数值大于"1"时才能让其数值进行自减1的动作。在用例编辑界面单击"添加条件"的按钮进入，左侧选择【元件文字】和元件"GoodsNumber"，关系类型选择【>】，右侧选择【值】，并输入文字"1"。这样就完成这个案例的条件设置。条件判断如图12-6所示。

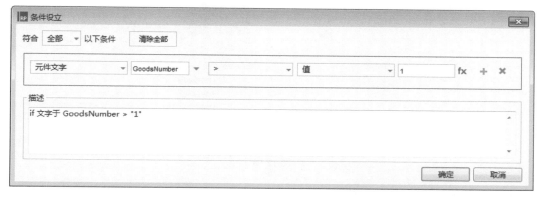

图12-6

 当完成条件的设置时，在条件设置界面中能够看到所设置条件的文字描述：if 文字于 GoodsNumber >"1"。这个描述的意思是：如果元件"GoodsNumber"的元件文字大于"1"。当满足这个条件时，就能够执行这个用例中的动作了。

嗯！明白了！不过，老师，能多个条件一起判断吗？

可以呀！我再给你举个例子吧！

日常生活中的一些事情往往需要同时满足一些条件才可以进行。例如，必须满足在北京市缴纳5年个人所得税和社会保险的条件，才能够参加北京市机动车摇号。

在 Axure 中为原型添加交互效果时也会遇到一些必须同时满足多个条件才能执行动作的情况。例如，一个账号输入框，当用户输入完成时，必须有输入的内容并且输入的是字母或数字时才提示输入正确。

（看不懂？扫一扫）

案例32　失去焦点时判断账号合法性（1）

步骤1　放入一个文本框，属性中添加提示文字"请输入账号"（图12-7）。

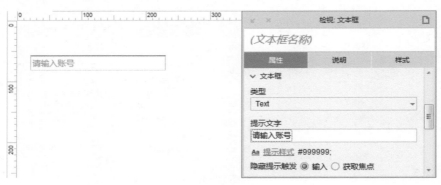

图12-7

步骤2　在"IaxureFontV1.2"元件库中找到对号形状的元件，放到画布中合适的位置，根据需要调整元件的尺寸与字体大小，并将元件文字设置为绿色；然后，将元件命名为"MessageIcon"（图12-8）。

图12-8

步骤3　双击元件"MessageIcon"，并单击鼠标右键，在弹出的快捷菜单中选择【剪切】命令，将元件中的图标文字剪切到系统剪贴板（此步骤中也可以双击元件后按<Ctrl>+<X>组合键，完成剪切）（图12-9）。

步骤4　为文本框添加【失去焦点时】的用例，单击"添加条件"按钮，弹出条件设置的界面；在弹出的界面中，

图12-9

设置第1个条件为【元件文字】于"当前元件"【！＝】""。""为空值，无须输入任何内容或空格。

步骤5 单击第一个条件后的加号按钮，添加并设置第2个条件为【元件文字】于"当前元件"【是】"数字或字母"。单击【确定】按钮保存设置的条件，并退出条件编辑界面。

条件设置如图12-10所示。

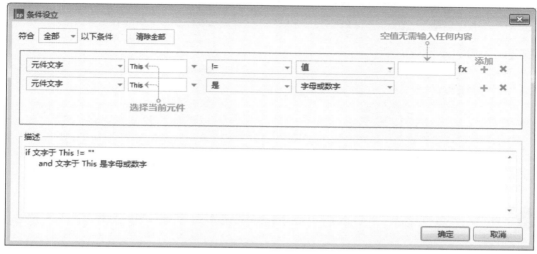

图12-10

步骤6 设置满足条件时执行的动作，【设置文本】于"MessageIcon"为【富文本】；单击【编辑文本】按钮，打开编辑文本的界面。

用例动作如图12-11所示。

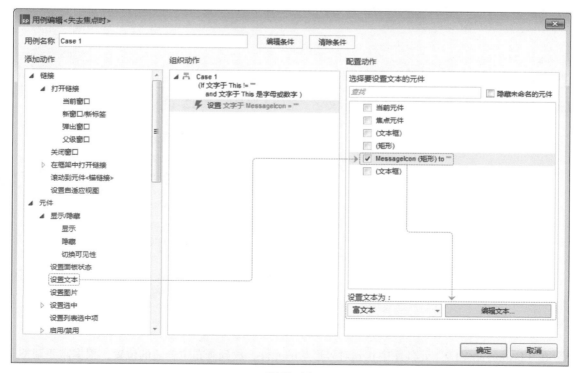

图12-11

步骤 7　在文本编辑界面中，将操作步骤 3 中剪切的图标文字粘贴到编辑区域。

文本编辑如图 12-12 所示。

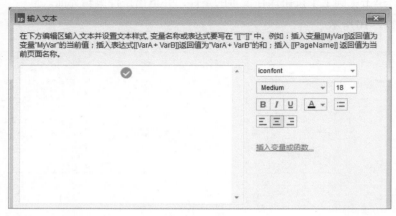

图 12-12

老师，刚刚这样做，是满足条件时，提示输入正确。如果我想提示输入错误，应该怎么做条件判断呢？

你觉得错误的情况都是什么样的？

错误的情况应该有文本框是空值、输入的不是字母或数字。

是的，错误的情况也是对输入内容和输入类型的判断。不过，和提示输入正确时不一样。提示输入正确，是要判断输入内容和输入类型全部要符合条件。而提示输入错误则是发生任何一种错误都需要进行提示。

案例 33　**失去焦点时判断账号合法性（2）**

（看不懂？扫一扫）

步骤 1　放入一个文本框，在属性中添加提示文字"请输入账号"（图 12-13）。

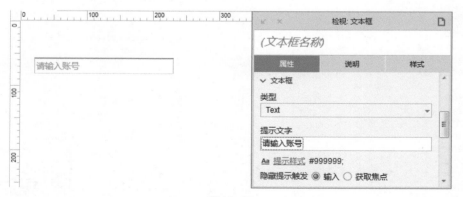

图 12-13

步骤 2　在"IaxureFontV1.2"元件库中找到对号形状的元件，放到画布中合适的位置，根据需要调整元件的尺寸与字体大小，并将元件文字设置为红色；然后，将元件命名为"MessageIcon"（图 12-14）。

图12-14

步骤3 将元件"MessageIcon"中的图标文字剪切到系统剪贴板（参考案例32的操作步骤3）。

步骤4 为文本框添加【失去焦点时】的用例，单击"添加条件"按钮，弹出条件设置的界面；先将符合【全部】以下条件更改为符合【任何】以下条件，然后，设置第1个条件为【元件文字】于"当前元件"【==】""。""为空值，无须输入任何内容或空格。

步骤5 单击第一个条件后方的加号按钮，添加并设置第2个条件为【元件文字】于"当前元件"【不是】"字母或数字"。单击【确定】按钮保存设置的条件，并退出条件编辑界面。

条件判断如图12-15所示。

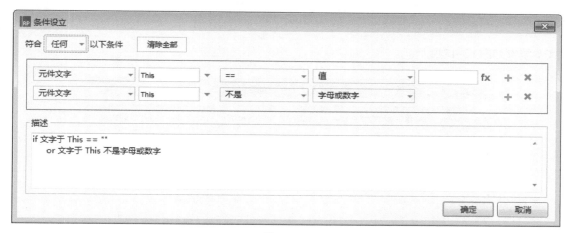

图12-15

步骤6 设置满足条件时执行的动作，【设置文字】于"MessageIcon"为【富文本】；单击【编辑文本】按钮，打开编辑文本的界面。

用例动作如图12-16所示。

步骤7 在文本编辑界面中，将操作步骤3中剪切的图标文字粘贴到编辑区域。

> **特别说明**
>
> 　　在操作步骤4中，将符合【全部】以下条件更改为符合【任何】以下条件，就将必须满足多个条件才能执行动作改成了满足任何一个条件即可执行动作。这一步设置很容易被忽略，从而导致错误，所以提醒大家务必牢记！

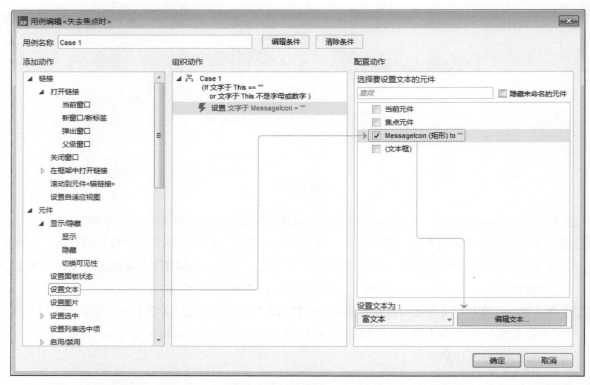

图 12-16

文本编辑如图 12-17 所示。

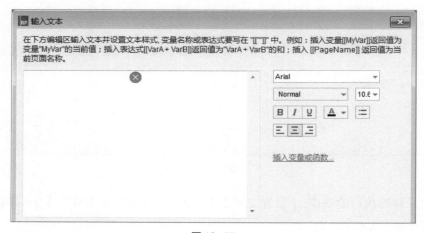

图 12-17

老师，刚才这两个例子，应该在不满足条件时，分别有相反的提示吧？

对！刚才的两个例子，都是只有符合条件与不符合条件两种情形。这样，就需要有两个用例（case），分别设置两种情形下执行的动作。而我们刚才每个例子只做了其中的一种情形。另外一种情形，再添加一个用例，设置相反的动作就行了。

再添加一个用例，设置相反的动作？不需要再写条件了吗？

不需要呀！拿第1个例子（案例32）来说，当为第1个用例设置了条件，再次添加用例（case）时，系统会默认给你添加 "Else If True"，表示否则的情形（图12-18）。也就是说，除了满足条件之外的都符合这种情形，执行这种情形下设置的动作。所以，只需要在第2个用例中添加【设置文本】的动作，写入相反的图标文字提示就可以了（图12-19）。

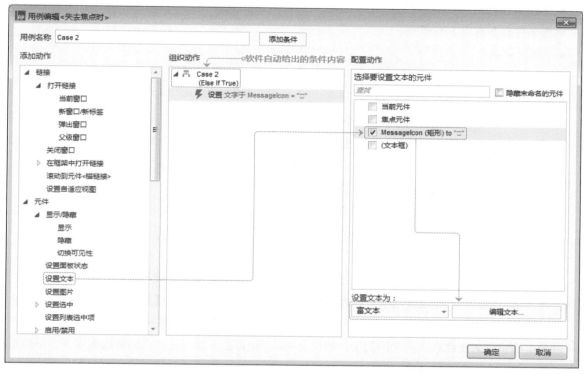

图12-18

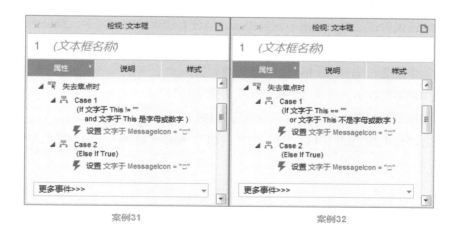

图12-19

特别说明

图标文字也需要从 "IaxureFontV1.2" 元件库中拖出相应的元件到画布，设置文字颜色与字号大小，然后，双击元件进行图标文字的复制或剪切。不要忘记，复制或剪切图标文字后，将这个多余的元件删除。

▶▶12.2　条件的类型

刚才讲的是相对来说比较基本的条件判断。我再给你讲讲更复杂一些的条件判断。

老师，你太好了！

● 单组条件判断

单组条件判断有以下类型。

- ■ <如果>……。
- ■ <如果>……，<否则>……。
- ■ <如果>……，<否则，如果>……。
- ■ <如果>……，<否则，如果>（一个或多个）……，<否则>……。

来看一个生活中比较复杂的例子：在北京买房子。

<如果>存款超过1200万元，就在三环内买房子。

<否则，如果>存款超过800万元，就在四环内买房子。

<否则，如果>存款超过500万元，就在五环内买房子。

<否则，如果>存款超过200万元，就在六环内买房子。

<否则>，只能选择租房子。

在单组条件判断中会有多种可能发生的情形（case），这些情形都具有优先级。当事件被触发时，会按照优先级从高到低的顺序进行判断，当满足某种情形的条件后，会执行这种情形下的动作，并停止判断。也就是说，在单组条件判断中，不管有多少情形满足条件，只会执行第一个满足条件情形中的动作。

就像上面讲到的在北京买房子的例子，如果有900万元存款，就会选择在四环内买房子。虽然也符合在五环、六环内买房子的条件，但是就不会再购买了。

在原型中，也有这种比较复杂的条件判断。例如，对一个手机号码输入框进行输入内容的错误验证。要根据不同的错误验证结果，给出不同的提示，当没有错误时清空提示。验证内容及验证优先级和提示如下。

- ■ 手机号码如果为空，提示"手机号码不能为空！"。
- ■ 手机号码如果不是数字，提示"手机号码应为数字！"。
- ■ 手机号码如果不是11位，提示"手机号码应为11位！"。
- ■ 手机号码前两位不是"13""14""15""17""18"，提示"请输入正确的手机号码！"。

案例34 ▶ **手机号码合法性验证**

（看不懂？扫一扫）

步骤1 放入一个文本框，在元件属性中设置提示文字为"请输入手机号码"，并设置{最大长度}为"11"（图12-20）。

步骤2 放入一个文本标签，用于显示提示信息，命名为"MessageText"（图12-21）。

步骤3 为文本框添加【失去焦点时】的用例，添加条件判断【元件文字】于"当前元件"【==】""（空值）。设置满足条件时的动作为【设置文本】于元件"MessageText"为【值】"手机号码不能为空！"。

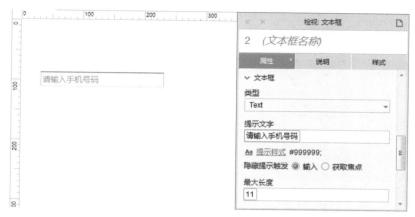

图 12-20

图 12-21

条件判断如图 12-22 所示。

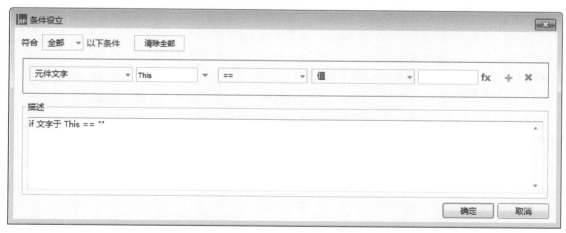

图 12-22

用例动作如图 12-23 所示。

步骤 4 继续为文本框添加【失去焦点时】的用例，添加条件判断【元件文字】于"当前元件"【不是】
【数字】。设置满足条件时的动作为【设置文本】于元件"MessageText"为【值】"手机号码应为
数字！"（动作设置参考操作步骤 3）。

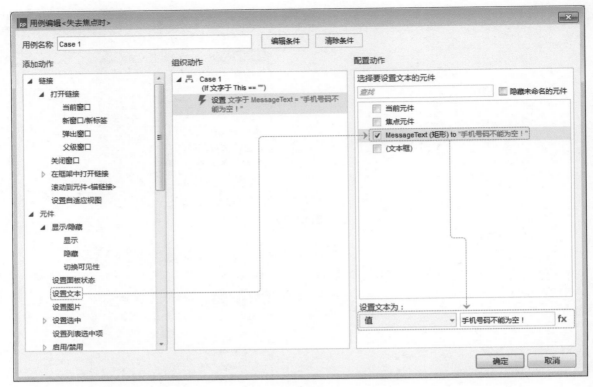

图 12-23

条件判断如图 12-24 所示。

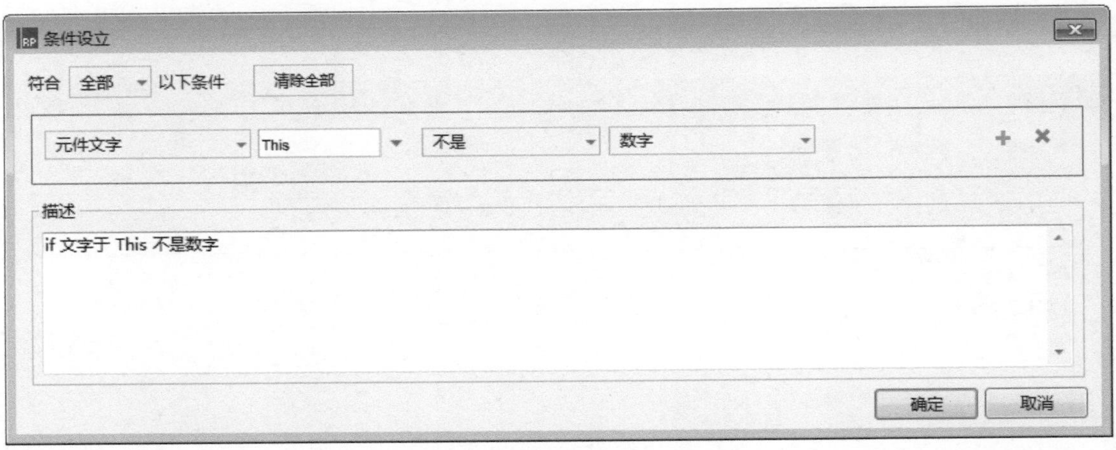

图 12-24

步骤5 继续为文本框添加【失去焦点时】的用例，添加条件判断【元件文字长度】于"当前元件"【！=】
【值】"11"。设置满足条件时的动作为【设置文本】于元件"MessageText"为【值】"手机号码
应为11位！"（动作设置参考操作步骤3）。

条件判断如图 12-25 所示。

步骤6 继续为文本框添加【失去焦点时】的用例，添加多个同时需要满足的条件。

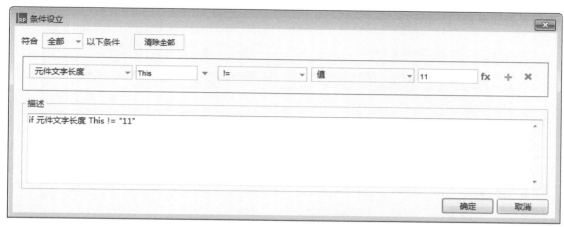

图 12-25

- 判断【值】于"#[[n]]"【不包含】【值】"#13"。
- 判断【值】于"#[[n]]"【不包含】【值】"#14"。
- 判断【值】于"#[[n]]"【不包含】【值】"#15"。
- 判断【值】于"#[[n]]"【不包含】【值】"#17"。
- 判断【值】于"#[[n]]"【不包含】【值】"#18"。

因为需要判断手机号码的前两位，为了避免号码中其他位置有符合条件的数字组合，我们将文本框中的号码通过局部变量"n"进行获取（图），在前面连接上"#"，然后与同样在前面加了"#"的数字组合进行比较，这样就能够准确地判断前两位数字。

完成条件设置后，设置满足条件时的动作为【设置文本】于元件"MessageText"为【值】"请输入正确的手机号码！"（动作设置参考操作步骤3）。

条件判断如图12-26所示。

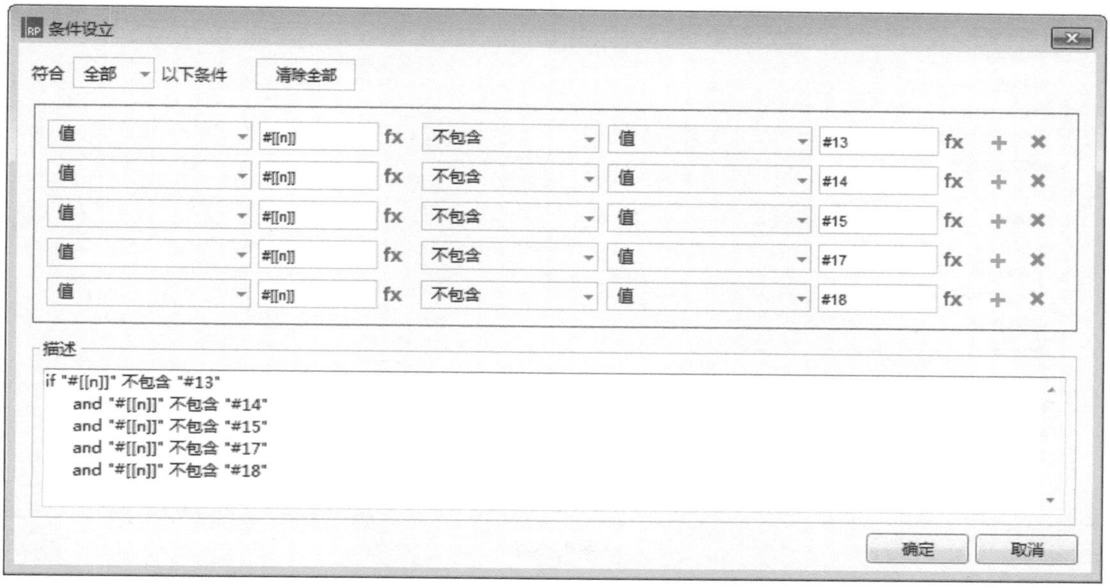

图 12-26

变量设置如图 12-27 所示。

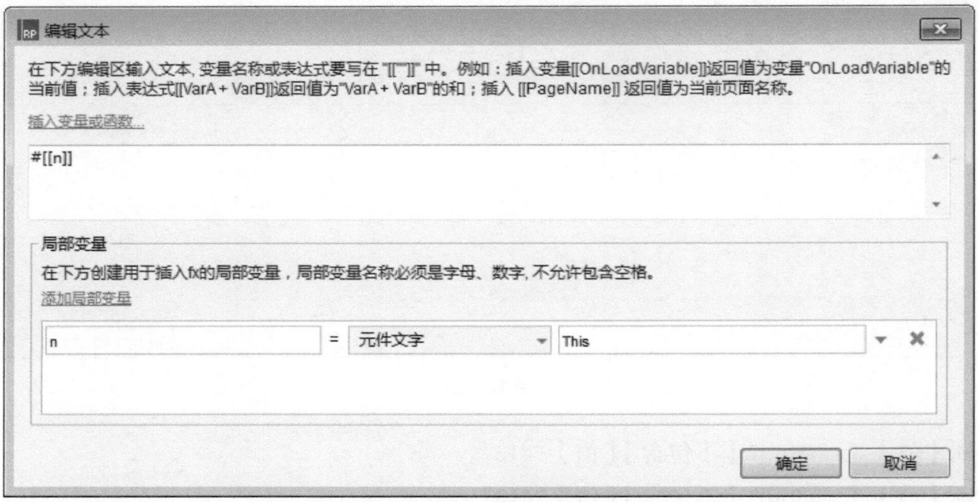

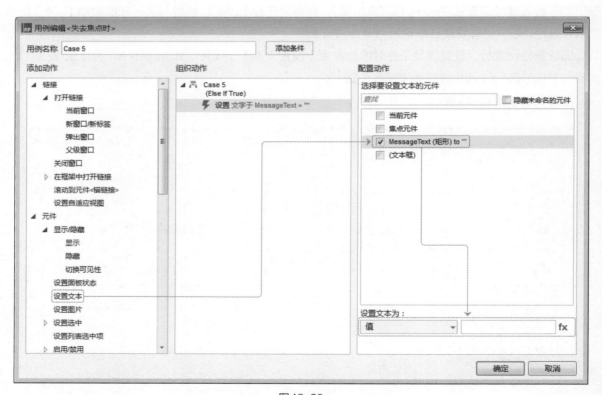

图 12-27

步骤 7　继续为文本框添加【失去焦点时】的用例，设置不满足上述所有条件时，执行的动作为【设置文本】于元件"MessageText"为【值】""（空值）。

用例动作如图 12-28 所示。

图 12-28

交互事件如图 12-29 所示。

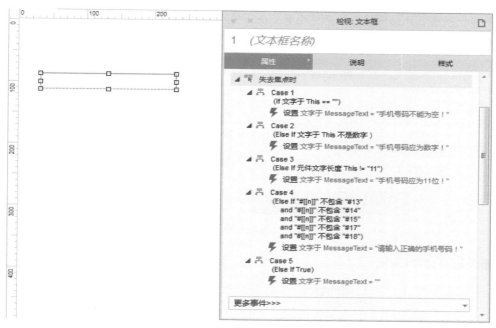

图12-29

● 多组条件判断

多组条件判断有以下类型。

■ <如果>……；<如果>……；<如果>……。

■ <如果>……；<如果>……，<否则>……；<如果>……，<否则，如果>……；<如果>……，<否则，如果>（一个或多个）……<否则>。

■ ……。（更多组合类型不再——列举）

多组条件判断就是多个单组条件判断的组合，是同一事件中，互无联系的多种情形组合。

还是用生活中的事件进行举例：去菜市场买菜。

<如果>黄瓜新鲜，买两根黄瓜。

<如果>有圆茄子，买1个圆茄子，<否则>，买两根长茄子。

<如果>有鲤鱼，买1条鲤鱼，<否则，如果>有鲢鱼，买1条鲢鱼，<否则，如果>有鲫鱼，买两条鲫鱼。

<如果>有牛肉，买1斤牛肉，<否则，如果>有羊肉，买1斤羊肉，<否则>买1斤猪肉。

在多组条件判断中，各组条件判断互不影响，可以有多个用例在满足条件时执行相应的动作。但是可以执行动作的用例数量不会超过条件判断的组数，因为各组条件判断中，能够执行动作的只有第一个满足条件用例。

就像上面讲到的去菜市场买菜的例子，黄瓜有没有买到，对买不买茄子或者买不买鱼，并不存在任何影响。每一种蔬菜或者鱼类、肉类在满足条件时，都可以进行购买。但是最多，只能买到4样物品，因为条件判断一共有4组。

在多组条件判断中，如何区分哪些用例是同一组条件判断？

在生活事件的例子中每一组条件都是<如果>开头，所以，在原型的交互中就是以<If>开头。在事件的交互中，按从上至下的顺序每一个<If>开始，到下一个<If>之前的用例，都是同一组条件判断。举一个注册验证的例子，帮助你理解多组条件判断的应用。

默认状态如图12–30所示。

图 12-30

提示错误如图12–31所示。

图 12-31

（看不懂？
扫一扫）

案例35 | **注册信息的合法性验证**

步骤1 放入组成注册模块的相关元件，完成主要内容的创建。将矩形边框命名为"InputBorder01~
InputBorder03"；将用户名文本框命名为"NameInput"；将密码文本框命名为"PasswordInput01"；
将校验密码文本框命名为"PasswordInput02"；将提示注册成功元件命名为"MessageText"。注
意：所有文本框都要在属性中勾选【隐藏边框】复选框，提示注册成功的元件要在快捷功能或
者样式中勾选【隐藏】复选框（图12–32）。

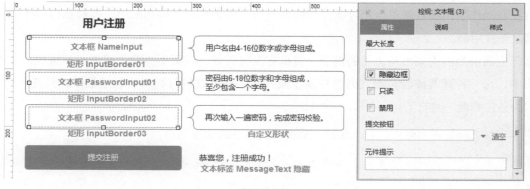

图 12-32

步骤2 两个密码文本框都要在属性中设置{类型}为【密码】（图12-33）。

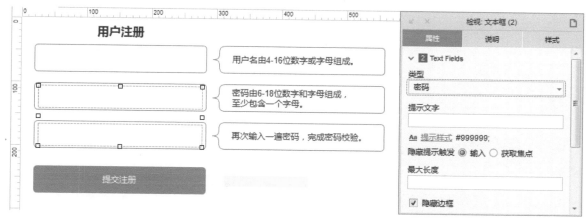

图12-33

步骤3 红色细边框效果需要预先在属性中设置【选中】时的交互样式。以便校验出错误时，通过选中边框来触发样式（图12-34）。

图12-34

步骤4 各个文本框输入内容的气泡形状，是通过大括号的形状与左侧缺口的矩形【合并】组成的（图12-35）。

步骤5 气泡形状样式中需要设置文字{对齐}为【左侧对齐】，并且左侧文字与边框之间的{填充}为"30" px（图12-36）。

步骤6 为提交注册按钮添加【鼠标单击时】的用例，符合条件的设置为【任何】，添加满足条件时的动作为【选中】元件"InputBorder01"。

条件判断如图12-37所示。

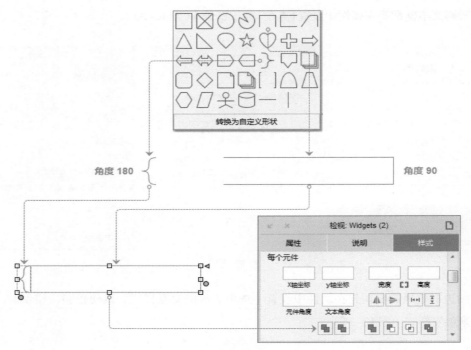

图 12-35

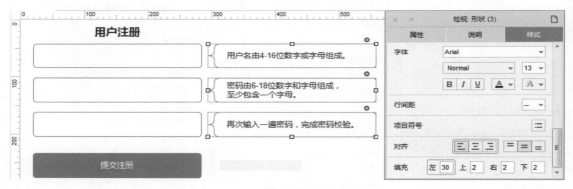

图 12-36

图 12-37

用例动作如图12–38所示。

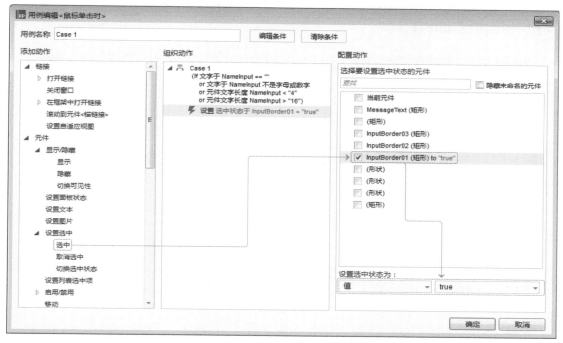

图12-38

步骤7 继续为提交注册按钮添加【鼠标单击时】的用例，设置不满足操作步骤6的条件时，执行的动作为【取消选中】元件"InputBorder01"。

用例动作如图12–39所示。

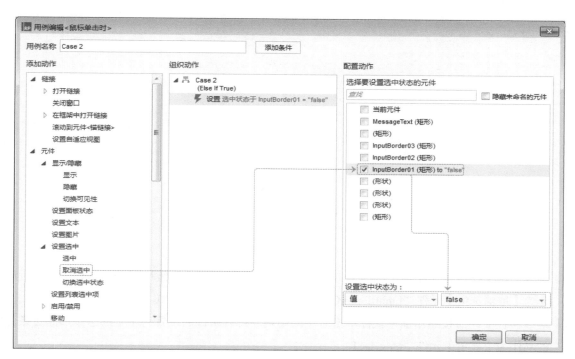

图12-39

步骤8 继续为提交注册按钮添加【鼠标单击时】的用例，符合条件的设置为【任何】添加满足条件时的动作为【选中】元件 "InputBorder02"（动作设置参考操作步骤6）。

条件判断如图12-40所示。

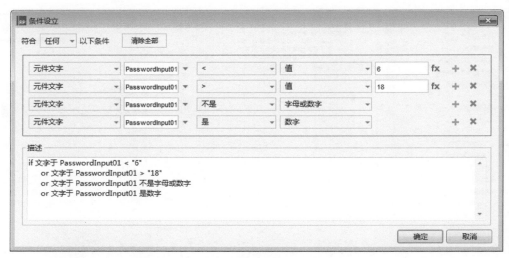

图12-40

步骤9 继续为提交注册按钮添加【鼠标单击时】的用例，设置不满足操作步骤8的条件时，执行的动作为【取消选中】元件 "InputBorder02"（动作设置参考操作步骤7）。

步骤10 继续为提交注册按钮添加【鼠标单击时】的用例，符合条件的设置为【全部】添加满足条件时的动作为【选中】元件 "InputBorder03"（动作设置参考操作步骤6）。

条件判断如图12-41所示。

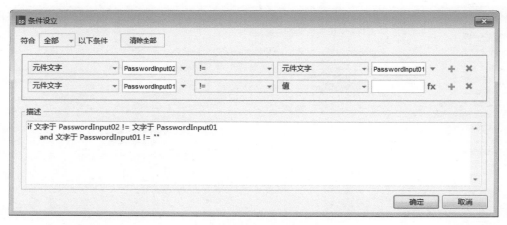

图12-41

步骤11 继续为提交注册按钮添加【鼠标单击时】的用例，设置不满足操作步骤10的条件时，执行的动作为【取消选中】元件 "InputBorder03"（动作设置参考操作步骤7）。

步骤12 继续为提交注册按钮添加【鼠标单击时】的用例，符合条件的设置为【全部】添加满足条件时的动作为【显示】元件 "MessageText"。

条件判断如图12-42所示。

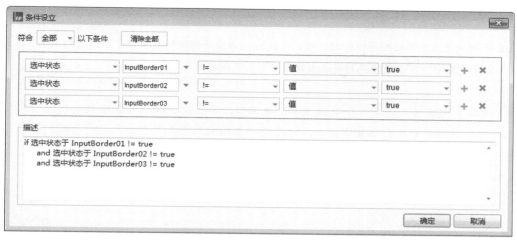

图 12-42

步骤13 按住 <Ctrl> 键，按由上至下的顺序，分别选中第 3、5、7 个用例的名称，然后单击鼠标右键，在弹出的快捷菜单中选择【切换为 <If> 或 <Else If>】命令。这样就将条件判断分为了互不影响的 4 组。

按由上至下的顺序，前面 3 组分别能够对账号文本框、密码文本框、校验密码文本框进行验证，而最后一组对所有验证是否通过进行验证，如果所有验证都通过，则执行提示注册成功的动作。交互事件如图 12-43 所示。

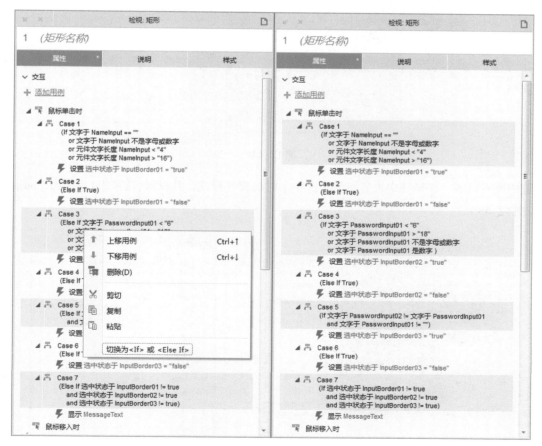

图 12-43

特别说明

交互是按照由上至下的顺序执行的，所以要注意，必须将判断所有验证是否通过的用例放在最后的位置。在交互设置中，可以通过拖动或者右键菜单进行用例顺序的调整。

 老师，之前给我讲图片轮播的案例，里面圆形页签切换效果是用动态面板的状态切换实现的。我记得当时你问我会不会设置条件，正好我看到你给雪儿讲条件怎么用。所以我想问问你，图片轮播的圆形页签切换效果，是不是可以通过条件判断来实现？

是的，用条件判断也可以实现。

（看不懂？扫一扫）

案例 36 图片轮播中页签的切换（2）

步骤 1 复制案例 22 做好的动态面板，然后添加 6 个圆形，调整为合适的尺寸与字号，做成 6 个页签，摆放在动态面板下部居中的位置。将页签的填充颜色设置为黑色，字体颜色设置为白色。将页签命名为"ImageIndex01~ImageIndex06"，然后，将第 1 个页签，在属性中勾选【选中】复选框（图 12-44）。

图 12-44

步骤 2 选中所有页签，在属性中设置页签【选中】时的交互样式，并设置{选项组}名称为"ImageIndex"（图 12-45）。

图 12-45

步骤3　为动态面板"ImagePanel"添加【状态改变时】的用例，设置条件判断【面板状态】于"当前元件"【==】【状态】"State1"；设置满足条件时的动作为【选中】元件"ImageIndex01"。条件判断如图12-46所示。

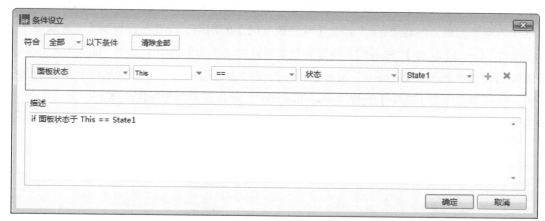

图12-46

用例动作如图12-47所示。

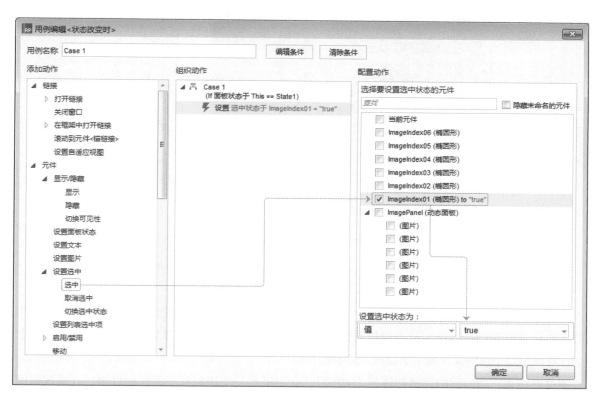

图12-47

步骤4　继续为动态面板"ImagePanel"添加【状态改变时】的用例，设置条件判断【面板状态】于"当前元件"【==】【状态】"State2"。设置满足条件时的动作为【选中】元件"ImageIndex02"（条件与动作设置参考操作步骤3）。

步骤5 继续为动态面板"ImagePanel"添加【状态改变时】的用例，设置条件判断【面板状态】于"当前元件"【==】【状态】"State3"。设置满足条件时的动作为【选中】元件"ImageIndex03"。

步骤6 继续为动态面板"ImagePanel"添加【状态改变时】的用例，设置条件判断【面板状态】于"当前元件"【==】【状态】"State4"。设置满足条件时的动作为【选中】元件"ImageIndex04"。

步骤7 继续为动态面板"ImagePanel"添加【状态改变时】的用例，设置条件判断【面板状态】于"当前元件"【==】【状态】"State5"。设置满足条件时的动作为【选中】元件"ImageIndex05"。

步骤8 继续为动态面板"ImagePanel"添加【状态改变时】的用例，设置不满足以上步骤的条件判断时，执行的动作为【选中】元件"ImageIndex06"（动作设置参考操作步骤3）。

交互事件如图12-48所示。

图 12-48

老师，你这么做是一组条件判断。是不是用多组条件判断也能实现？

可以呀！因为动态面板的状态只能有一个被显示，所以，无论单组条件判断还是多组条件判断，符合条件的都只有一种情形，也只有一个选中页签的动作会被执行。

在交互设置中，选中第一个用例，按住<Shift>键不放，再选中最后一个用例，就能把所有的用例全选。然后，放开<Shift>键，单击鼠标右键，在弹出的快捷菜单中选择【切换为<If>或<Else If>】命令。这样就把每个用例都改成了单独的一组条件判断。

不过要注意，当所有的用例都转换为<If>后，要为最后一个用例补充条件的设置，设置该用例满足条件【面板状态】于"当前元件"【==】【状态】"State6"时，才能执行【选中】元件"ImageIndex06"的动作。

交互事件如图12-49所示。

图 12-49

▶▶12.3　运算符与表达式

🧑‍🦰小楼哥哥，"%"是百分比吗？我以前好像接触过，但是怎么用着不对呢？

🧔那个是取余数的运算符……

🧑‍🦰对哦！哈哈，你讲过的，我忘记了……我记得是17%5就像把17粒豆子，每次拿掉5个，最后不足5个的留下，结果就是2。对不对？

🧔对呀！

🧑‍🦰对了，你现在有空吗？我有个朋友想了解一下运算符，能不能拜托你呀？

🧔好的，你让他找我吧！

🧑老师好！梦儿让我找你学学运算符。

🧔嗯，没问题！运算符分为几种，我先给你介绍一下。

在Axure中书写公式的时候会用到运算符，这些运算符有3种不同类型。

12.3.1　算术运算符

算术运算符就是我们常见的加减乘除，符号是"+""–""*""/"。例如，a+b、b*c等。另外，还有一个算术运算符是取余数，符号是"%"。

12.3.2　关系运算符

Axure中的关系运算符一共有6种，分别是"<""<="">"">="==""!="。

在设置条件选择关系类型时能够看到这些运算符。当然，也能够在公式中运用这些运算符，实现一些内容的判断。

关系运算符对其两侧的内容进行比较，并返回比较结果。它的比较结果只有两种："True"（真）和"False"（假）。图 12-50 所示是百度百科中给出的例子，给大家作为参考。

运算符	名称	示例	功能
<	小于	a<b	a小于b时返回真；否则返回假
<=	小于等于	a<=b	a小于等于b时返回真；否则返回假
>	大于	a>b	a大于b时返回真；否则返回假
>=	大于等于	a>=b	a大于等于b时返回真；否则返回假
==	等于	a==b	a等于b时返回真；否则返回假
!=	不等于	a!=b	a不等于b时返回真；否则返回假

图 12-50

例如，为一个形状按钮添加单击时的交互，让这个矩形被单击时的文本为"[[1<2]]"；因为 1 小于 2 是成立的，当在浏览器中查看原型，单击这个矩形，就会显示文字"true"。

交互事件如图 12-51 所示。

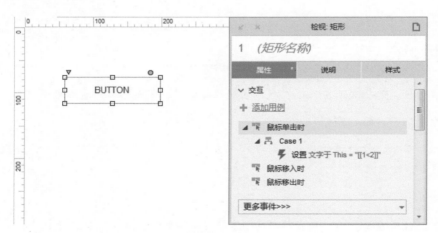

图 12-51

效果如图 12-52 所示。

如果将这个矩形被单击时的文本设为"[[1>2]]"，因为 1 大于 2 并不成立，当在浏览器中查看原型，单击这个矩形时，就会显示文字"false"。

图 12-52

交互事件如图12-53所示。

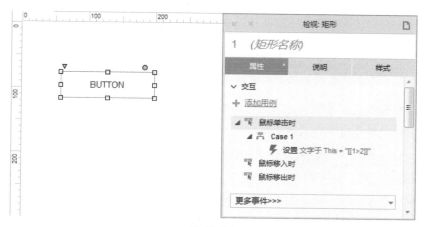

图12-53

效果如图12-54所示。

图12-54

上述这种具有判断性质的公式内容，称为条件表达式。

12.3.3　逻辑运算符

Axure中的逻辑运算符有两种，分别是"&&"和"‖"。逻辑运算符能够将多个关系判断连接在一起，形成更复杂的条件表达式。"&&"表示并且的关系。而"‖"表示或者的关系。

例如，数值a大于b并且不等于c，用公式来表示就是"a>b&&a!=c"。当a为4、b为2、c为5时这个表达式成立，返回值为"True"，如果a为5、b为2、c为5或者a为1、b为2、c为5，这个表达式就不成立，返回值为"False"。

其实，在Axure中还有一种逻辑运算符可以使用，它是"!"，表示不是，它能够将表达式结果取反。

例如，!（a>b&&a!=c），它的值假设与前面的举例一致，则得到的返回值完全相反。

 老师，这个概念我大概懂了。但是怎么去应用呢？

这个直接应用的场景不太常见，一般通过条件编辑器就能够完成大多数条件判断。

是哦！那这个好像没什么用了呀！

有用的！在中继器中完成一些动作时会用到条件表达式。

中继器？我没接触过呢！老师，你能虚拟个例子，给我演示一下条件表达式的用法吗？

好吧。你知道在北京购买机动车申请摇号需要符合什么条件吗？

知道。要有在北京的暂住证，还必须在北京缴纳5年的社保和5年的个人所得税。不过，听说有一个叫工作居住证的东西就能直接申请。

是的。如果要进行北京机动车摇号申请，就必须同时拥有北京的暂住证、5年社保缴纳证明与5年个人所得税缴纳证明，或者拥有工作居住证。我就以这个场景，为你演示一下条件表达式的使用。你看，当单击【审核】按钮时，需要判断左侧3个选项是否全部选中或者右侧选项被选中，这里不但包含并且的关系还有或者的关系。在条件编辑中，只有符合【全部】条件或者符合【任何】条件两种选择，无法直接完成同时包含并且与或者的条件判断。这时，就需要借助条件表达式来完成（图12-55）。

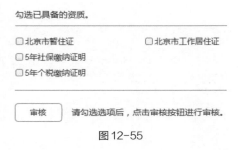

图12-55

（看不懂？扫一扫）

案例37 使用条件表达式进行判断

步骤1 参照图12-55在画布中放入元件。将"暂住证"复选框命名为"TemporaryCard"；将"社保"复选框命名为"InsuranceRecords"；将"个税"复选框命名为"TaxRecords"；将"居住证"复选框命名为"HabitationCard"；将提示元件命名为"MessageText"（图12-56）。

图12-56

步骤2 为"审核"按钮添加【鼠标单击时】的用例，设置条件为【值】"[[tc==true&&ir==true&&tr==true||hc==true]]"【==】【值】"true"。条件表达式"[[tc==true&&ir==true&&tr==true||hc==true]]"中的

"tc" "ir" "tr" 和 "hc" 都是局部变量，分别获取的内容是各个复选框的状态。复选框的状态有 "选中" 和 "未选中" 两种，选中时保存在局部变量中的内容是 "true"，未选中时保存在局部变量中的内容是 "false"。所以，我们看到的表达式的含义用语言来描述就是 "暂住证复选框被选中并且社保复选框被选中并且个税复选框被选中或者工作居住证复选框被选中"，当这个表达式成立的时候结果为 "true"，否则为 "false"。

条件判断如图 12-57 所示。

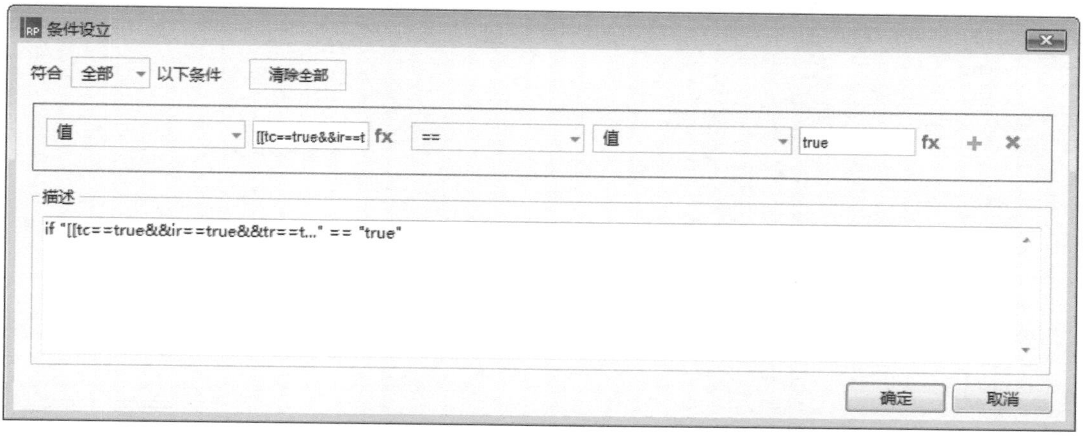

图 12-57

变量设置如图 12-58 所示。

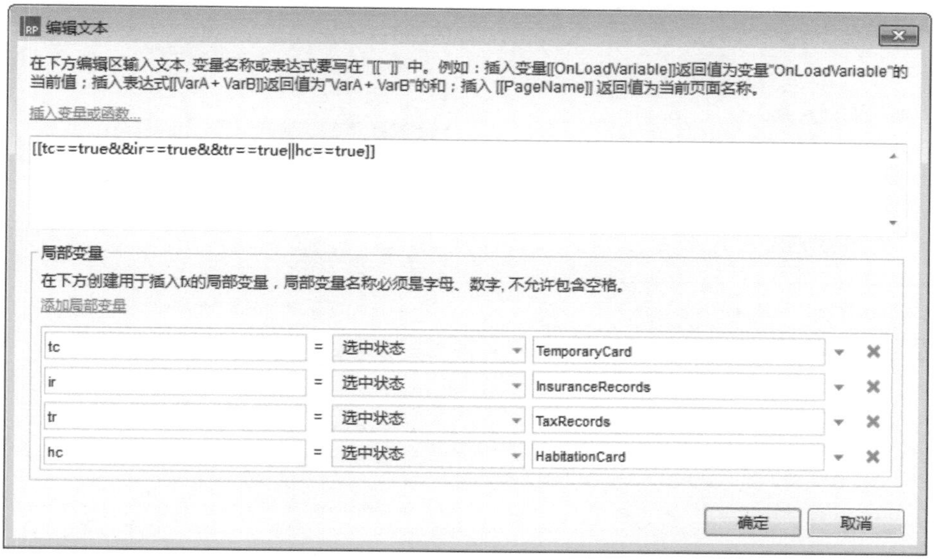

图 12-58

步骤 3 设置满足条件时的动作为【设置文本】于元件 "MessageText" 为【值】"审核通过！"

用例动作如图 12-59 所示。

步骤 4 继续为 "审核" 按钮添加【鼠标单击时】的用例，设置不满足上述条件时，执行的动作为【设置文本】于元件 "MessageText" 为【值】"审核未通过！"（动作设置参考操作步骤 3）。

图 12-59

交互事件如图 12-60 所示。

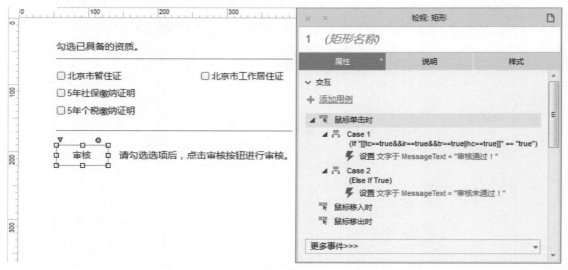

图 12-60

步骤 5 因为选中状态本身获取到的就是 "true" 或 "false"，在与 "true" 进行比较时结果还是 "true" 或 "false"，所以，上述条件表达式也可以简写为 "[[tc&&ir&&tr‖hc]]"。

条件判断如图 12-61 所示。

老师，表达式中逻辑运算的优先级是不是先 "并且" 后 "或者"？

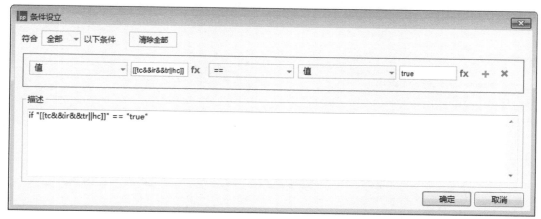

图12-61

是的。公式中的运算优先级如图12-62所示。

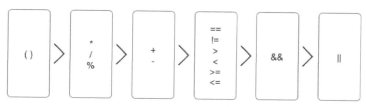

图12-62

第13章　系统变量与函数

楼大，有没有时间给我们讲讲函数呀！

是呀！有空不说教教我们，就知道闲聊！

而且只跟美女聊！

就是！

……，好吧！你们都想知道什么？

就是函数的概念呀、用法呀！

你们说的函数，其实是很笼统的概念。在软件的【插入变量与函数】列表中，并不是除了自定义变量就是函数。我最近把概念又进行了梳理，正好讲给你们听听。

▶▶13.1 概念简介

在 Axure 的【插入变量或函】的列表中包含大量的内容。这些内容分为自定义变量、系统变量、函数及运算符（图13-1）。

那么，如何区分这些内容呢？其实很简单。

自定义变量：全局变量与局部变量。

系统变量：英文单词（无括号）。

函数：英文单词（有括号）。

运算符：算数运算符与布尔类型的逻辑运算符。

楼大，之前听你讲过自定义变量。系统变量是怎么回事？

如果你已经理解自定义变量，那么理解系统变量是很容易的。关于自定义变量与系统变量的相同与不同之处我给你看个对比表格（图13-2）。

图13-1

通过图13-2能够很清楚地发现系统变量与自定义变量的相同与不同之处。

相同之处：可以存储数据，也可以通过名称在公式中读取数据；而且，存储的数据并不固定，会受用户操作的影响发生变化。

不同之处：自定义变量命名、数据写入及写入的数据类型都是用户操作完成的，而系统变量的命名与数据写入都是系统来完成的，并且写入的数据类型是某一种固定类型的数据。例如，元件类别中的系统变量"name"存储的就只能是某个元件的名称而不能是别的数据。

对比项目	自定义变量	系统变量
存储内容	可变	可变
内容类型	多种	固定
命名	用户	系统
写入	用户	系统
读取	用户	用户

图13-2

楼大，别光说概念，快说说到底怎么用呀！

别总那么急着嘛！理解了概念，才能够更好地应用呀！

系统变量具体还可以分为对象与属性。

对象：一组数据形成的一个实体，如变量、元件、时间、字符串等。

属性：实体的描述性性质或特征，如字符串的长度、鼠标的坐标、窗口的宽度、元件的名称等。

那怎么区分列表中哪些是对象，哪些是属性呢？

对象与属性的区分也很简单。

对象的英文单词都是首字母大写的，例如，This（当前元件）、Cursor（鼠标指针）、PageName（页面名称）、Now（系统时间）等。而属性的英文单词都是完全的小写单词，例如，name（名称）、x（x轴坐标）、y（y轴坐标）、length（字符数量）等。

对象中只有少数能够直接使用，例如，拖动时间（DragX）、页面名称（PageName）。大多数时候，我们都是通过对象来获取属性。

日常生活中，我们描述某个人的特征，通常是这样来描述：小张的身高、小李的体重或者小王的籍贯，等等。

在 Axure 中获取某个对象的属性值，也像描述人的特征一样，只需要按下面的格式就能够实现属性值的获取。

[[对象名称.属性名称]]

例如，想获取全局变量 Var 中字符的长度，就可以通过公式"[[Var.length]]"获取。

为了方便理解，可以把公式中的"."理解为汉字"的"。

楼哥，是不是函数也是通过 [[对象.函数名称]] 来使用？

对的，不过你写的格式有点问题。

函数，这个名称看起来很晦涩难懂。所以，很多人一说起函数就会觉得很复杂！

其实，函数很简单！

首先，我们先理解 fx 是什么？

fx 其实完整的写法是 f(x)，f 代表英文单词 function，也就是方法，x 表示参与方法运算的数值，即参数。

所以，一个函数的构成是：方法名(参数1,参数2,...)

函数就是帮助用户获取某种运算结果的方法。

日常生活中，我们做任何事情都有方法。吃饭有吃饭的方法，学习有学习的方法。而不管吃饭还是学习，为了得到结果，光有方法是不行的。吃饭必须有饭，学习必须有学习资料。这些方法中必需的内容就是参数。有了方法和参数，才能得到相应的结果。

在 Axure 中，我们只需要知道需要使用哪个方法、输入哪些参数，而无须知道方法的运算过程是什么。

就像使用一个计算器，首先，需要知道计算器有加法这个功能。这样当你需要进行"3"加"9"的计算时，就知道按下"3""+""9"，然后按下"="键，就能看到结果"12"。在这个过程中输入"+"，是调用加法运算的方法；而"3"和"9"是运算时需要的参数；"="键相当于我们进行运算的动作。也就是在运算的动作中调用了加法这个方法，实现了对参数"3"和"9"的运算。至于计算器中运算的方法代码都有哪些，运算的过程是什么样的，我们完全不用知道。

所以，函数没有多么晦涩难懂，我们要做的只是知道它能用来获取什么结果，然后，掌握它的使用方法。

在 Axure 中，函数的使用方法和属性类似，格式如下：

[[对象名称.函数名称(参数1,参数2,…)]]

楼哥，为什么参数那里有省略号呀？

是因为函数的参数数量并不固定。有些函数没有参数，例如，字母转换大小写的函数：toUpperCase() 和 toLowerCase()。而有些函数具有多个参数，例如，最大值与最小值函数：max() 和 min()。

楼爷，讲讲这些系统变量和函数都有什么用吧！

好，下面我就详细讲讲这些系统变量和函数的作用和使用方法。我就从最常用的元件相关的系统变量开始吧！

▶▶13.2　元件

- **This**

用途：获取当前元件对象。当前元件是指当前添加交互动作的元件。

- **Target**

用途：获取目标元件对象。目标元件是指当前交互动作控制的元件。

- **x**

用途：获取元件对象的 X 轴坐标值。

- **y**

用途：获取元件对象的 Y 轴坐标值。

- **width**

用途：获取元件对象的宽度值。

- **height**

用途：获取元件对象的高度值。

- **scrollx**

用途：获取元件对象的水平滚动距离（当前仅限动态面板）。

- **scrolly**

用途：获取元件对象的垂直滚动距离（当前仅限动态面板）。

- **text**

用途：获取元件对象的文本文字。

- **name**

用途：获取元件对象的自定义名称。

- **top**

用途：获取元件对象的上边界坐标值。

- left

用途：获取元件对象的左边界坐标值。

- right

用途：获取元件对象的右边界坐标值。

- bottom

用途：获取元件对象的下边界坐标值。

- opacity

用途：获取元件对象的不透明比例。

- rotation

用途：获取元件对象的旋转角度。

楼爷，This我能理解，代表当前元件，之前也一直在用。Target怎么理解呢？

Target就是目标元件！在我们做交互的过程中，不是有选择目标的步骤吗？就是在用例编辑界面右上方的元件列表选择元件。Target存储的就是这个被选择元件的对象。简单举个例子吧！我们在做购物车的数量自增减时，通过单击加减号按钮，改变文本框中的数值。在给按钮添加交互时，按钮就是当前元件，交互中我们设置文本框的文本，这时文本框就是目标元件。这个元件就能够在公式中通过Target获取到，并调用相关的属性值。

（看不懂？扫一扫）

案例38 购物车数量自增减效果

步骤1 从软件自带的Icons元件库中找到Plus Circle加号图标和 Minus Circle减号图标，放入到画布。然后放入一个文本框，双击输入文字"1"，命名为"GoodsNumber"（图13-3）。

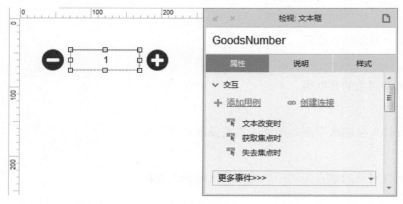

图13-3

步骤2 为加号按钮添加【鼠标单击时】的用例，设置动作为【设置文本】于元件"GoodsNumber"为【值】"[[Target.text+1]]"。

用例动作如图13-4所示。

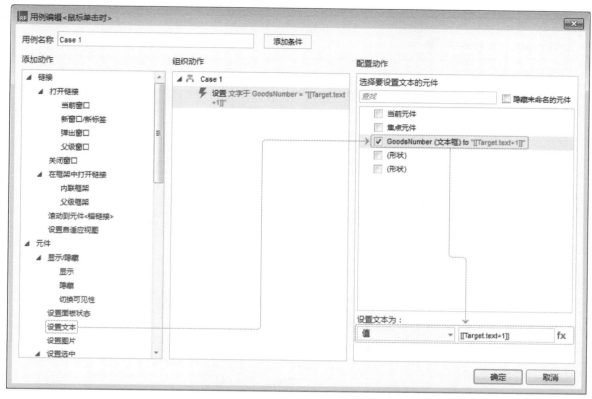

图 13-4

交互事件如图 13-5 所示。

图 13-5

步骤 3 为减号按钮添加【鼠标单击时】的用例，添加条件【元件文字】于元件"GoodsNumber"【>】【值】"1"；设置动作为【设置文本】于元件"GoodsNumber"为【值】"[[Target.text−1]]"（动作设置参考操作步骤 2）。

条件判断如图 13-6 所示。

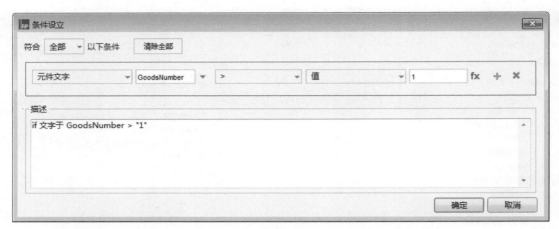

图 13-6

交互事件如图 13-7 所示。

图 13-7

哦，我明白了！这样做相当于用系统变量替代了局部变量，获取了目标元件的文字并进行运算。

嗯，是的。我们再来看个效果，看看使用函数的便利性（图 13-8）。

图 13-8

楼大，你是说这个图中的图片轮播效果吗？这个需要用系统变量吗？

是的。我就是要用这个举例。你想想图片轮播是不是单击页签能够切换图片？

是的！单击页签切换到动态面板相应的状态就行了。

对！不过，切换状态的动作，是不是每个页签都不一样？所以，每个页签的交互都要设置一遍？

嗯，这个挺麻烦的！

下面，就用系统变量来做一下，你看看有没有什么改变！另外，这里注意一下，这个效果有一些特点：

（1）图片切换对应的页签或者被单击页签尺寸会向上变长。

（2）图片是横向铺满屏幕的，浏览器宽度超过图片宽度的时候，图片保持居中，两侧有填充颜色，这个填充颜色与图片边缘的颜色相同。

真的是呀！这个有意思！

（看不懂？扫一扫）

案例39 图片轮播页签改变尺寸与单击页签切换图片

步骤1 放一个动态面板到画布，设置为与图片相同的尺寸（960px×440px）。双击动态面板，将动态面板命名为"ImagePanel"，单击添加按钮，添加6个空白的状态；检视面板的属性设置中勾选【100%宽度】复选框（图13-9）。

图13-9

步骤2 以动态面板状态"State1"为例，样式中进行面板状态的{背景图片}设置，【导入】第1张显示的图片，并将其设置为【水平居中】，【适应】面板尺寸。然后，为状态添加{背景颜色}，颜色设置可通过吸管工具完成取色，吸管工具使用可参考案例02（图13-10）。

步骤3 参考操作步骤2，为每一个状态添加背景图片与背景颜色。

图 13-10

步骤 4 放入一个无边框矩形元件，将填充颜色设置为白色；矩形尺寸为 8*8px，命名为 "State1"，并且
添加选项组名称 "ImageIndex"（图 13-11）。

图 13-11

步骤 5 为动态面板 "ImagePanel" 添加【载入时】的用例，【设置面板状态】于 "当前元件"，{选择状
态}为【Next】；勾选【向后循环】和【循环间隔】复选框，设置间隔时间为 "3000" 毫秒；勾
选【首个状态延时3000毫秒后切换】复选框；{进入动画}选择【逐渐】，{时间}为 "500" 毫秒；
{退出动画}也选择【逐渐】，{时间}为 "500" 毫秒。这一步，完成了动态面板状态的循环切换，
即图片的自动轮播。

用例动作如图 13-12 所示。

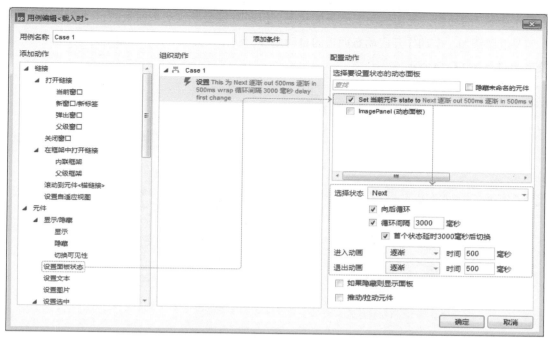

图 13-12

步骤6 页签元件添加【鼠标单击时】的用例，设置动作为【设置面板状态】于 "ImagePanel"，{选择状态}为【Value】，{状态名称或序号}填写 "[[This.name]]"；因为页签元件的名称与对应的动态面板状态名称一样，这样就能够将动态面板切换到与页签元件同名称的状态；继续完成后面的设置，{进入动画}选择【逐渐】，{时间}为 "500" 毫秒；{退出动画}也选择【逐渐】，{时间}为 "500" 毫秒。用例动作如图 13-13 所示。

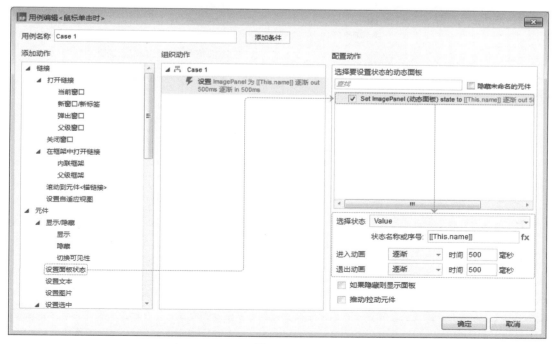

图 13-13

步骤 7 操作步骤7的动作，能切换动态面板的状态，但同时也会导致动态面板的自动循环停止，所以，需要继续添加一个动作开启动态面板的自动循环，动作设置参考操作步骤5。

交互事件如图13-14所示。

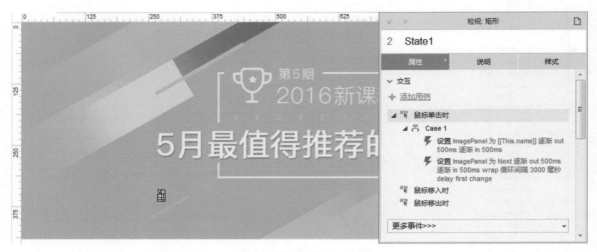

图 13-14

步骤 8 为页签元件添加【选中时】的用例，设置动作为【设置尺寸】于"当前元件"；{宽}设置为"8"，{高}设置为"16"，{锚点}选择【底部】，{动画}选择线性，{时间}为"500"毫秒。

用例动作如图13-15所示。

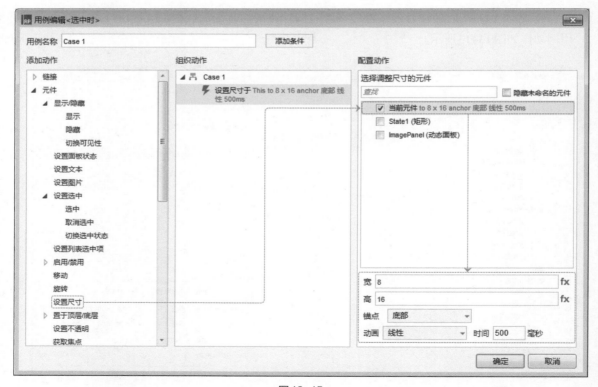

图 13-15

步骤9 为页签元件添加【选中时】的用例，设置动作为【设置尺寸】于"当前元件"；{宽}设置为
"8"，{高}设置为"8"，{锚点}选择【底部】（动作设置参考操作步骤8）。

交互事件如图13-16所示。

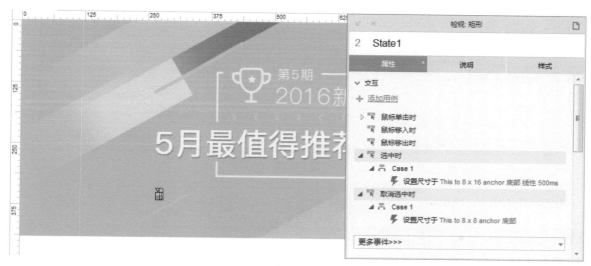

图13-16

步骤10 选中页签元件，使用<Ctrl>+<D>组合键将其复制7个，排列整齐，摆放在动态面板的中下部合适
的位置；将这些矩形名称修改为"State1~State7"，与动态面板中对应的状态名称保持一致；最
后，将第一个页签元件高度设置为16px，属性设置中勾选【选中】复选框（图13-17）。

图13-17

步骤11 为动态面板"ImagePanel"添加7个【状态改变时】的用例，设置条件判断【面板状态】于"当
前元件"【==】【状态】"State1~State7"；设置满足条件时的动作为【选中】元件"State1~State7"。
这里以第1个用例为例。

条件判断如图13-18所示。

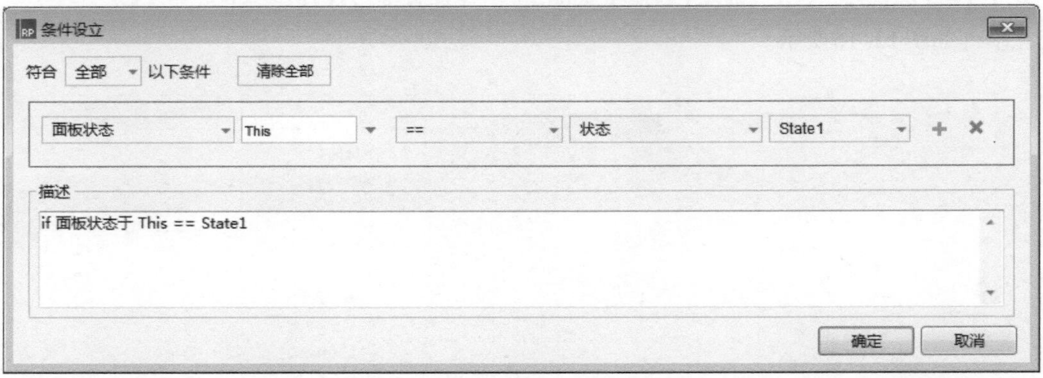

图13-18

用例动作如图13-19所示。

图13-19

步骤12 在页面设置中，将 { 页面排列 } 设置为【居中】（图13-20）。

图13-20

原来这样做，所有页签的动作是可以重用的！做好了一个元件的交互，只需要复制改名字就可以了。

对呀！只要页签与对应的状态名称一致，就可以用这种方法来实现！

麟子菇凉，该我问了。我刚刚模仿了一个App的虚拟键盘，单击键盘上的按键，能往文本框中输入文字……（图13-21）。

你用局部变量就好了！把文本框的文字和按键的文字都获取到，然后在公式中连在一起就行啦！

不是你想的那样，听我说完。

哦！

往一个文本框中输入内容，我已经按你刚说的那样实现了！但是，问题来了！有两个文本框都要输入内容，难道要做两个键盘？

原来是这样！这个只是对焦点元件的操作，很简单的。

图13-21

案例40 通过焦点元件实现键盘为多个文本框输入文字

步骤1 放入一张图片元件，导入代替界面内容的图片。然后，放入3个文本框元件，摆放在合适的位置。为每个文本框元件取消背景颜色或者将{不透明}调整为"0"，然后属性中输入{提示文字}，并且勾选【隐藏边框】复选框（图13-22）。

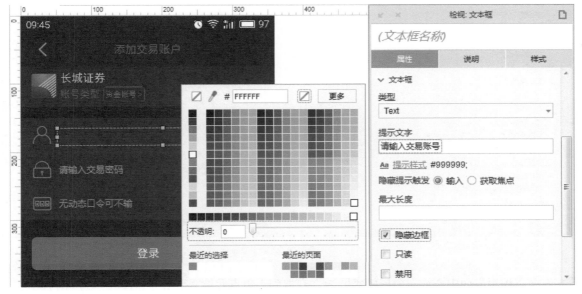

图13-22

步骤2 放入多个矩形元件，做成键盘的按键。放入一张图片元件，导入退格图标（图13-23）。

步骤3 为每个数字按键添加【鼠标单击时】的用例，设置动作为【设置文本】于"焦点元件"；然后，单击"fx"按钮，打开文本编辑界面。

图13-23

用例动作如图13-24所示。

图13-24

步骤4 在文本编辑界面中添加一个局部变量"f"获取到【焦点元件文字】，然后，在文本编辑区域中输入"[[f]][[This.text]]"，将焦点元件上的文字与当前按钮元件的文字连接到一起。

变量设置如图13-25所示。

图 13-25

交互事件如图 13-26 所示。

图 13-26

原来是设置动作选择目标元件时，勾选焦点元件就可以了呀！

对呀！是不是很简单！我再来讲个案例，是关于动态面板在 App 原型中的应用的。

楼哥，你要讲什么呀？

我是想给你们讲关于动态面板系统变量的交互效果。比如，京东 App 的首页，当内容向上滑动超过 1 屏高度时，会显示返回顶部的按钮，单击该按钮会跳回页面顶部。

（看不懂？扫一扫）

案例 41 界面滚动超过一屏高度时显示返回顶部按钮

步骤 1 在画布中添加一些图片与矩形，做成顶部状态栏和底部菜单栏（图 13-27 左侧）。

步骤 2 放入一个图片元件到画布，导入代替页面内容的图片；然后，在图片上单击鼠标右键，在弹出的快捷菜单中选择【转换为动态面板】命令，将动态面板命名为"AreaPanel"，元件属性中设置

【滚动条】的选项为【自动显示垂直滚动条】（图13–27右下）。

步骤3　在画布放入一个图片元件，导入返回顶部的按钮图标，命名为"BackTopButton"（图13–27左下）。

步骤4　放入一些元件组成顶部的功能栏。功能栏中的搜索框为半透明矩形，在样式中将元件的{不透明}设置为"50"%，并且设置字体【对齐】方式为左对齐，左侧【填充】为"40"px；最后，将功能栏的所有元件选中，单击快捷功能中的组合图标或者按<Ctrl>+<G>组合键进行组合，将组合命名为"TopBarGroup"（图13–27中上）。

图13-27

步骤5　在概要面板中双击动态面板"AreaPanel"的状态"State1"的名称，进入状态的编辑界面；在这里，在画布的顶端放入一个热区元件，将其命名为"TopLocation"。这个元件用于滚动回顶部时的位置定位（图13–28）。

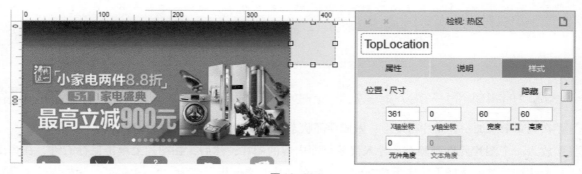

图13-28

步骤6 以上是准备元件的操作，接下来添加交互。为动态面板"AreaPanel"添加【滚动时】的用例，触发事件【滚动时】在交互设置的【更多事件】中；设置条件为【值】"[[This.scrollY]]"【＞】【值】"[[This.height]]"；设置满足条件时的动作为【显示】元件"BackTopButton"。条件判断如图13-29所示。

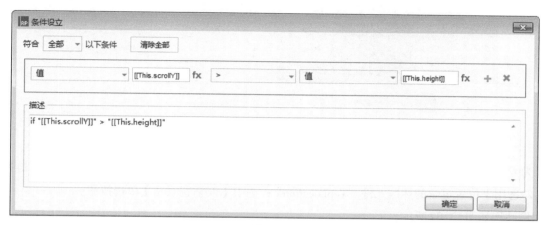

图13-29

用例动作如图13-30所示。

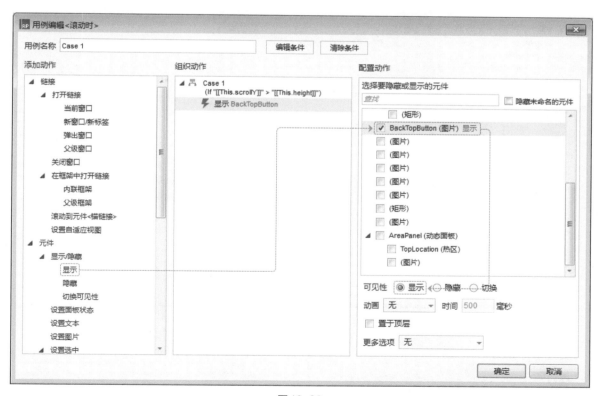

图13-30

步骤7 继续为动态面板"AreaPanel"添加【滚动时】的用例，设置不满足上述条件时的动作为【隐藏】元件"BackTopButton"，动作设置参考操作步骤6。

交互事件如图13-31所示。

图13-31

步骤8 为元件"BackTopButton"添加【鼠标单击时】的用例，设置动作为【滚动到元件<锚链接>】；勾选用于位置定位的热区元件"TopLocation"；选中【仅垂直滚动】单选按钮。

用例动作如图13-32所示。

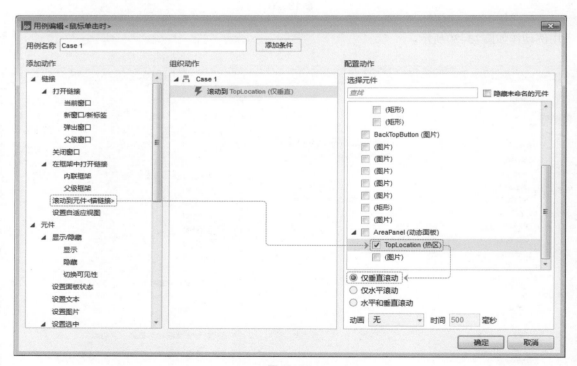

图13-32

交互事件如图13-33所示。

楼哥，动态面板的滚动条好丑哦。

嗯，在计算机上看是这样的，不过如果用移动端的设备查看原型是没有滚动条的。添加滚动条是为了能够在移动端设备上，通过手指上下拖动来滚动页面内容。

哦，原来是这样啊！对了，楼哥，你看京东App首页顶部这个效果好好玩！

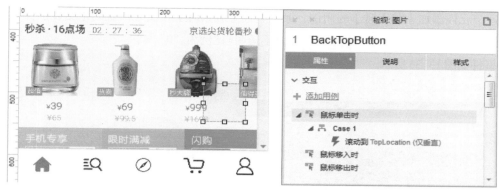

图 13-33

什么效果？

就是页面向上滑的时候，那个功能栏的透明度会变呀。

关于这个功能栏动态的半透明交互效果，其实没那么简单！我们先分析一下特征。

（1）功能栏的白色背景形状，一开始的时候为全透明。

（2）在页面上下滚动时，功能栏背景不透明比例发生变化。拉动距离不到175px时，不透明比例会随着拉动距离变大而变大，反之变小。

（3）拉动距离到达或超过175px时，不透明比例变为固定的95%。

（4）拉动距离不超过60px时，功能栏中的图标与文字都是白色。

（5）拉动距离到达或超过60px时，功能栏中的图标与文字都变为灰色。

（看不懂？扫一扫）

案例42 界面滚动时改变搜索栏透明度

步骤1 选中组合 "TopBarGroup"，在检视面板的属性设置中设置选中时的交互样式，{字体颜色}选择深灰色（图13-34）。

图 13-34

步骤2 在概要面板中选中组合 "TopBarGroup" 中的白色矩形，将其命名为 "TopBackground"；然后，

　　为这个元件添加【载入时】的用例，触发事件【载入时】在交互设置的【更多事件】中；设置
动作为【设置不透明】于"当前元件"，{不透明}比例为"0"%。

交互事件如图 13-35 所示。

图 13-35

用例动作如图 13-36 所示。

图 13-36

步骤 3 继续为动态面板"AreaPanel"添加【滚动时】的用例；设置条件为【值】"[[This.scrollY]]"【<=】【值】"175"；设置满足条件时的动作为【设置不透明】于元件"TopBackground"，{不透明}比例设置为"[[This.scrollY/175*95]]"%。这一步就完成了拉动距离不到175px时，不透明比例会随着拉动距离变大而变大，反之变小（动作设置参考操作步骤2）。

条件判断如图13-37所示。

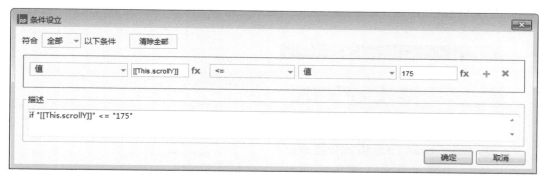

图13-37

步骤 4 继续为动态面板"AreaPanel"添加【滚动时】的用例；设置不满足上述条件时，执行的动作为【设置不透明】于元件"TopBackground"，{不透明}比例设置为"95"%（动作设置参考操作步骤2）。

步骤 5 继续为动态面板"AreaPanel"添加【滚动时】的用例；设置条件为【值】"[[This.scrollY]]"【>=】【值】"60"；设置满足条件时的动作为【选中】组合"TopBarGroup"。这一步就完成了拉动距离到达或超过60px时，功能栏中的文字与图标的颜色变为深灰色。

用例动作如图13-38所示。

图13-38

步骤6 继续为动态面板"AreaPanel"添加【滚动时】的用例；设置不满足上述条件时，执行的动作为【取消选中】组合"TopBarGroup"。完成这一步后，在操作步骤3和操作步骤5所设置的用例名称上单击鼠标右键，在弹出的快捷菜单中选择【切换为<If>或<Else If>】命令。这样就将新增加的用例与之前已有用例的分成了多组条件判断，以免受到之前用例的影响，导致错误（动作设置参考操作步骤5）。

交互事件如图13-39所示。

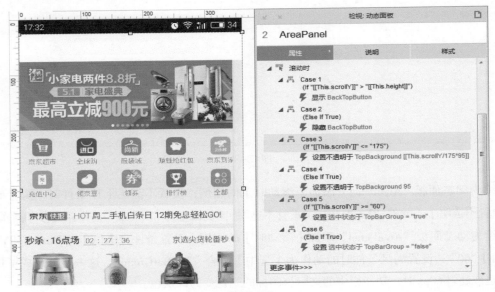

图13-39

楼大，我把元件放在动态面板中，然后把动态面板尺寸变大了，怎么里面的元件没有变大呀？

你还停留在 Axure RP 7.0 的年代呢！ Axure RP 8.0 中可以直接通过交互更改元件的尺寸。再说了7.0里面改变的也只是动态面板的尺寸，里面的元件是改变不了的。

好吧！我就是想模拟一下播放器唱片旋转还有进度条变长的交互。

我来给你演示一遍吧！

（看不懂？扫一扫）

案例43 唱片旋转与进度条效果

步骤1 在画布中放入案例中需要的所有元件，并分别命名；唱针图片命名为"StylusImage"；唱片图片命名为"DiscImage"；进度条矩形命名为"ProgressBar"；进度条圆形滑块命名为"SliderShape"；播放按钮命名为"PlayButton"。为了使唱针的轴心能够居中，可以从左侧标尺上拖出一条辅助线，帮助我们确定位置（图13-40）。

特别说明

图13-40中为了能够看到进度条元件"ProgressBar"，所以，未将圆形滑块放在进度条最左端，也未将进度条宽度设置为"1"，读者在进行案例操作时请自行修改。

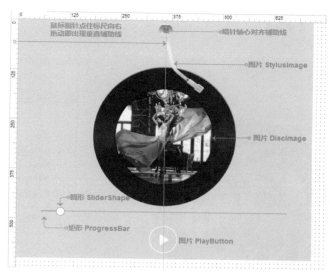

图 13-40

步骤2 按交互顺序添加各个元件的交互。在页面打开时，要让唱针旋转到未播放的角度。为唱针图片添加【载入时】的用例，触发时间【载入时】在【更多事件】事件中选择；设置动作为【旋转】"当前元件"【到达】{角度}"-20"，{方向}保持默认的【顺时针】。因为唱针的轴心并不在图片的左上角顶点，而是在左上角顶点右侧24px、下方24px的位置，所以，旋转时的{锚点}选择【左上角】，{锚点偏移}设置为{x}"24"、{y}"24"。

用例动作如图13-41所示。

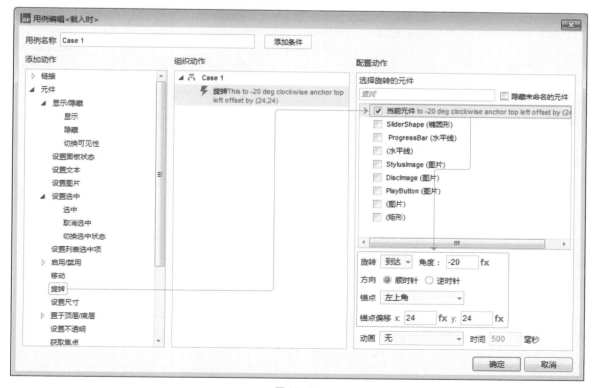

图 13-41

交互事件如图 13-42 所示。

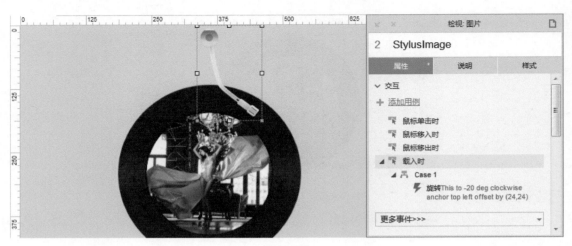

图 13-42

步骤3 单击播放按钮时能够在开启和关闭两个状态间切换，可以让按钮单击时在选中和未选中状态间切换，然后添加选中（开启）和未选中（关闭）状态的交互。为播放按钮图片 "PlayButton" 添加【鼠标单击时】的用例，设置动作为【切换选中状态】于 "当前元件"。

用例动作如图 13-43 所示。

图 13-43

交互事件如图 13-44 所示。

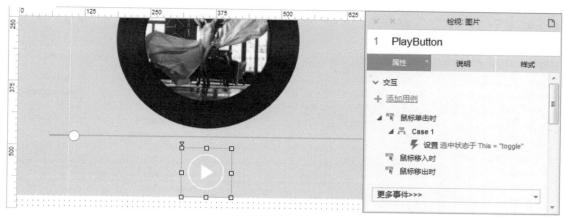

图 13-44

步骤4 为播放按钮图片"PlayButton"添加【选中时】的用例，设置动作为【设置图片】于"当前元件"；{Default}设置中导入暂停图标。

用例动作如图 13-45 所示。

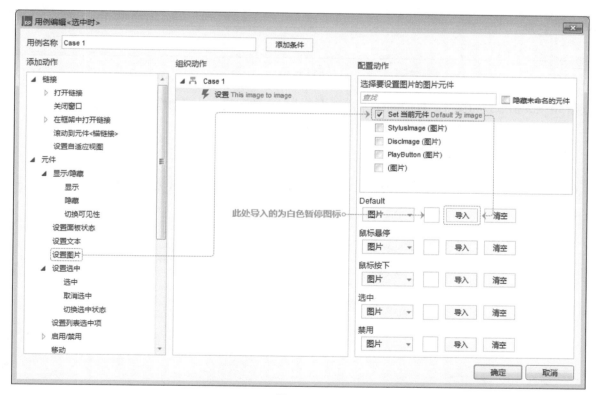

图 13-45

步骤5 继续为播放按钮图片"PlayButton"添加【选中时】的用例，设置动作为【旋转】"StylusImage"【到达】{角度}"0"；{方向}保持默认的【顺时针】；{锚点}选择【左上角】，{锚点偏移}设置为 {x}"24"、{y}"24"；{动画}选择【线性】，{时间}为"500"毫秒。

用例动作如图 13-46 所示。

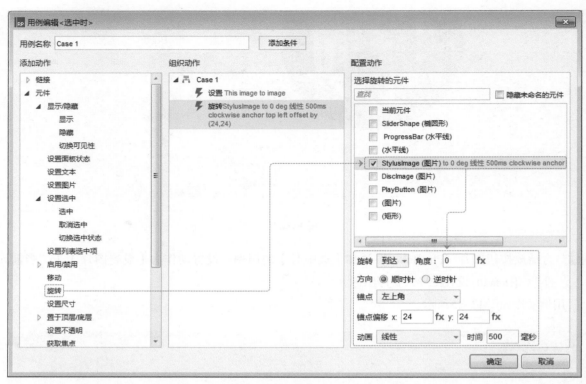

图 13-46

步骤6 继续为播放按钮图片"PlayButton"添加【选中时】的用例，设置动作为【等待】"500"。这一步是为了等待唱针的动作完成，再进行唱片旋转的动作。

用例动作如图13-47所示。

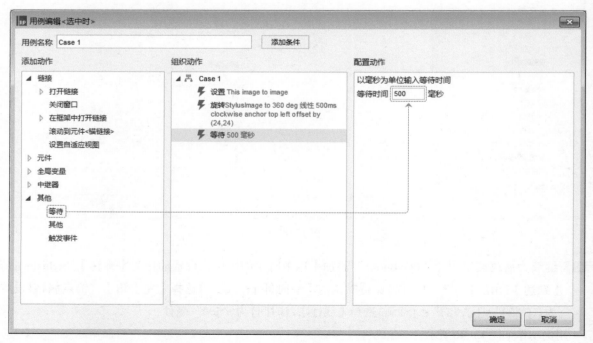

图 13-47

步骤7 继续为播放按钮图片"PlayButton"添加【选中时】的用例，设置动作为【旋转】"DiscImage"，【经过】{角度}为"6"；{方向}保持默认的【顺时针】；{锚点}选择【中心】；{动画}选择【线性】，{时间}为"500"毫秒。

用例动作如图13-48所示。

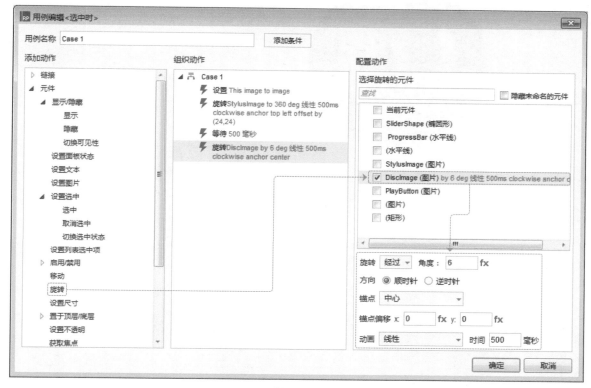

图13-48

步骤8 为播放按钮图片"PlayButton"添加【取消选中时】的用例，设置动作为【旋转】"StylusImage"【到达】{角度}"–20"；{方向}保持默认的【顺时针】；{锚点}选择【左上角】，{锚点偏移}设置为{x}"24"、{y}"24"；{动画}选择【线性】，{时间}为"500"毫秒（动作设置参考操作步骤5）。

步骤9 继续为播放按钮图片"PlayButton"添加【取消选中时】的用例，设置动作为【设置图片】于"当前元件"；{Default}设置中导入播放图标（动作设置参考操作步骤4）。

交互事件如图13-49所示。

步骤10 操作步骤7中，我们控制唱片图片的旋转。如果让唱片图片持续旋转，就需要在旋转时继续执行旋转的动作。但是，如果播放按钮图片是未选中状态（关闭），则不能继续旋转。也就是说持续旋转需要设置条件【选中状态】于元件"PlayButton"【==】【值】"true"；当满足这个条件时，才能够执行动作【旋转】"当前元件"【经过】{角度}"6"；{方向}保持默认的【顺时针】；{锚点}选择【中心】；{动画}选择【线性】，{时间}为"500"毫秒（动作设置参考操作步骤7）。

图 13-49

条件判断如图 13-50 所示。

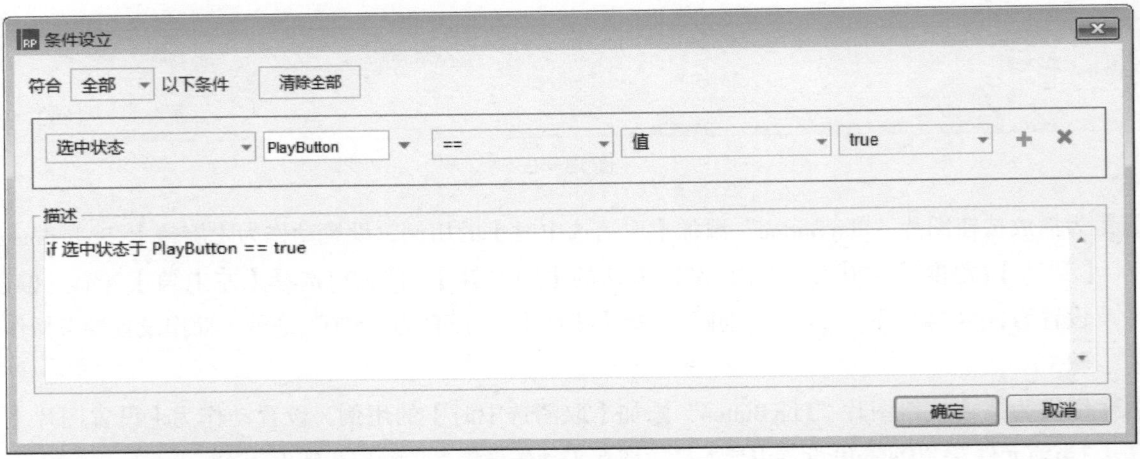

图 13-50

步骤11 唱片旋转时，进度条的滑块要向右移动。假设滑块从背景线条左侧到右侧每次移动6px。继续上
一步，设置动作【移动】元件 "SliderShape"，【经过】{x} "6" {y} "0"；{动画}选择【线性】，{时
间}为 "500" 毫秒。为了避免滑块到达最右侧时超出背景线条，{界限}设置中单击【添加界限】，
设置【右侧】【<=】"660"（背景线条右侧端点的x轴坐标）。

用例动作如图 13-51 所示。

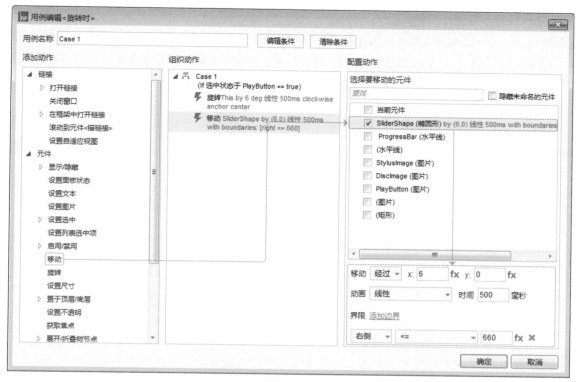

图 13-51

交互事件如图 13-52 所示。

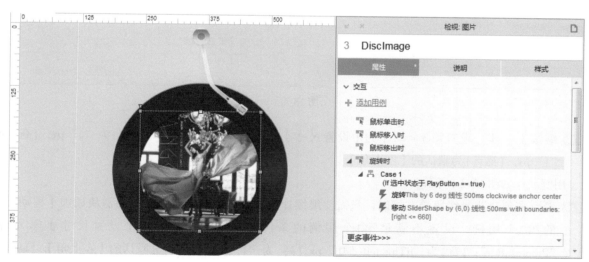

图 13-52

步骤12 滑块移动时，有两种情形。一种是移动到达背景线条最右端，另一种情形是未到达。到达最右端时，需要停止播放，移动滑块回到背景线段最左端，并且，将进度条宽度设置为最小的1px。未到达最右端时，设置进度条的宽度为滑块的左边界与背景线条最左端的距离并减去一次移动的距离6px。所以，需要为滑块添加【移动时】的两个用例。第1个用例设置条件判断【值】【This.right】【==】【值】"660"；设置满足条件的第1个动作为【取消选中】元件"PlayButton"

（动作设置参考操作步骤3）。

步骤13 继续上一步，设置第2个动作为【移动】"当前元件"，【到达】{x}为"60"（背景线段最左端的*x*轴坐标值）{y}为"[[This.top]]"。因为，滑块是水平移动，*y*轴坐标无须改变，所以，填写当前元件的顶部坐标即可。

用例动作如图 13-53 所示。

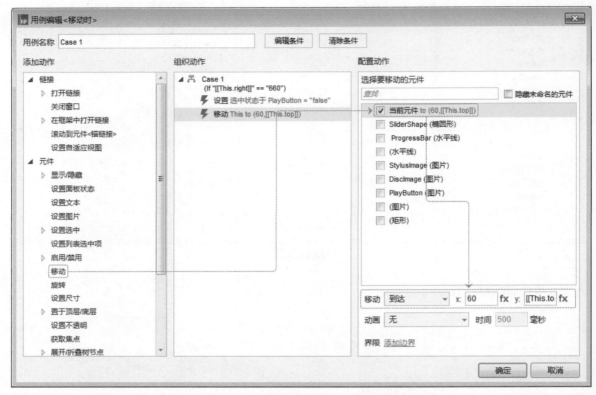

图 13-53

步骤14 继续上一步，设置第3个动作为【设置尺寸】于元件"ProgressBar"；{宽}为"1"px，{高}为"1"px。{锚点}为默认的【左上角】。

用例动作如图 13-54 所示。

步骤15 滑块未到达背景线段最右端时，只需要继续让进度条的宽度向右增长。为滑块添加【移动时】的第2个用例，设置不满足第1个用例的条件时，执行的动作为【设置尺寸】于元件"ProgressBar"；{宽}为"[[This.left-54]]"px，{高}为"1"px。{锚点}为默认的【左上角】；{动画}选择【线性】，{时间}为"500"毫秒。

特别说明

　　方向并不是指旋转动画的方向，而是设置角度变大的方向，是向顺时针方向旋转时角度变大，或是向逆时针方向旋转时变大。

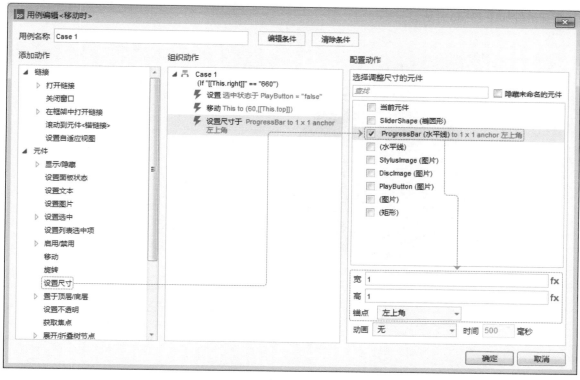

图 13-54

用例动作如图 13-55 所示。

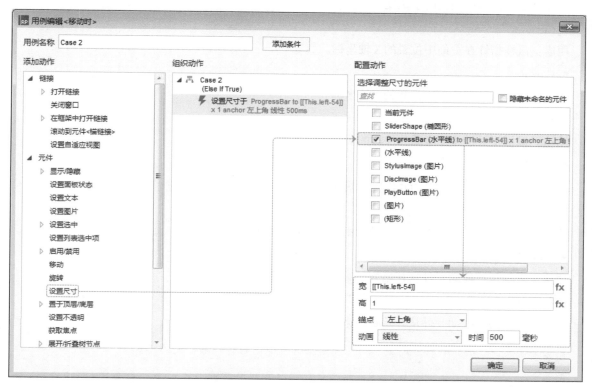

图 13-55

交互事件如图 13-56 所示。

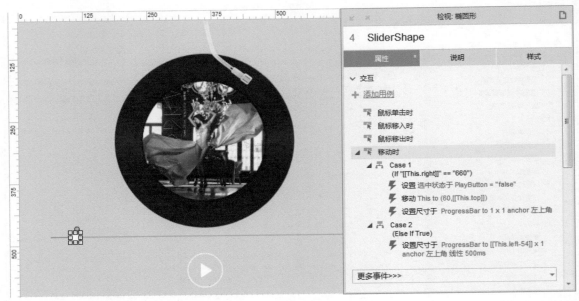

图 13-56

▶▶13.3　鼠标指针

下面介绍鼠标指针相关的系统变量。

- Cursor.x

用途：鼠标指针在页面中位置的X轴坐标。

- Cursor.y

用途：鼠标指针在页面中位置的Y轴坐标。

- DragX

用途：鼠标指针沿X轴拖动元件时的瞬间（0.01秒）拖动距离。

- DragY

用途：鼠标指针沿Y轴拖动元件时的瞬间（0.01秒）拖动距离。

- TotalDragX

用途：鼠标指针拖动元件从开始到结束的X轴移动距离。

- TotalDragY

用途：鼠标指针拖动元件从开始到结束的Y轴移动距离。

- DragTime

用途：鼠标指针拖动元件从开始到结束的总时长。

楼大，Cursor不应该是变量吧？鼠标指针是固定的呀！不会变的吧？

嗯，Cursor并不是鼠标指针，而是鼠标指针属性的集合，在这里它包含了x轴坐标和y轴坐标。所以，其实它的内容也是变化的。

😐 哦，知道了！这些变量好像没什么太大的作用！

😎 确实不太常用，不过鼠标指针的坐标还是有些用处的。例如，在有些Web网站的页面中单击鼠标右键，在鼠标指针所在的位置会弹出快捷菜单。但是这个菜单不是浏览器的菜单，而是页面中包含的菜单（图13-57）。

图13-57

😐 什么网站会有这种功能呢？我好像没见过！

😎 百度云的网盘页面就有呀！

在百度云网盘的页面中，在不同的位置单击鼠标右键，会在鼠标指针所在的位置弹出不同的菜单（图13-58）。

图13-58

这样的效果，可以通过系统变量获取鼠标指针的位置坐标，实现弹出菜单的定位，并结合动态面板实现菜单内容的切换。而显示什么样的菜单内容，区别在于，鼠标右键单击时的位置是否在文件列表中。

案例44 百度云网盘的右键菜单

（看不懂？扫一扫）

步骤1 在画布中放入两个图片元件，导入页面内容与列表内容的截图（图13-59）。

图 13-59

步骤 2 再放入一个图片元件，导入列表内部的右键菜单截图，然后，在图片上方单击鼠标右键，在弹出的快捷菜单中选择【转换为动态面板】命令。最后，在检视面板中将动态面板命名为"ListPanel"，并在快捷功能或样式中勾选【隐藏】复选框，将其设置为默认隐藏的状态（图 13-60）。

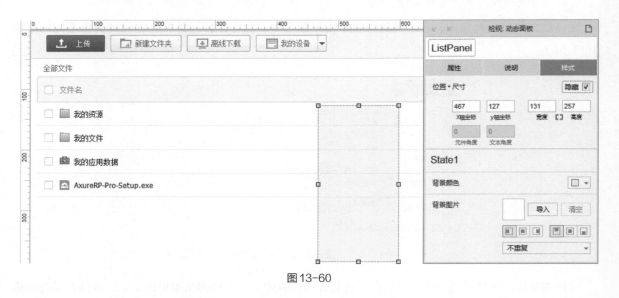

图 13-60

步骤 3 双击动态面板，在弹出的界面中选中"State1"进行复制（图 13-61）；然后，双击复制出来的状态"State2"，修改其中的图片为列表外部的右键菜单截图（图 13-62）。

步骤 4 为代替列表内容的图片添加【鼠标右击时】的用例，【鼠标右击时】在列表的【更多事件】中选取；设置动作为【设置面板状态】于动态面板"ListPanel"；{选择状态}为"State1"。

图 13-61

图 13-62

用例动作如图13-63所示。

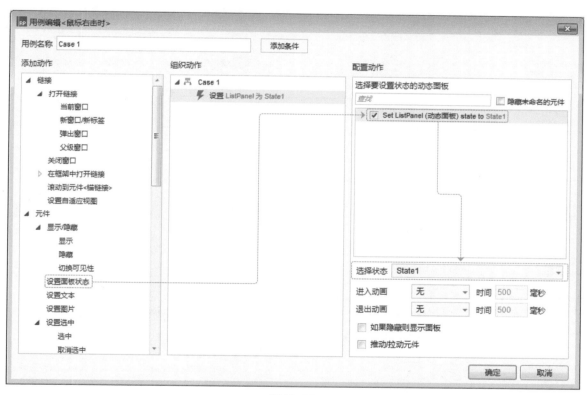

图 13-63

步骤5 继续上一步，添加动作【移动】动态面板 "ListPanel"【到达】{x} "[[Cursor.x]]" {y} "[[Cursor.y]]" 的位置。

用例动作如图13-64所示。

步骤6 继续上一步，添加动作【显示】动态面板 "ListPanel"；在【更多选项】下拉列表框中选择【灯箱效果】选项，并设置{背景色}的{不透明}为 "0"。这个设置是为了单击动态面板 "ListPanel" 以外的区域时，能够将其隐藏。

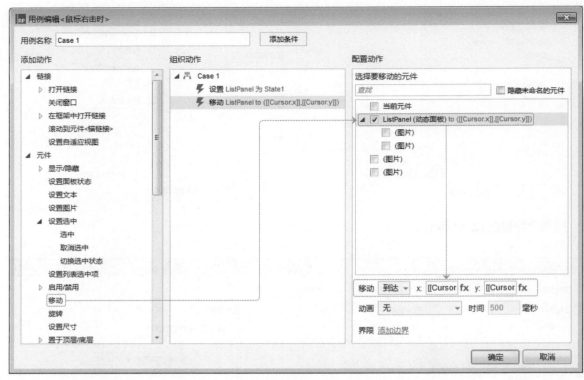

图 13-64

用例动作如图13-65所示。

图 13-65

步骤7 在完成的用例上单击鼠标右键，复制用例内容。然后，切换到页面的交互设置中，在【更多事件】中找到【页面鼠标右击时】，单击触发事件名称后方的【粘贴】按钮，将复制的用例粘贴到页面的交互中（图13-66）。

交互事件如图13-67所示。

步骤8 编辑粘贴到页面交互中的用例，修改第1个动作，将【设置动态面板状态】中的状态选择改为"State2"（动作设置参考操作步骤4）。

交互事件如图13-68所示。

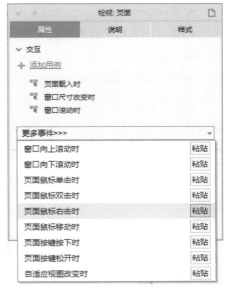

图 13-66

图 13-67

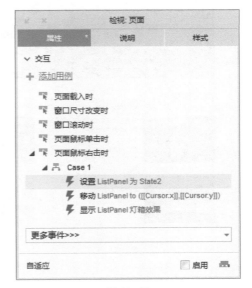

图 13-68

▶▶13.4 窗口页面

- Window.width

用途：打开原型页面的浏览器当前宽度。

- Window.height

用途：打开原型页面的浏览器当前高度。

- Window.scrollX

用途：浏览器中页面水平滚动的距离。

- Window.scrollY

用途：浏览器中页面垂直滚动的距离。

- PageName

用途：获取当前页面的名称。

楼大，结合那个 "Window.scrollY"，是不是能做到那种拖动浏览器滚动条滚动页面超过一段距离时，显示返回顶部按钮的效果呀？

对呀！你说的这种效果就是需要能够实时判断页面滚动了多少距离，当这个距离超过一定长度时，执行相应的交互动作。比如雷锋网右下角的返回顶部箭头图标，就是页面垂直方向滚动 250px 时出现的，当滚动距离小于 250px 时，又会自动消失（图 13-69）。

图 13-69

（看不懂？扫一扫）

案例45　页面滚动时浮现的返回顶部按钮

步骤1　在画布中放入一个图片元件，导入代替页面内容的图片，优化提示选择【否】。因为有滚动回页面顶部的交互效果，需要有一个顶部定位的透明元件，这里使用热区，命名为 "TopLocation"。最后，放入两个矩形，做成命名为 "BackTop" 的箭头按钮和意见反馈按钮，将两个按钮选中，单击鼠标右键，在弹出的快捷菜单中选择【转换为动态面板】命令；在检视面板中将这个动态面板命名为 "FixedPanel"，并在属性中进行【固定到浏览器】的设置，将动态面板固定在右侧底部的位置（图 13-70）。

步骤2　在检视面板中切换到页面的交互设置。添加【窗口滚动时】的用例，设置条件为【值】"[[Window.scrollY]]"【>=】【值】"250"；设置满足条件时的动作为【显示】元件 "BackTop"。

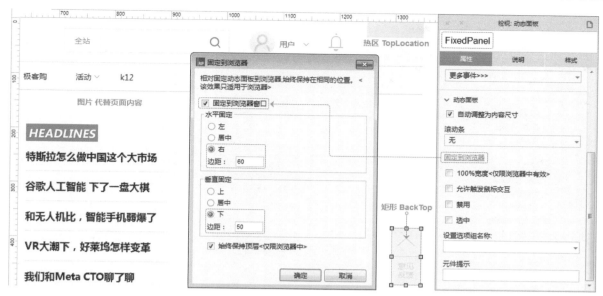

图13-70

条件判断如图13-71所示。

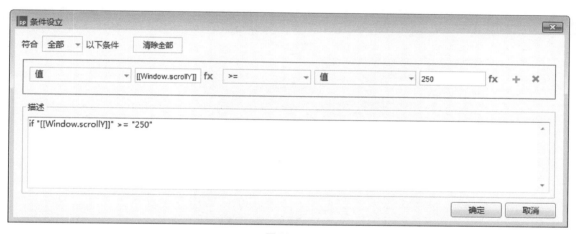

图13-71

用例动作如图13-72所示。

步骤3 继续添加【窗口滚动时】的用例，设置不满足上述条件时，执行的动作为【隐藏】元件"BackTop"（动作设置参考操作步骤2）。

交互事件如图13-73所示。

步骤4 进入动态面板"FixedPanel"状态"State1"的编辑区域，为按钮"BackTop"添加【鼠标单击时】的用例，设置动作为【滚动到元件<锚链接>】，选择元件"TopLocation"，选择【仅垂直滚动】；设置{动画}为【线性】，{时间}为"500"毫秒。然后，在快捷功能或者样式中将按钮"BackTop"的【隐藏】选项勾选，将其设置为默认隐藏的状态。

图 13-72

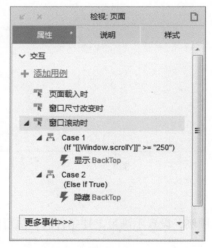

图 13-73

用例动作如图 13-74 所示。

交互事件如图 13-75 所示。

楼大，你有没有发现雷锋网这个页面，在页面滚动时，导航菜单会吸附在浏览器窗口顶部？

是的，这种吸附效果也可以通过窗口函数来实现。原理就是当页面滚动距离与导航菜单 y 轴坐标相同时，移动导航菜单与滚动的距离保持一致，形成类似固定到浏览器的相对固定效果。

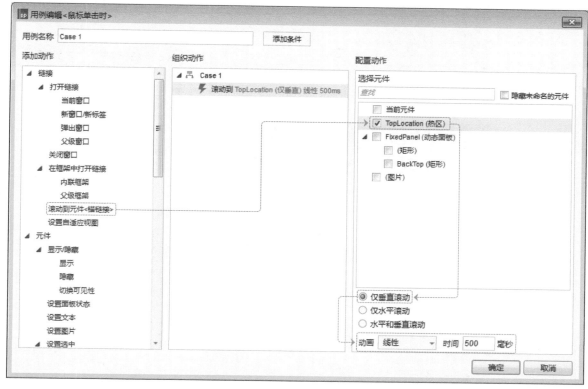

图13-74

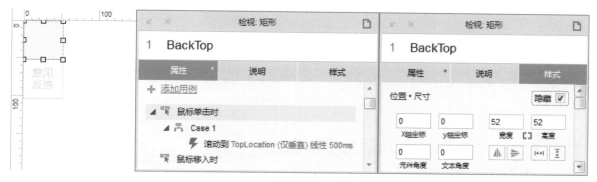

图13-75

（看不懂？扫一扫）

案例46　页面滚动时模块顶部吸附效果

步骤1　在案例39的基础上，使用图片的裁剪工具，将代替页面内容的图片中导航菜单部分剪切出来，粘贴后摆放到原来的位置，将图片命名为"MenuImage"，记下该图片的y轴坐标（y轴坐标为"80"）（图13-76）。

步骤2　继续为页面添加【窗口滚动时】的用例，设置条件为【值】"[[Window.scrollY]]"【>】【值】"80"；设置满足条件时的动作为【移动】元件"MenuImage"【到达】{x} "0" {y} "[[Window.scrollY]]"的位置。这样就完成了吸附效果的交互设置。

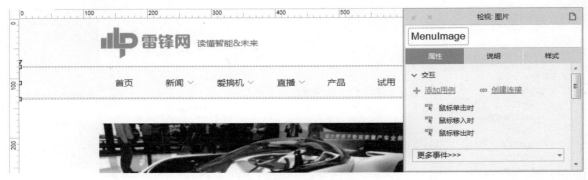

图 13-76

条件判断如图 13-77 所示。

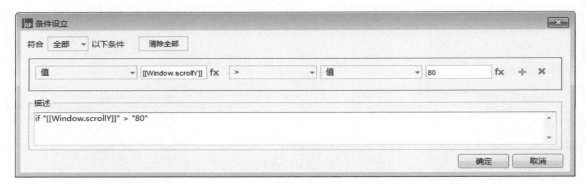

图 13-77

用例动作如图 13-78 所示。

图 13-78

步骤3 当页面滚动距离小于80px时，还需要将导航菜单移动回原位。继续为页面添加【窗口滚动时】的用例，设置不满足上述条件，执行的动作为【移动】元件"MenuImage"【到达】{x}"0"{y}"80"的位置（动作设置参考操作步骤2）。

步骤4 最后，在操作步骤2添加的用例上单击鼠标右键，在弹出的快捷菜单中选择【切换为<If>或<Else If>】命令。以免本案例中新增的两个用例与案例39中添加的用例产生冲突。

交互事件如图13-79所示。

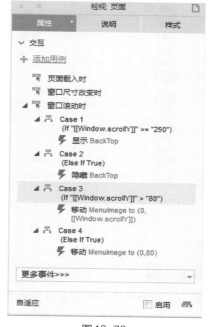

图13-79

▶▶13.5 数字

- toExponential(decimalPoints)

用途：把数值转换为指数计数法。

参数：decimalPoints 为保留小数的位数。

示例：Lvar. toExponential (2)

Lvar=65时，结果为6.50e+1

- toFixed(decimalPoints)

用途：将一个数字转为保留指定位数的小数，小数位数超出指定位数时进行四舍五入。

参数：decimalPoints 为保留小数的位数。

示例：Lvar. toFixed (2)

Lvar=12.343时，结果为12.34

Lvar=12.346时，结果为12.35

Lvar=12.3时，结果为12.30

- toPrecision(length)

用途：把数字格式化为指定的长度。

参数：length 为格式化后的数字长度，小数点不计入长度。

示例：Lvar. toPrecision(5)

Lvar=12345时，结果为12345

Lvar=123456时，结果为1.2346e+5

Lvar=12345.6时，结果为12346

Lvar=1234时，结果为1234.0

熊　楼爷，这些数字函数感觉没什么用啊？

楼　也有特殊场景会有作用。

熊　比如？

楼　我给你讲个虚拟Home键停靠屏幕边缘的例子。

熊　虚拟Home键停靠？

楼　是呀！你没用过iPhone吗？如果开启虚拟Home键的功能，屏幕上的就会有一个按钮图标。这个图标是停靠在屏幕边缘的。如果把图标向屏幕中央拖动，当松开手指的时候，这个图标会自动停靠到距离最近一侧的屏幕边缘。

（看不懂？扫一扫）

案例47 屏幕中虚拟Home键水平方向自动停靠的交互

步骤1 在画布中添加代替屏幕内容的图片，将尺寸设置为375px×667px；然后，再添加一个图片元件，导入虚拟Home键的图标。最后，在虚拟Home键的图标上单击鼠标右键，在弹出的快捷菜单中选择【转换为动态面板】命令，命名为"HomeButtonPanel"（图13-80）。

动态面板 HomeButton

图13-80

步骤2 为动态面板"HomeButtonPanel"添加【拖动时】的用例，"当前元件"【移动】方式设置为【拖动】，{界限}设置中单击【添加界限】，添加各个边界的限制，以免按钮被拖出屏幕范围。分别设置【左侧】【>=】"0"，右侧【<=】"375"，顶部【>=】"0"，底部【<=】"572"（扣除底部菜单栏的高度）。

用例动作如图13-81所示。

图 13-81

交互事件如图 13-82 所示。

图 13-82

步骤 3 为动态面板"HomeButtonPanel"添加【拖动时】的用例,"当前元件"【移动】方式设置为【到达】{x}"[[(This.x/308).toFixed(0)*308]]"{y}"This.y"的位置;{动画}选择【线性】,{时间}为"500"毫秒。当把虚拟 Home 键放在屏幕正中央的时候,它的 x 轴坐标是 154,那么虚拟 Home 键在屏幕中水平方向可移动的范围就是"308",其实就是屏幕宽度减去虚拟 Home 键宽度的数值;所以,

在 x 轴坐标填写的公式中，"This.x/308"能够计算出一个小数值，当虚拟 Home 键在屏幕中央偏左的位置时，这个小数值小于 0.5，反之大于 0.5。对这个计算结果进行取整数的操作，能够得到的值是 0 或 1。用这个结果再乘以 308，当虚拟 Home 键在屏幕中央偏左的位置时，整个公式的计算结果就是 0，虚拟 Home 键就会被移动到屏幕的最左侧，反之，整个公式的计算结果就是 308，虚拟 Home 键就会被移动到屏幕的最右侧。

用例动作如图 13-83 所示。

图 13-83

交互事件如图 13-84 所示。

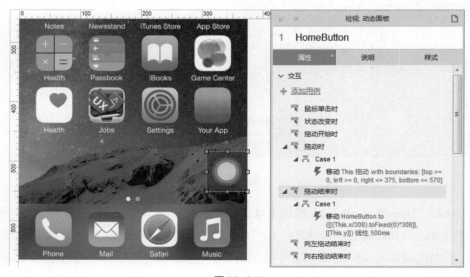

图 13-84

▶▶13.6 数学

- Math.abs(x)

用途：计算参数数值的绝对值。

参数：x为数值。

示例：Math.abs(−1.5)结果为1.5。

- Math.acos(x)

用途：获取一个数值的反余弦弧度值，其范围是 0~pi 。

参数：x为数值，范围为−1~1。

- Math.asin(x)

用途：获取一个数值的反正弦值。

参数：x为数值，范围为−1~1。

- Math.atan(x)

用途：获取一个数值的反正切值。

参数：x为数值。

- Math.atan2(y,x)

用途：获取某一点(x,y)的角度值。

参数："x,y"为点的坐标数值。

- Math.ceil(x)

用途：向上取整函数，获取大于或者等于指定数值的最小整数。

参数：x为数值

示例：

Math.ceil(1)结果为1。

Math.ceil(1.1)结果为2。

- Math.cos(x)

用途：余弦函数。

参数：x为弧度数值。

- Math.exp(x)

用途：指数函数，计算以e为底的指数。

参数：x为数值。

- Math.floor(x)

用途：向下取整函数，获取小于或者等于指定数值的最大整数。

参数：x为数值。

示例：

Math. floor (2)结果为2。

Math. floor (1.9)结果为1。

- Math.log(x)

用途：对数函数，计算以 e 为底的对数值。

参数：x 为数值。

- Math.max(x,y)

用途：获取参数中的最大值。

参数："x,y" 表示多个数值，而非两个数值。

示例：Math.max(1,3,5,2,4,0,7,6)结果为7。

- Math.min(x,y)

用途：获取参数中的最小值。

参数："x,y" 表示多个数值，而非两个数值。

示例：Math.min(1,3,5,2,4,0,7,6)结果为0。

- Math.pow(x,y)

用途：幂函数，计算x的y次幂。

参数：x不能为负数且y为小数，或者x为0且y小于等于0。

示例：Math. pow (2,3)结果为8。

- Math.random()

用途：随机数函数，返回一个0~1之间的随机数。

示例：获取10~15之间的随机小数，计算公式为Math.random()*5+10。

- Math.sin(x)

用途：正弦函数。

参数：x 为弧度数值。

- Math.sqrt(x)

用途：平方根函数。

参数：x 为数值。

示例：Math.sqrt(16)结果为4。

- Math.tan(x)

用途：正切函数。

参数：x 为弧度数值。

楼爷，那个随机数函数只能获取到0~1之间的小数，我想获取整数怎么做？例如，获取10~19之间的随机数。

这个获取整数随机数能够套用公式。随机整数的获取公式为：向下取整（随机数*获取个数）+起始数。如果获取10~19之间的随机数，获取随机数的个数为10个，随机数的起始数为10，相关函数代入公式如下：[[Math.floor(Math.random()*10)+10]]。

案例48 单击按钮获取4位随机整数验证码

（看不懂？ 扫一扫）

步骤1 放入一个按钮元件和一个文本标签，将文本标签命名为 "RandomText"（图13-85）。

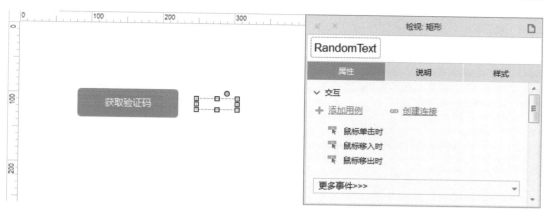

图13-85

步骤2　获取一个0~9之间的随机数，公式为"[[Math.floor(Math.random()*10)]]"，获取4位均为0~9的随机数，只需要将这4个同样的公式连接一起。为按钮元件添加【鼠标单击时】的用例，设置动作为【设置文本】选择要设置文本的元件"RandomText"，并设置文本为【值】，输入框中填写的公式"[[Math.floor(Math.random()*10)]] [[Math.floor(Math.random()*10)]] [[Math.floor(Math.random()*10)]] [[Math.floor(Math.random()*10)]]"。

用例动作如图13-86所示。

图13-86

文本编辑如图13-87所示。

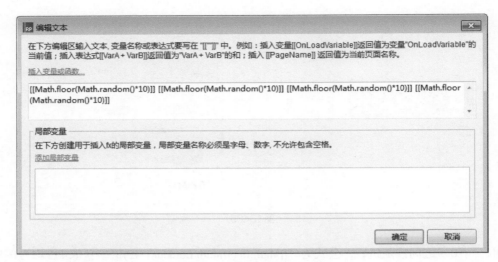

图13-87

交互事件如图**13-88**所示。

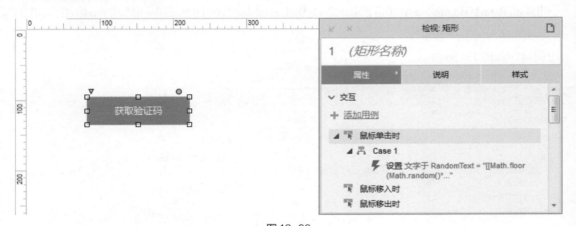

图13-88

楼大，那些三角函数你肯定不会用。

我确实不懂三角函数，但是我会用。

少吹牛！不懂怎么会用？

用三角函数不一定非要懂三角函数的计算原理，只要知道什么时候应用就可以了，比如一个鼠标拖动旋钮，旋钮能够随着鼠标自转的效果，就需要使用三角函数。而我们只需要知道相关的需求，找到对应的数学公式，然后将函数套用进去就可以了（图13-89）。

看样子，这个旋钮只能转半圈儿？

对的，指针只能从Min转动到Max。所以，拖动时有多个情形：

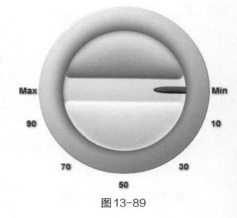

图13-89

（1）如果旋钮旋转小于180°，则指针可以随着鼠标所在的方向转动。

（2）如果旋钮旋转超过180°并且小于270°，也就是指针到了左上的位置，这时需要让指针停留在180°的位置。

（3）如果旋钮旋转超过270°，也就是指针到了右上的位置，这时需要让指针停留在0°的位置。

交互的情形我都知道，关键是怎么旋转呢？

旋转有几个关键点，必须知道。

（1）旋钮元件的中心点坐标值。

（2）鼠标指针的坐标值。

（3）计算旋转角度的公式：弧度/π*180，π为圆周率，值为3.14。

（4）计算两个坐标点弧度的公式：atan2((y_1−y)/(x_1−x))，x_1与y_1为鼠标指针所在位置的坐标值。x和y为旋钮中心点坐标值。

（5）旋钮中心点x轴坐标值为：旋钮x轴坐标值+旋钮的宽度/2。

（6）旋钮中心点y轴坐标值为：旋钮y轴坐标值+旋钮的高度/2。

清楚了以上几点，就能很简单地将旋钮的旋转角度推演出来。

（看不懂？扫一扫）

案例49 拖动旋钮时自转的交互效果

步骤1 画布中放入多个文本标签，将文字设置为粗体并添加文字阴影；放入旋钮图片，命名为"KnobImage"，在图片上单击鼠标右键，在弹出的快捷菜单中选择【转换为动态面板】命令（图13-90）。

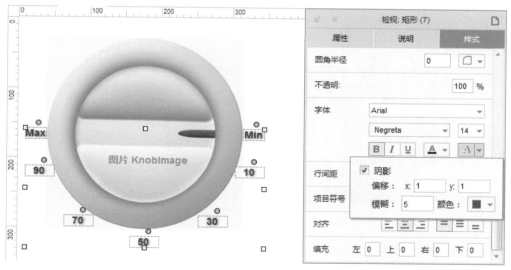

图13-90

步骤2 拖动动态面板时，旋转面板状态中的图片。为动态面板添加【拖动时】的用例，设置条件为【值】"[[k.rotation]]"【<=】【值】"180"，公式中的"k"为局部变量，存储的内容为元件"KnobImage"的元件对象；添加满足条件时的动作为【旋转】图片元件"KnobImage"，{旋转}【到达】{角度}"[[Math.atan2(Cursor.y−This.y−This.height/2,Cursor.x−This.x−This.width/2)/3.14*180]]"，{方向}为

默认的【顺时针】，{锚点}选择【中心】。因为画布中动态面板与旋钮图片的尺寸与位置是相同的，所以，公式中使用了 This，获取到当前动态面板的元件属性。

条件判断如图 13-91 所示。

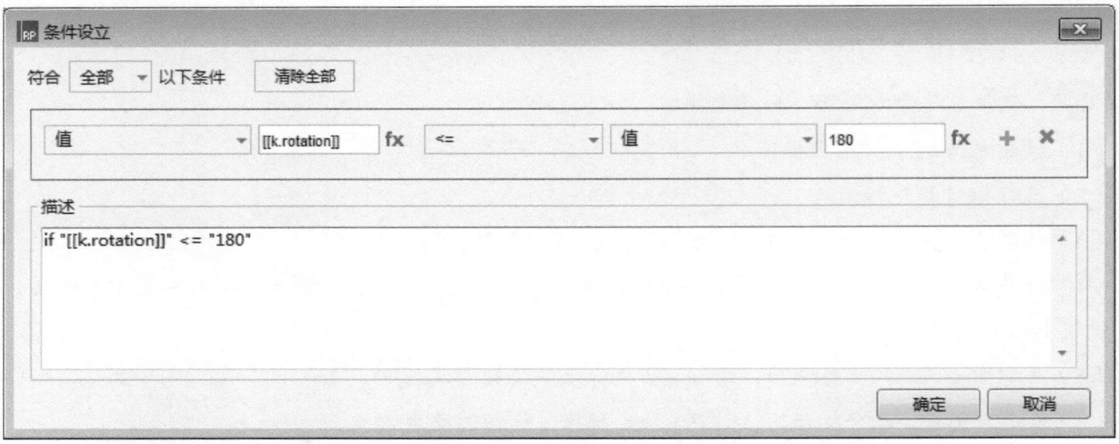

图 13-91

变量设置如图 13-92 所示。

图 13-92

用例动作如图 13-93 所示。

步骤 3 继续为动态面板添加【拖动时】的用例，设置条件为【值】"[[k.rotation]]"【>】【值】"180"并且【值】"[[k.rotation]]"【<=】【值】"270"；添加满足条件时的动作为【旋转】图片元件"KnobImage"，{旋转}【到达】{角度}"180"，{方向}为默认的【顺时针】，{锚点}选择【中心】（动作设置参考操作步骤 2）。

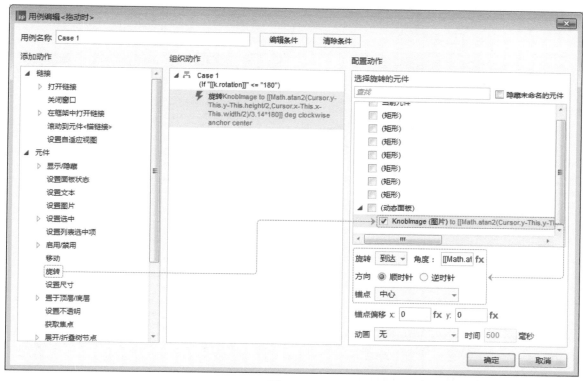

图 13-93

条件判断如图 13-94 所示。

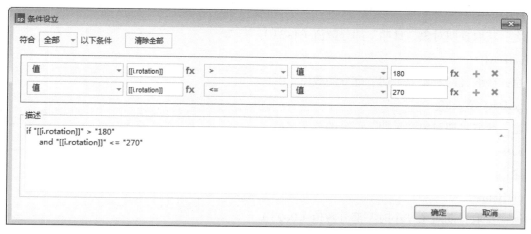

图 13-94

步骤 4 继续为动态面板添加【拖动时】的用例，设置条件为【值】"[[k.rotation]]"【>】【值】"270"；添加满足条件时的动作为【旋转】图片元件"KnobImage"，并设置{旋转}方式为【到达】且{角度}为"0"，{方向}为默认的【顺时针】，{锚点}选择【中心】。（动作设置参考操作步骤 2）

步骤 5 完成以上几步后，第 2、3 个用例上单击鼠标右键，在弹出的快捷菜单中选择【切换为 <If> 或 <Else If>】命令。这样就将条件判断分为了互不影响的 3 组。

交互事件如图 13-95 所示。

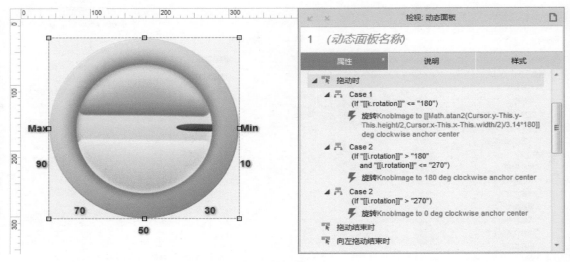

图 13-95

▶▶13.7　日期

- Now

用途：获取当前计算机系统日期对象。

- GenDate

用途：获取原型生成日期对象。

- getDate()

用途：获取日期对象"日期"部分数值（1~31）。

- getDay()

用途：获取日期对象"星期"部分的数值（0~6）。

- getDayOfWeek()

用途：获取日期对象"星期"部分的英文名称。

- getFullYear()

用途：获取日期对象"年份"部分4位数值。

- getHours()

用途：获取日期对象"小时"部分数值（0~23）。

- getMilliseconds()

用途：获取日期对象的毫秒数（0~999）。

- getMinutes()

用途：获取日期对象"分钟"部分数值（0~59）。

- getMonth()

用途：获取日期对象"月份"部分的数值（1~12）。

- getMonthName()

用途：获取日期对象"月份"部分的英文名称。

- getSeconds()

用途：获取日期对象"秒数"部分数值（0~59）。

- getTime()

用途：获取当前日期对象中的时间值。该时间值表示从1970年1月1日00:00:00开始，到当前日期对象时，所经过的毫秒数，以格林尼治时间为准。

- getTimezoneOffset()

用途：获取世界标准时间（UTC）与当前主机时间之间的分钟差值。

- getUTCDate()

用途：使用世界标准时间获取当前日期对象"日期"部分数值（1~31）。

- getUTCDay()

用途：使用世界标准时间获取当前日期对象"星期"部分的数值（0~6）。

- getUTCFullYear()

用途：使用世界标准时间获取当前日期对象"年份"部分4位数值。

- getUTCHours()

用途：使用世界标准时间获取当前日期对象"小时"部分数值（0~23）。

- getUTCMilliseconds()

用途：使用世界标准时间获取当前日期对象的毫秒数（0~999）。

- getUTCMinutes()

用途：使用世界标准时间获取当前日期对象"分钟"部分数值（0~59）。

- getUTCMonth()

用途：使用世界标准时间获取当前日期对象"月份"部分的数值（1~12）。

- getUTCSeconds()

用途：使用世界标准时间获取当前日期对象"秒数"部分数值（0~59）。

- Date.parse(datestring)

用途：用于分析一个包含日期的字符串，并返回该日期与1970年1月1日00:00:00之间相差的毫秒数。

参数：datestring为日期格式的字符串，格式为yyyy/mm/dd hh:mm:ss。

- toDateString()

用途：以字符串的形式获取一个日期。

- toISOString()

用途：获取当前日期对象的ISO格式的日期字串，格式为YYYY-MM-DDTHH:mm:ss.sssZ。

- toJSON()

用途：获取当前日期对象的JSON格式的日期字串，格式为YYYY-MM-DDTHH:mm:ss.sssZ。

- toLocaleDateString()

用途：以字符串的形式获取本地化当前日期对象，并且只包含"年月日"部分的短日期信息。

- toLocaleTimeString()

用途：以字符串的形式获取本地化当前日期对象，并且只包含"时分秒"部分的短日期信息。

- toUTCString()

用途：以字符串的形式获取相对于当前日期对象的世界标准时间。

- Date.UTC(year,month,day,hour,min,sec,millisec)

用途：获取相对于 1970 年 1 月 1 日 00:00:00 的世界标准时间，与指定日期对象之间相差的毫秒数。

参数：组成指定日期对象的年、月、日、时、分、秒及毫秒的数值。

- valueOf()

用途：获取当前日期对象的原始值。

- addYears(years)

用途：将指定的年份数加到当前日期对象上，获取一个新的日期对象。

参数：years 为整数数值，正负均可。

- addMonths(months)

用途：将指定的月份数加到当前日期对象上，获取一个新的日期对象。

参数：months 为整数数值，正负均可。

- addDays(days)

用途：将指定的天数加到当前日期对象上，获取一个新的日期对象。

参数：days 为整数数值，正负均可。

- addHours(hours)

用途：将指定的小时数加到当前日期对象上，获取一个新的日期对象。

参数：hours 为整数数值，正负均可。

- addMinutes(minutes)

用途：将指定的分钟数加到当前日期对象上，获取一个新的日期对象。

参数：minutes 为整数数值，正负均可。

- addSeconds(seconds)

用途：将指定的秒数加到当前日期对象上，获取一个新的日期对象。

参数：seconds 为整数数值，正负均可。

- addMilliseconds(ms)

用途：将指定的毫秒数加到当前日期对象上，获取一个新的日期对象。

参数：ms 为整数数值，正负均可。

在 Axure RP 8.0 中，有几个没有在列表中显示的时间函数，它们分别是：

- Year

用途：获取系统日期对象"年份"部分的 4 位数值。

- Month

用途：获取系统日期对象"月份"部分数值（1~12）。

- Day

用途：获取系统日期对象"日期"部分数值（1~31）。

- Hours

用途：获取系统日期对象"小时"部分数值（0~23）。

● Minutes

用途：获取系统日期对象"分钟"部分数值（0~59）。

● Seconds

用途：获取系统日期对象"秒数"部分数值（0~59）。

楼大，有了这些函数是不是就能实现数字时钟的效果了？

嗯。说说你的想法？

感觉很简单啊！只要不停地设置一个元件文字为系统时间就可以啦！

那怎么不停设置元件文字呢？

我觉得要借用循环的功能！

那什么有循环的功能？

动态面板呀！

很好，思路非常正确！

让页面上实时显示系统的"时分秒"。实现这个效果的关键在于如何不停地获取系统时间并显示。根据这个需求，我们知道需要不停地触发设置文字的动作。一般称这种不停地触发为循环。

在Axure中具有循环特性的元件只有动态面板。动态面板可以通过设置，不停地循环切换状态。然后，动态面板还有一个叫【状态改变时】的触发事件，在每次状态改变时，做一次获取系统时间的动作，呈现在目标元件文字上，就会呈现动态的数字时钟效果。

（看不懂？扫一扫）

案例50 动态数字时钟（1）

步骤1 在画布中放入一个文本标签，将其命名为"ClockText"，用于显示时间文字；然后在画布中放入一个动态面板，用于实现循环设置文字的动作；双击动态面板，在弹出的界面中设置面板名称为"LoopPanel"，并且，为动态面板添加一个新的状态"State2"。因为只有状态数量为2个或2个以上时，才能够实现切换（图13-96）。

图13-96

步骤2 为动态面板"LoopPanel"添加【载入时】的用例，触发事件【载入时】在【更多事件】中选择；设置动作为【设置面板状态】于"当前元件"；设置{选择状态}为【Next】；勾选【向后循环】复选框，设置【循环间隔】为"1000"毫秒，取消勾选【首个状态延时1000毫秒后切换】复选框。用例动作如图13-97所示。

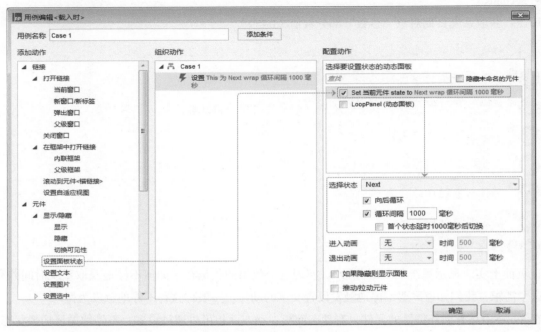

图 13-97

步骤3　为动态面板"LoopPanel"添加【状态改变时】的用例，设置动作为【设置文本】于元件"ClockText"为【值】，单击"fx"按钮，打开编辑文本的界面。

用例动作如图13-98所示。

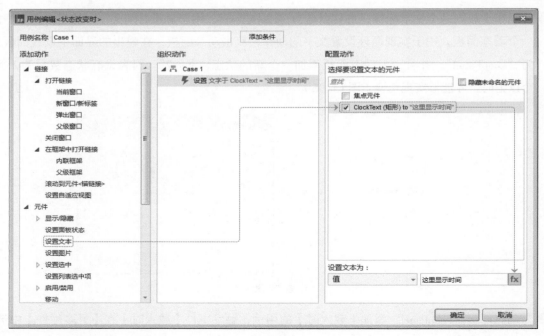

图 13-98

步骤4 在文本编辑界面的编辑区域中输入"[[Year]]年[[Month]]月 [[Day]]日 [[Hours]]:[[Minutes]]:[[Seconds]]"。文本编辑如图13-99所示。

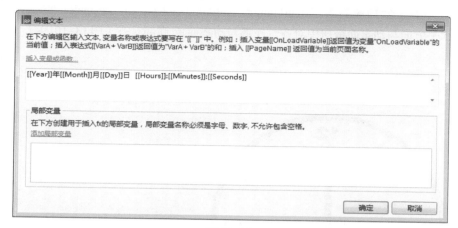

图13-99

交互事件如图13-100所示。

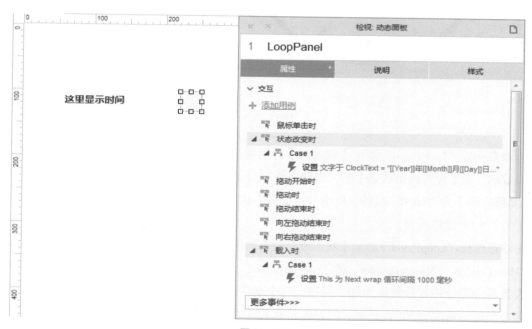

图13-100

 楼大，我刚才想了想。现在能从系统获取时间，又能旋转元件，还能实现循环的交互，是不是模拟一个真实的带指针的时钟都可以呀？

可以！原理是一样的，只不过设置文本变成了旋转多个指针角度。

案例51 模拟物理时钟

（看不懂？扫一扫）

步骤1 在画布中放入一个图片元件，双击导入时钟表盘的图片。然后，在画布中放入一个动态面板，调整尺寸为30px × 30px，与表盘图片中心点对齐；双击这个动态面板，在弹出的界面中命名为"LoopPanel"，并添加一个空白状态"State2"；最后，再在画布中放入3个矩形，调整成不同尺寸的指针形状，分别命名为"HourPointer""MinutePointer"和"SecondPointer"；指针摆放时，只需要水平方向与动态面板居中对齐，底部与动态面板 底部对齐（图13–101）。

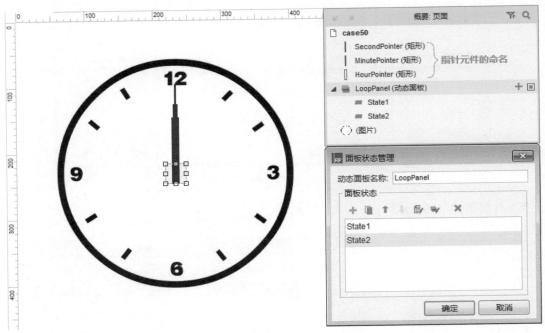

图13-101

步骤2　为动态面板"LoopPanel"添加【载入时】的用例，触发事件【载入时】在【更多事件】中选择；设置动作为【设置面板状态】于"当前元件"；{选择状态}为【Next】；勾选【向后循环】，设置【循环间隔】为"1000"毫秒，取消勾选【首个状态延时1000毫秒后切换】复选框（动作设置参考案例50的操作步骤2）。

步骤3　为动态面板"LoopPanel"添加【状态改变时】的用例，设置动作为【旋转】；分别勾选指针元件"HourPointer""MinutePointer"和"SecondPointer"，设置它们的角度。因为圆的一周为360°，而表盘每一周分钟和秒数均为60，所以，每个刻度的角度为6°；而小时的刻度只有12个，所以，每个刻度的角度为30°；还有，时钟上只有12个小时的刻度，而系统时间为24小时制，当时间超过12时，需要取余数来计算刻度。例如，15时，取余12后余数为3，刻度应为90。另外，还要注意，时针并非总指向整数的刻度，它的角度还应该随着分钟的改变而变化，例如，16时15分，时针应该指在小时刻度4与5之间四分之一的位置，这个位置可以通过分钟数值除以60得到的小数，再乘以1小时的角度来获取。

■ 设置秒针元件"SecondPointer"{旋转}【到达】的{角度}为"[[Seconds*6]]"；{方向}为默认的【顺时针】，{锚点}为【底部】，{锚点偏移}为{x}"0"、{y}"–15"，即指针底部向上15px的位置，也就是指针的轴心。

■ 设置分针元件"MinutePointer"{旋转}【到达】的{角度}为"[[Minutes*6]]"；{方向}为默认的【顺

时针】，{锚点}为【底部】，{锚点偏移}为{x}"0"、{y}"–15"。

■ 设置时钟元件"HourPointer"{旋转}【到达】的{角度}为"[[(Hours%12+Minutes/60)*30]]"；{方向}为默认的【顺时针】，{锚点}为【底部】，{锚点偏移}为{x}"0"、{y}"–15"。在浏览器中查看原型时，时针可能会发生偏移的现象，这是因为角度中填写的公式运算结果为多位小数所导致的异常，所以，将之前公式的运算结果再进行保留1位小数的运算，最终公式为"[[((Hours%12+Minutes/60)*30).toFixed(0)]]"。

用例动作如图13–102所示。

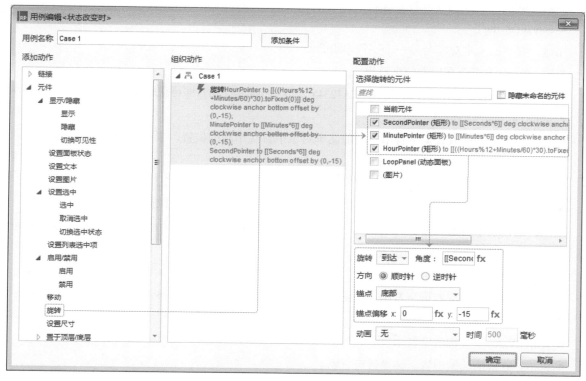

图13-102

▶▶13.8　字符串

● length

用途：获取当前文本对象的长度，即字符个数；1个汉字的长度按1计算。

范例：获取文本对象的长度。假设局部变量Lvar存储了文本"A12345"，[[Lvar.length]]即可获取到文本的长度为6。

● charAt(index)

用途：获取当前文本对象中指定位置的字符。

参数：index为大于等于0的整数。

范例：获取文本对象的首位字符。假设局部变量Lvar存储了文本"A12345"，[[Lvar.charAt(0)]]即可获取到字符"A"。

　　如范例所示，在使用字符串函数时，字符串的起始位置索引编号为 0。也就是说字符串中从左向右的顺序，第 1 个字符的索引位置为 "0"，第 2 个字符的索引位置为 "1"，以此类推。

- charCodeAt(index)

用途：获取当前文本对象中指定位置字符的 Unicode 编码（中文编码段 19968~40622）；字符起始位置从 0 开始。

参数：index 为大于等于 0 的整数。

- concat('string')

用途：将当前文本对象与另一个字符串组合。

参数：string 为组合在后方的字符串。

范例：假设局部变量 Lvar 存储了文本 "A12345"，[[Lvar.concat('678')]] 即可获取到新的文本 "A12345678"。

- indexOf('searchValue')

用途：从左至右获取查询字符串在当前文本对象中首次出现的位置。未查询到时返回值为 –1。

参数如下。

- searchValue：查询的字符串。

- start：查询的起始位置。该参数可省略，官方未给出此参数，经测试可用。

范例：查询文本对象中 "@" 的位置。假设局部变量 Lvar 存储了文本 "123@abc.com"，[[Lvar.indexOf('@')]] 即可获取到 Lvar 中 "@" 的位置为 3。

- lastIndexOf('searchvalue', start)

用途：从右至左获取查询字符串在当前文本对象中首次出现的位置。未查询到时返回值为 –1。

参数如下。

- searchValue：查询的字符串。

- Start：查询的起始位置。该参数可省略。

范例：查询文本对象中右侧第一个 "." 的位置。假设局部变量 Lvar 存储了文本 "192.168.0.1"，[[Lvar.lastIndexOf('.')]] 即可获取到 Lvar 中最右侧 "." 的位置为 9。

- replace('searchvalue', 'newvalue')

用途：用新的字符串替换当前文本对象中指定的字符串。

参数如下。

- searchvalue：被替换的字符串。

- newvalue：新文本对象或字符串。

范例：替换文本对象中的 "@" 为 "#"。假设局部变量 Lvar 存储了文本 "123@abc.com"，[[Lvar. replace('@', '#')]] 即可获取到新的文本为 "123#abc.com"。

- slice(start,end)

用途：从当前文本对象中截取从指定起始位置开始到终止位置之前的字符串。

参数如下。

- start：被截取部分的起始位置，该数值可为负数。

■ end：被截取部分的终止位置，该数值可为负数。该参数可省略，如果省略该参数，则由起始位置截取至文本对象结尾。

范例：获取文本对象最后3位字符。假设局部变量Lvar存储了文本"123456UID"，[[Lvar. silce(–3)]]即可获取到字符串"UID"。

● split('separator', limit)

用途：将当前文本对象中与分隔字符相同的字符转为","，形成多组字符串，并返回从左开始的指定组数。

参数如下。

■ separator：分隔字符。分隔字符可以为空，为空时将分隔每个字符为一组。

■ limit：返回组数的数值。该参数可以省略，如果省略该参数，则返回所有字符串组。

范例：返回邮件地址中用户名的部分。假设局部变量Lvar存储了文本"123@abc.com"，[[Lvar. split('@', 1)]]即可获取到字符串"123"。

● substr(start,length)

用途：从当前文本对象中指定起始位置开始截取一定长度的字符串。

参数如下。

■ start：被截取部分的起始位置。

■ length：被截取部分的长度。该参数可省略，如果省略该参数，则由起始位置截取至文本对象结尾。

范例：获取文本对象的首位字符。假设局部变量Lvar存储了文本"A12345"，[[Lvar.substr(0,1)]]即可获取到字符"A"。

● substring(from,to)

用途：从当前文本对象中截取从指定位置到另一指定位置区间的字符串。右侧位置不截取。

参数如下。

■ from：指定区间的起始位置。

■ to：指定区间的终止位置。该参数可省略，如果省略该参数，则由起始位置截取至文本对象结尾。

特别说明

区间起始位置可以大于终止位置，Lvar.substring(1,4)与Lvar.substring(4,1)的运算结果相同。

范例：获取出生日期中的年份。假设局部变量Lvar存储了文本"19800112"，[[Lvar.substring(0,4)]]即可获取到字符"1980"。

● toLowerCase()

用途：将文本对象中所有的大写字母转换为小写字母。

● toUpperCase()

用途：将当前文本对象中所有的小写字母转换为大写字母。

● trim()

用途：去除当前文本对象两端的空格。

- toString()

用途：将一个逻辑值转换为字符串。

（看不懂？扫一扫）

案例52 动态数字时钟（1）

 楼大，发现个问题！

 什么问题？

就是那个数字时钟的分钟秒数什么的，如果不超过9，就只能显示1位数字！也就是 19:9:8 的样子，太难看了。

懂了！你是想 0~9 都能显示双位数字，就像19:09:08的样子。

对呀！这样才协调嘛！

这个有了字符串函数就很简单，前面补个"0"就好了！

在案例50的基础上进行修改。

 获取系统时间的系统变量前面连接一个0，这时获取到的秒数就是两位以上的字符，例如，00、09、011、026、059。我们把数字0的两侧加上英文半角格式的单引号，这个数字就变成了字符串对象，用这个字符串对象调用连接字符串的函数，就能够和系统时间的变量连接到一起，公式可以写为 "[['0'.concat(Seconds)]]"。

 对操作步骤1的运算结果，还需要进行最后两位的截取，就能够将所有的秒数均变为两位字符，例如，00、09、11、26、59。字符串截取最后两位，最简单的方法就是使用字符串函 slice(–2)进行截取。这里以秒数为例，最终的公式为 "[['0'.concat(Seconds).slice(–2)]]"。

 月份、日期、小时及分钟的双位显示，只需要参照秒数的公式，修改公式中的系统变量名称即可。

文本编辑如图13-103所示。

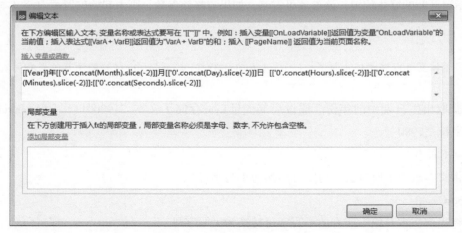

图13-103

交互事件如图13-104所示。

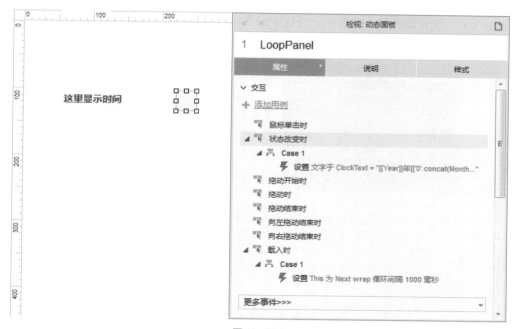

图13-104

案例53　输入密码与退格的交互效果

👨🏻 楼 咱们接着讲函数啊！我再举个例子，你们都用过支付宝转账吧？支付宝转账的时候会输入密码（图13-105）。

👩 H 是的，楼哥，我经常用的。

👨🏻 楼 输入密码的这个交互，要往不同的文本框中输入一位数字，按一般思路，需要做判断，如果第1个文本框为空，就设置第1个文本框的文字，否则，如果第2个文本框为空，就设置第2个文本框的文字……以此类推。但是，如果结合字符串函数就不用这么麻烦，可以直接完成向不同文本框中输入内容。不过我们需要一个保存输入内容的元件，这个元件可以是一个文本标签。在单击数字按键输入的时候用文本标签保存输入过的数字，然后，立即将文本标签中的各个字符用函数获取，填写到文本框中。按退格按键时，也通过字符串函数进行，截取从开始到末尾前一位的字符，然后，立即将文本标签中的各个字符用函数获取，填写到文本框中。

图13-105

步骤1 在画布中放入一个图片元件，导入代替界面内容的图片；再放入10个矩形做成数字按键；然后，放入两个灰色矩形和一个图片元件，图片元件导入退格键的图标，并与右侧灰色矩形组合到一起，将组合命名为"BackspaceGroup"（图13-106）。

步骤2 在画布中放入6个文本框，摆放在密码框的各个方格中，将文本框命名为"Password01~Password06"，在每个文本框的元件属性中设置文本框的类型为【密码】；最后，放入一个文本标签，命名为

"TempText"，用于保存输入的数字；将这个元件在快捷功能或者样式中勾选【隐藏】复选框，将其默认设置为隐藏状态（图13-107）。

图 13-106

图 13-107

步骤3 为数字按键设置交互。因为只能输入6位数字，所以，输入的条件为元件"TempText"的文字长度小于6位。为任意一个数字按键添加【鼠标单击时】的用例；设置条件为【元件文字长度】于元件"TempText"【<=】【值】"6"；添加满足条件时的动作为【设置文本】于元件"TempText"

为【值】"[[Target.text]][[This.text]]"；公式的作用为将目标元件目前的文字后方连接上被单击的数字按键元件上的文字。

条件判断如图13-108所示。

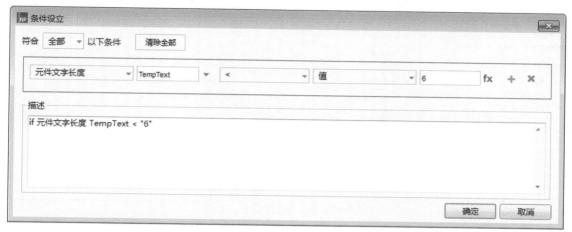

图13-108

用例动作如图13-109所示。

图13-109

步骤4 继续为数字按键添加【鼠标单击时】的用例；设置动作为【设置文本】于元件"Password01~Password06"，【值】中分别填写"[[t.text.charAt(0)]]""[[t.text.charAt(1)]]""[[t.text.charAt(2)]]""[[t.text.charAt(3)]]""[[t.text.charAt(4)]]""[[t.text.charAt(5)]]"；公式中的"t"为局部变量，存储的内容为

元件"TempText"的元件文字；这一步就通过公式获取了元件"TempText"文字中的各个字符，然后，通过动作写入到密码框的各个文本框中。

用例动作如图13-110所示。

图13-110

变量设置如图13-111所示。

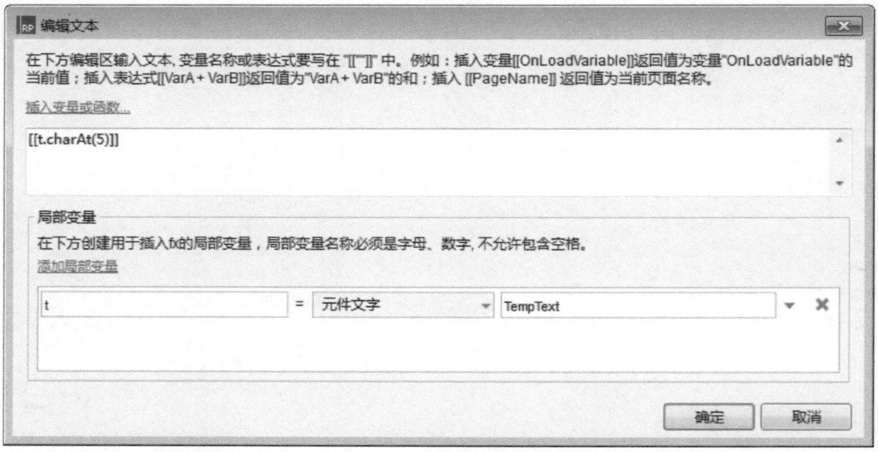

图13-111

交互事件如图13-112所示。

步骤5　选中设置好交互的数字按键，在交互设置中选中触发事件【鼠标单击时】的名称，通过右键菜单中的【复制】命令或者<Ctrl>+<C>组合键将其复制，然后，选中其他数字按键，按<Ctrl>+<V>组

合键，或者在元件触发事件【鼠标单击时】的名称上单击鼠标右键，在弹出的快捷菜单中选择
【粘贴】命令，将交互内容粘贴到其他数字按键的元件交互中（图13-113）。

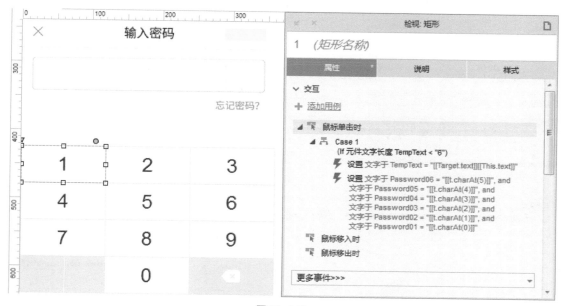

图13-112

图13-113

步骤6 同样，将数字按键的【鼠标单击时】交互内容粘贴到退格按键组合"BackspaceGroup"的交互事件【鼠标单击时】中，清除交互中的条件，修改第1个动作【设置文本】于元件"TempText"中的公式为"[[Target.text.substr(0,Target.text.length-1)]]"；公式的作用为将目标元件目前的文字进行截取，截取的起始位置为第1个字符，截取的长度为目标元件当前文字的长度减1。

用例动作如图13-114所示。

图 13-114

交互事件如图 13-115 所示。

图 13-115

第14章 中继器

▶▶14.1　中继器的组成

老师！我想做一个像手机淘宝那样的商品列表，素材和数据都弄好了，但是做起来感觉好麻烦哦！要复制好多，还要改来改去。

做商品列表不用一个一个去做，可以使用中继器来实现。

中继器是什么？

中继器是一个功能强大的元件。通过中继器，能够让原型更逼真，制作效率更快。你吃过月饼吧？

吃过呀！

你知道制作月饼的过程吗？

嗯，知道，我还亲手做过呢！各种各样馅料的。

做月饼先要准备东西，必备的就是模具和材料。材料又包括各种月饼馅、月饼皮。有了这些东西，就开始加工，把不同的月饼馅包进月饼皮，放入模具中压制成型，就变成了各种不同口味的月饼。最后，把这些月饼排列好放进烤箱。

嗯，就是这样的。但是，这和中继器有什么关系呢？

中继器的原理和做月饼的过程非常相像，分为几个必要的组成部分，只有这几个部分都完成，才能正确地使用这个元件，实现想要的效果（图14-1）。

中继器元件拖入画布后，呈现为1列3行表格状的3个矩形，并且每个上面有不同的文字（图14-2）。

步骤	制作月饼	中继器	对应位置
第1步	模具	模板	画布
第2步	材料	数据	数据集
第3步	制作	交互	项目交互
第4步	摆放	布局	样式

图14-1

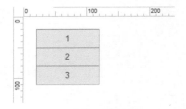

图14-2

双击中继器元件，能够打开中继器元件的编辑界面。

在中继器的编辑界面中，画布中有一个矩形，对应的是页面中中继器中的3个矩形；在中继器的属性面板中有一个表格编辑区域，称为"数据集"，数据集中默认有3行数据，对应页面中中继器中矩形的数量；数据集的3行数据分别是"1""2""3"，对应页面中中继器中各个矩形的文字。这些文字并不是自动从表格添加到元件中，而是通过元件交互中的默认交互实现的（图14-3）。

另外，页面中的中继器内容垂直方向排列，是因为布局中默认设置为【垂直】（图14-4）。

软件元件库中的中继器，默认的模板元素为一个矩形元件，默认的数据为1列3行，默认带有一个交互将仅有的1列数据与模板中的矩形进行关联，默认的布局为垂直排列。这些内容正是我们前面提到的4个步骤（图14-1）。

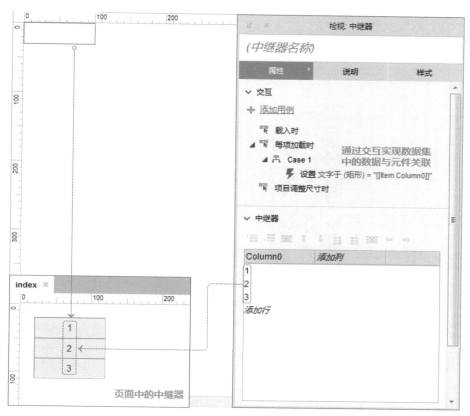

图 14-3

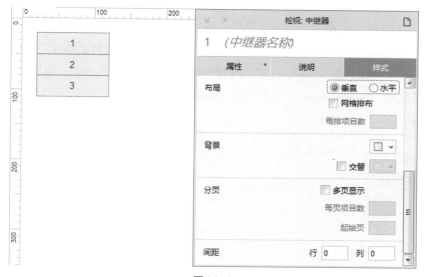

图 14-4

所以，每一个中继器的基本操作，都要按照这4个步骤来完成。

 老师，好像不太好懂……

呃，这样吧！我们还是一起用你的素材和数据做一个例子，一边做一边讲（图14-5）。

图 14-5

案例 54　手机端商品列表（上）

步骤1 制作模板。在画布中放入一个中继器元件，将其命名为"GoodsList"，双击打开中继器的编辑界面，删除原有的矩形，添加制作商品列表的元件。这些元件包括商品图片"GoodsImage"、天猫标志"TmallIcon"、商品名称"GoodsName"、邮费与地区"PostageAndRegion"、金币抵扣"UseGoldCoin"、价格与购买数量"PriceAndSales"、更多按钮"MoreButton"及一条水平线（图 14-6）。

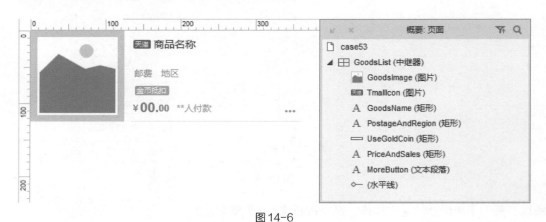

图 14-6

步骤2 添加文字数据。在列表中快捷图标或者右键菜单可以添加行与列，然后双击单元格，编辑文字内容。但是，在数据集中编辑内容比较不方便，我们可以使用表格编辑软件 Excel 进行数据的编辑，然后复制并粘贴到数据集中（图 14-7）。

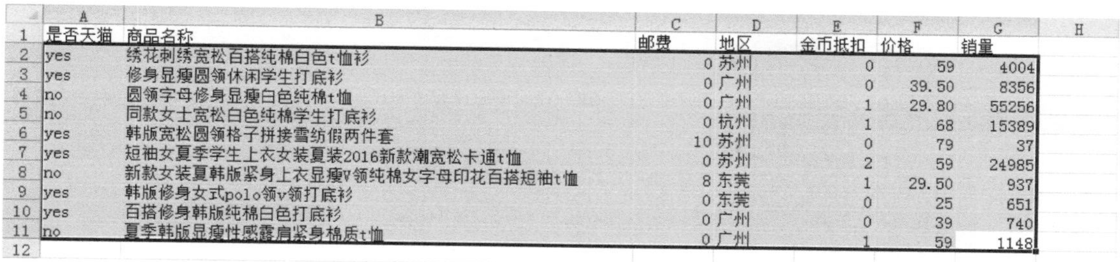

	A	B	C	D	E	F	G	H
1	是否天猫	商品名称	邮费	地区	金币抵扣	价格	销量	
2	yes	绣花刺绣宽松百搭纯棉白色t恤衫	0	苏州	0	59	4004	
3	yes	修身显瘦圆领休闲学生打底衫	0	广州	0	39.50	8356	
4	no	圆领字母修身显瘦白色纯棉t恤	0	广州	1	29.80	55256	
5	no	同款女士宽松白色纯棉学生打底衫	0	杭州	1	68	15389	
6	yes	韩版宽松圆领格子拼接雪纺假两件套	10	苏州	0	79	37	
7	yes	短袖女夏季学生上衣女装夏装2016新款潮宽松卡通t恤	0	苏州	2	59	24985	
8	no	新款女装夏韩版紧身上衣显瘦v领纯棉女字母印花百搭短袖t恤	8	东莞	1	29.50	937	
9	yes	韩版修身女式polo领v领打底衫	0	东莞	0	25	651	
10	yes	百搭修身韩版纯棉白色打底衫	0	广州	0	39	740	
11	no	夏季韩版显瘦性感露肩紧身棉质t恤	0	广州	1	59	1148	
12								

图 14-7

在将数据粘贴到数据集时，需要注意以下几点。

- 选中数据集的首行首列单元格；注意只是选中单元格，不是双击后的编辑状态。
- 粘贴时只能通过 <Ctrl>+<V> 组合键进行粘贴。
- 粘贴后的数据最后会包含一个空行，注意将其删除。

粘贴完数据后，双击每一列的列名，对应内容修改名称。建议与对应的元件名称相一致（图 14-8）。

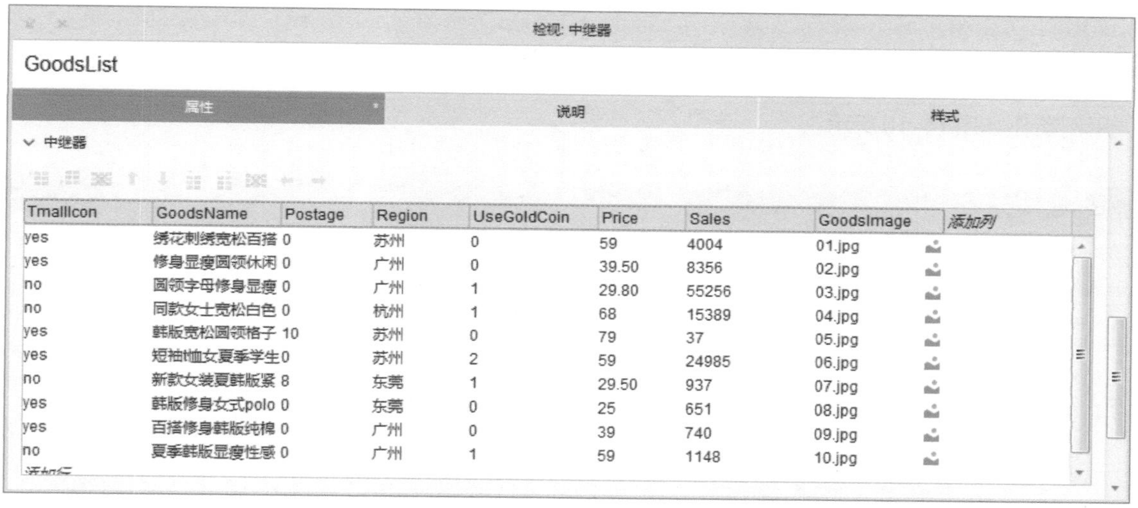

TmallIcon	GoodsName	Postage	Region	UseGoldCoin	Price	Sales	GoodsImage	添加列
yes	绣花刺绣宽松百搭	0	苏州	0	59	4004	01.jpg	
yes	修身显瘦圆领休闲	0	广州	0	39.50	8356	02.jpg	
no	圆领字母修身显瘦	0	广州	1	29.80	55256	03.jpg	
no	同款女士宽松白色	0	杭州	1	68	15389	04.jpg	
yes	韩版宽松圆领格子	10	苏州	0	79	37	05.jpg	
yes	短袖t恤女夏季学生	0	苏州	2	59	24985	06.jpg	
no	新款女装夏韩版紧	8	东莞	1	29.50	937	07.jpg	
yes	韩版修身女式polo	0	东莞	0	25	651	08.jpg	
yes	百搭修身韩版纯棉	0	广州	0	39	740	09.jpg	
no	夏季韩版显瘦性感	0	广州	1	59	1148	10.jpg	

图 14-8

步骤 3 添加图片数据。商品列表的图片也可以保存在数据集中；但是，图片无法像文字一样进行批量粘贴。为数据集导入图片，需要在数据集单元格上单击鼠标右键，在弹出的快捷菜单中选择【导入图片】命令，即可将本地图片导入到数据集中。在数据集中双击标题最右侧的{添加列}，添加一个新的列用于保存商品图片，将列命名为“GoodsImage”，然后为每一行“GoodsImage”列的单元格导入不同的图片（图 14-9）。

步骤 4 添加交互，绑定商品图片。完成模板和数据的准备，就可以通过添加交互将数据集中的数据呈现到模板中对应的元件上，这个过程称为数据绑定。先将元件自带的交互删除，然后添加【每项加载时】的用例，设置动作为【设置图片】于元件“GoodsImage”；{Default}的设置中选择【值】，输入框中填入“[[Item.GoodsImage]]”。公式“[[Item.GoodsImage]]”可以直接输入，也可以单击“fx”，在编辑文本的界面中打开【插入变量或函数】的列表，从中选取。这一步完成后，页面中就能够看到呈现了不同商品图片的列表项。

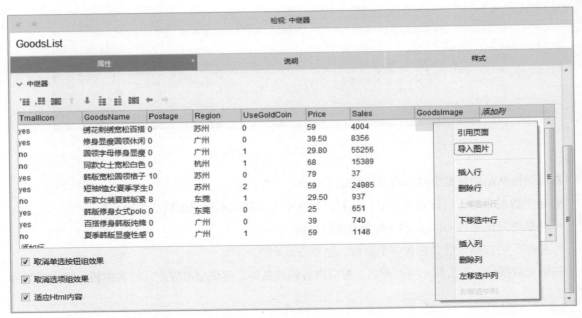

图 14-9

用例动作如图 14-10 所示。

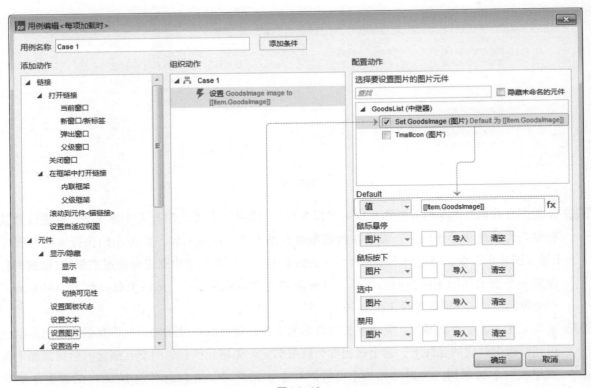

图 14-10

交互事件如图 14-11 所示。

老师，为什么用"每项加载时"这个触发事件？

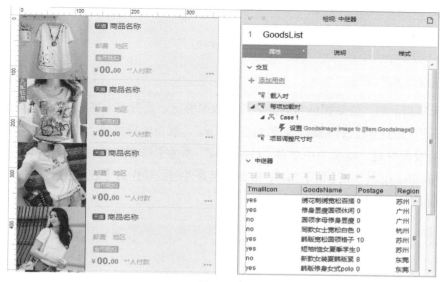

图14-11

这要从中继器的工作原理来解释。中继器所实现的列表中，通常会有多个列表项。这些列表项并不是同时加载到页面中的，就像动作的执行顺序一样，中继器列表中的每一个列表项都是按顺序加载的。当页面打开时，中继器开始加载第1个列表项。它会先读取数据集中的第1行数据存入系统变量"Item"；然后，执行"每项加载时"事件中添加的交互；最后，将通过交互改变后的模板内容作为列表的一项呈现在页面上。当这个过程结束，页面上就完成了中继器列表第1项内容的加载与呈现。接下来，中继器会继续读取数据集中的第2行数据，存入系统变量"Item"，再次执行"每项加载时"事件中设置的交互；这个过程会不停重复，直到所有需要加载的列表项全部加载完毕才会停止。

原来是这样呀！老师，如果不加交互会是什么结果？

页面上也会加载列表项，但是列表项的内容与模板内容是一样的，没有任何变化。就拿刚才的例子来说，如果不添加交互，页面上每个商品图片就不会有改变，都和模板中的图片元件一模一样。

明白了！老师。但是，刚刚做的这个商品列表是不是还得把那些文字数据进行绑定？

是的。不过你仔细观察一下，各个列表项中是不是还有一些差别？

是哦！差别还很多呢！

（1）并不是每一个商品都显示天猫的图标；显示天猫图标的列表项，商品名称要从图标后面开始显示，否则，将从最左侧开始显示。

（2）并不是每个商品都能使用金币。

（3）并不是每个商品都包邮，有的商品会有邮寄费用；当有邮寄费用的时候，地区的文字会向后移动，以免和邮寄费用文字重合。

（4）并不是每个商品价格都是整数，价格不是整数时，要保留两位小数，并且小数部分的文字字号变小；而且，商品价格位数过多时，销量的文字也需要向后移动，以免和价格文字重合。

（5）如果销售数量超过1万，就不再显示具体数字，而是用*.*万来表示。

嗯，不错！观察得很仔细，这种细节上的差别，需要在添加交互的时候根据不同的情形进行不同的处理。

（看不懂？扫一扫）

案例55 手机端商品列表（下）

步骤1 完成非天猫商品时，隐藏图标与商品名称的数据绑定。是否非天猫商品，可以通过对数据集中"TmalIcon"列的列值进行判断，如果列值为"no"，就是天猫商品，需要隐藏天猫图标并进行商品名称的数据绑定。继续为中继器"GoodsList"添加【每项加载时】的用例，设置条件【值】"[[Item.TmallIcon]]"【 == 】【值】"no"，添加满足条件时的动作为【隐藏】元件"TmallIcon"。条件判断如图14-12所示。

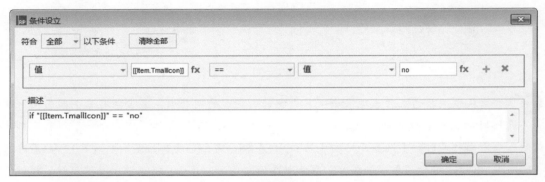

图14-12

用例动作如图14-13所示。

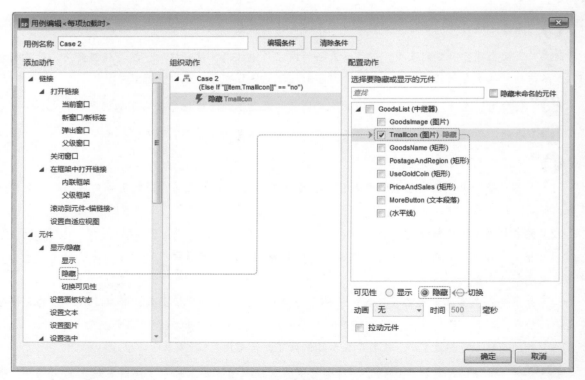

图14-13

步骤 2 继续上一步，添加满足条件时的动作【设置文本】于元件"GoodsName"为【值】"[[Item.GoodsName]]"。
这一步完成后，要在新添加的用例名称上单击鼠标右键，在弹出的快捷菜单中选择【切换为<If>
或<Else If>】命令。此时，页面中的商品列表就发生了变化，所有非天猫商品隐藏了天猫图标，
并改变了商品名称。

用例动作如图 14-14 所示。

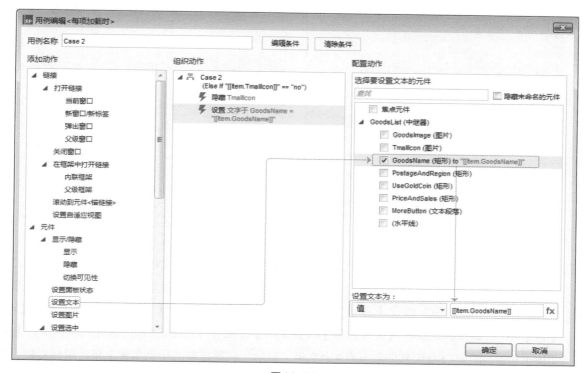

图 14-14

交互事件如图 14-15 所示。

图 14-15

步骤 3 继续为中继器"GoodsList"添加【每项加载时】的用例，添加不满足操作步骤 1 的条件时，执行

的动作为【设置文本】于元件"GoodsName"为【富文本】"　　　　　　　　　　[[Item.GoodsName]]"；注意选择列表中不再选择【值】，而是【富文本】，并且公式的前方有7个空格，这样才能让商品名称的文本不被天猫图标所覆盖（动作设置参考操作步骤2）。此时，页面中的商品列表就再次发生变化，所有天猫商品都改变了商品名称，正确地显示出来。

交互事件如图14-16所示。

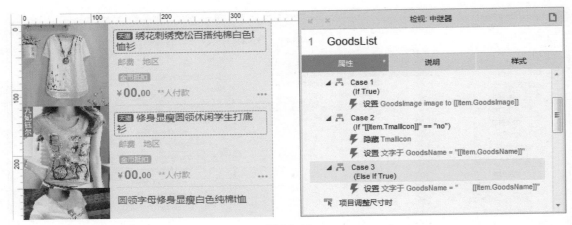

图14-16

> **步骤 4** 为邮费与地区的元件"PostageAndRegion"绑定数据。因为邮费为"0"时需要显示"包邮"，而邮费不为"0"显示"运费¥**元"。这是两种不同的情形，要通过添加条件判断来实现；继续为中继器"GoodsList"添加【每项加载时】的用例，设置条件【值】"[[Item.Postage]]"【==】【值】"0"；添加满足条件时的动作为【设置文本】于元件"PostageAndRegion"为【值】"包邮[[Item.Region]]"；注意公式的前方有4个空格。最后，在新添加的用例名称上单击鼠标右键，在弹出的快捷菜单中选择【切换为<If>或<Else If>】命令。这一步完成后，所有邮费为"0"的商品，邮费和地区都能够正常显示出来（动作设置参考操作步骤2）。

条件判断如图14-17所示。

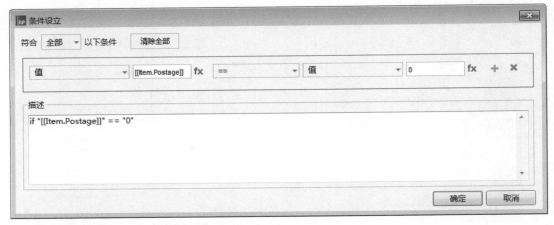

图14-17

交互事件如图14-18所示。

图 14-18

步骤 5 继续为中继器"GoodsList"添加【每项加载时】的用例，添加不满足操作步骤4的条件时，执行的动作为【设置文本】于元件"PostageAndRegion"为【值】"运费¥[[Item.Postage]]元　　[[Item.Region]]"；注意两个公式的中间有4个空格。这一步完成后，所有邮费不为"0"的商品，邮费和地区都能够正常显示出来（动作设置参考操作步骤2）。

交互事件如图14-19所示。

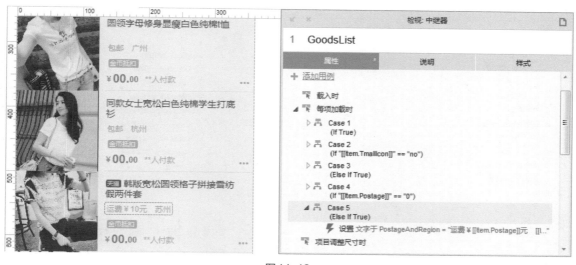

图 14-19

步骤 6 为金币抵扣的元件"UseGoldCoin"绑定数据。因为不能够使用金币抵扣的商品不显示该元件，所以我们只需要将此元件默认隐藏，使用金币抵扣的项（抵扣额度大于0）再进行显示。继续为中继器"GoodsList"添加【每项加载时】的用例，设置条件【值】"[[Item. UseGoldCoin]]"【>】【值】"0"；添加满足条件时的动作为【设置文本】于元件"UseGoldCoin"为【值】"金币抵扣[[Item.UseGoldCoin]]%"（动作设置参考操作步骤2）。

条件判断如图14-20所示。

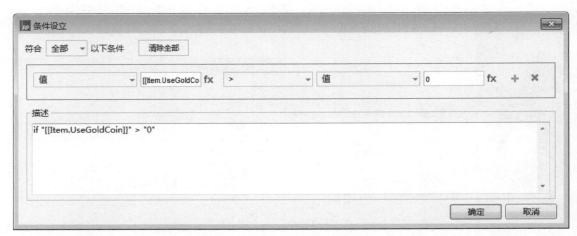

图 14-20

步骤 7　继续上一步，添加动作【显示】元件 "UseGoldCoin"。然后，在新添加的用例名称上单击鼠标右键，在弹出的快捷菜单中选择【切换为<If>或<Else If>】命令。这一步完成后，所有使用金币抵扣的商品，能够抵扣的额度都能够正常显示出来。

　　用例动作如图 14-21 所示。

图 14-21

　　交互事件如图 14-22 所示。

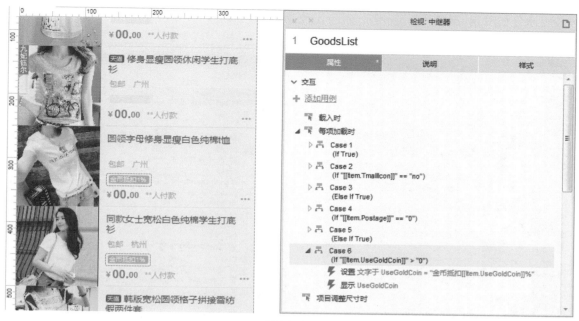

图 14-22

步骤 8 为价格与销量的元件"PriceAndSales"绑定数据。如果销量超过 1 万，则不显示具体数字，而是以 *.*万来表示；否则，显示具体的付款人数。这是两种不同的情形，需要通过条件判断来完成。继续为中继器"GoodsList"添加【每项加载时】的用例，设置条件【值】"[[Item.Sales]]"【>】【值】"10000"；添加满足条件时的动作为【设置文本】于元件"PriceAndSales"为【值】"[[(Item.Sales/10000).toFixed(1)]]万人付款"；最后，在新添加的用例名称上单击鼠标右键，在弹出的快捷菜单中选择【切换为<If>或<Else If>】命令（动作设置参考操作步骤 2）。

条件判断如图 14-23 所示。

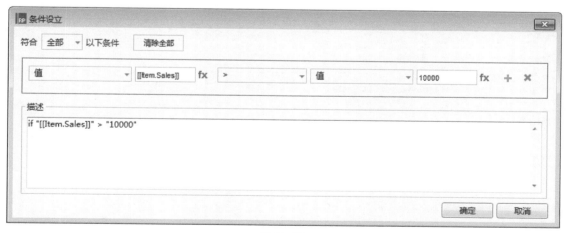

图 14-23

步骤 9 继续为中继器"GoodsList"添加【每项加载时】的用例，设置不满足操作步骤 8 的条件时，执行的动作为【设置文本】于元件"PriceAndSales"为【值】"[[Item.Sales]]人付款"。以上两步完成后，就能够正常显示销量内容（动作设置参考操作步骤 2）。

交互事件如图 14-24 所示。

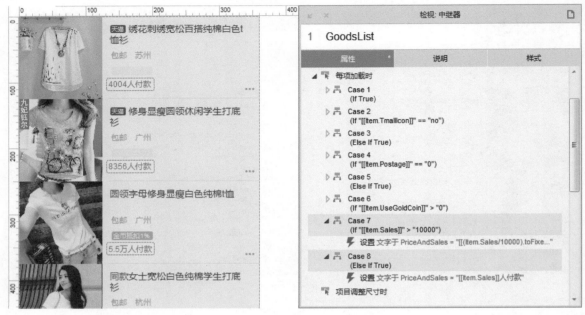

图 14-24

步骤10 因为价格包括小数与整数两种情形，需要添加条件判断来完成。同时，还要注意部分文字带有不同的样式，设置文本的时候要通过富文本来改变这些文字的改变样式。继续为中继器"GoodsList"添加【每项加载时】的用例，设置条件【值】"[[Item.Price]]"【包含】【值】"."；添加满足条件时的动作为【设置文本】于元件"PriceAndSales"为【富文本】；单击【编辑文本】按钮，打开编辑文本的界面。

条件判断如图 14-25 所示。

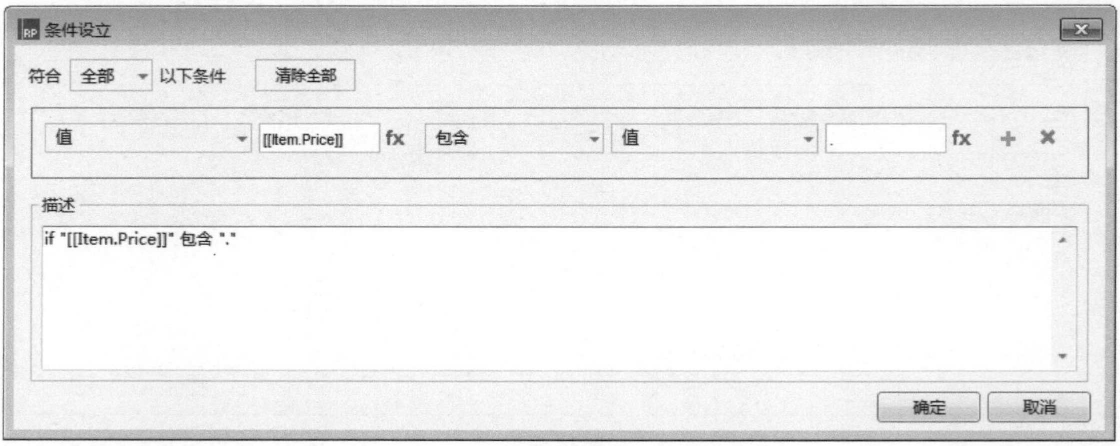

图 14-25

用例动作如图 14-26 所示。

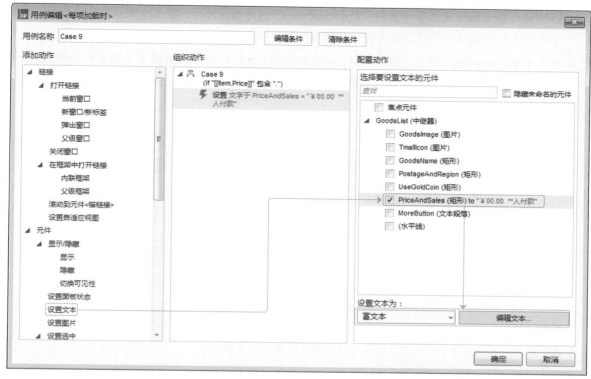

图 14-26

步骤11 在文本编辑界面输入内容 "￥[[Item.Price.slice(0,Item.Price.indexOf('.'))]][[Item.Price.slice(Item.Price.indexOf('.'))]] [[Target.text]]"。公式中 "[[Item.Price.slice(0,Item.Price.indexOf('.'))]]" 能够截取价格数字小数点前面的部分；"[[Item.Price.slice(Item.Price.indexOf('.'))]]" 能够获取价格数字小数点及后面的部分；这样就能够为不同部分的文字设置不同的样式；然后，与销量文字连接到一起；注意公式 "[[Target.text]]" 前面有两个空格。最后，在新添加的用例名称上单击鼠标右键，在弹出的快捷菜单中选择【切换为<If>或<Else If>】命令。

文本编辑如图 14-27 所示。

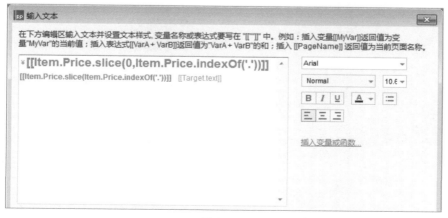

图 14-27

步骤12 继续为中继器 "GoodsList" 添加【每项加载时】的用例，设置不满足操作步骤10的条件时。执行的动作为【设置文本】于元件 "PriceAndSales" 为【富文本】；单击【编辑文本】按钮，打开编辑文本的界面（动作设置参考操作步骤 10 ）。

步骤13 在文本编辑界面输入内容 "￥[[Item.Price]]　[[Target.text]]"；这样将价格文字与原有的销量文字连接到了一起；然后，分别调整不同部分文字的样式。注意两个公式之间用两个空格隔开。

文本编辑如图 14-28 所示。

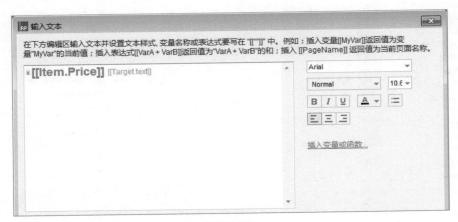

图 14-28

交互事件如图 14-29 所示。

图 14-29

特别说明

本书的随书资料中提供了与本案例有关的数据表格。

老师，步骤好复杂呀！

是呀！我们总结一下。中继器可以用来实现重复的项目列表。只要是列表中的每一项都具有相同的结构，一般就能够通过中继器来实现。至于一些细节上的差别，可以通过交互进行控制。

但是，老师，像这样的列表也可以做好一项之后，复制并粘贴多次做出来呀？

使用中继器实现的列表，数据可以直接在数据集中编辑，也可以通过Excel编辑后，粘贴到数据集中。如果列表项比较多又会涉及内容的修改，使用中继器进行编辑是非常方便的。除此之外，中继器还有更多优势，就是能动态地对数据集中的数据行进行添加、删除及修改操作，从而实现一些添加、删除及修改列表项的交互效果。

▶▶14.2　数据集——添加行

老师，你说的为数据集添加行的操作，是什么样的应用场景呢？

添加的操作有很多呀！例如，添加商品到购物车、添加联系人或者添加网址到收藏夹，等等。对了，你看我手机上的浏览器，有一个添加网站到主页的功能（图14-30）。

图14-30

老师，我看左右页面中都是列表，是不是都能用中继器来实现？

对呀！就是在单击左侧分类页列表中的添加按钮时，将当前项的图片与名称添加到右侧中继器的数据集中，主页的网站列表中就能加载出新的网站图标。

图 14-31

案例56 手机端浏览器添加常用网站（上）（看不懂？扫一扫）

步骤1 分别制作两个页面中的内容。在画布中放入一个图片元件，导入代替主页页面其他内容的图片，在快捷功能或样式设置中将图片的尺寸调整为360px × 640px；在这个图片元件上单击鼠标右键，在弹出的快捷菜单中选择【转换为动态面板】命令；双击动态面板，在弹出的界面中将动态面板名称命名为"PagePanel"；在"State1"名称上单击鼠标右键，将其重命名为"Home"；然后，双击状态名称"Home"的编辑界面（图14-31）。

步骤2 在状态"Home"的编辑界面中双击已有的图片元件，导入代替主页中其他内容的图片。然后，在画布中放入一个中继器，将其命名为"HomeSiteList"，双击中继器"HomeSiteList"进入中继器编辑界面（图14-32）。

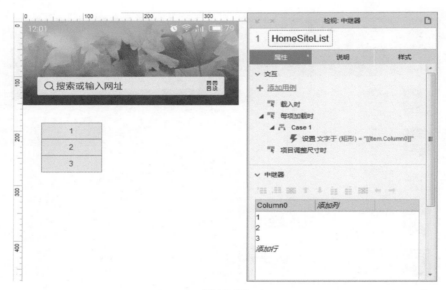

图 14-32

步骤3 在中继器"HomeSiteList"的编辑界面中要进行如下操作，完成中继器的基本设置（图14-32）。

● 制作模板。在画布中放入1个图片元件和1个文本标签组成模板内容；将图片元件命名为"HomeSiteImage"，将文本标签命名为"HomeSiteName"。

● 添加数据。在中继器的数据集中添加2列，分别命名为"HomeSiteImage"和"HomeSiteName"；在"HomeSiteImage"列中导入初始状态固有的4个图标图片，在"HomeSiteName"列中填写与图标对应的网站名称。

● 添加交互，绑定图片数据。为中继器添加【每项加载时】的用例，设置动作为【设置图片】于元件"HomeSiteImage"，【Default】的设置中选择【值】，填写"[[Item.HomeSiteImage]]"。

用例动作如图14-33所示。

图14-33

- 添加交互,绑定文本数据。继续上一步,添加动作【设置文本】于元件"HomeSiteName"为【值】"[[Item.HomeSiteName]]"。通过以上两步,完成了数据行与元件的数据绑定。

用例动作如图14-34所示。

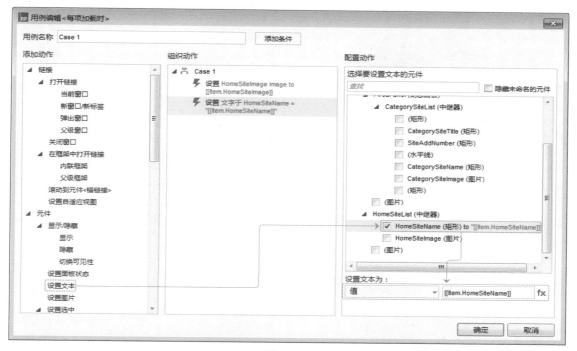

图14-34

● 设置样式。在样式设置中为中继器设置{布局}为【水平】方向，勾选【网格排布】复选框，设置{每排项目数}为"4"。{间距}设置中{行}与{列}的间距均设置为【24】(图14-35)。

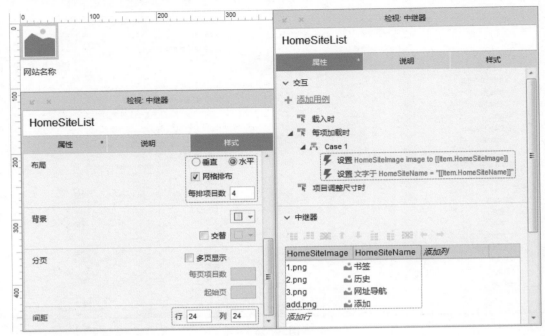

图 14-35

以上操作完成后，中继器"HomeSiteList"就能够正常在页面中呈现内容了（图 14-36）。

步骤 4 单击【添加】按钮时需要将界面切换到分类页面。需要回到页面中双击动态面板"PagePanel"，添加一个新的状态，将其命名为"Category"，并双击这个状态名称进入编辑界面（图 14-37）。

图 14-36

图 14-37

步骤5 在状态"Category"编辑界面的画布中放入一个图片元件，导入代替主页页面其他内容的图片，在快捷功能或样式设置中将图片的{宽度}与{高度}尺寸调整为360px×640px；然后，从元件库"IaxureTBG_V1.0"中找到元件"<"，拖入到画布，再放入一个文本标签到图标的后方，修改文字为"添加到主页"；最后，在画布中放入一个中继器，将其命名为"CategorySiteList"；双击中继器，进入这个中继器的编辑界面（图14-38）。

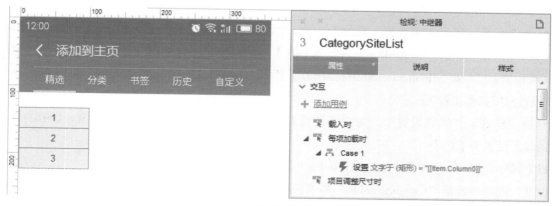

图14-38

步骤6 在中继器"CategorySiteList"的编辑界面中进行如下操作，完成中继器的基本设置（图14-39）。

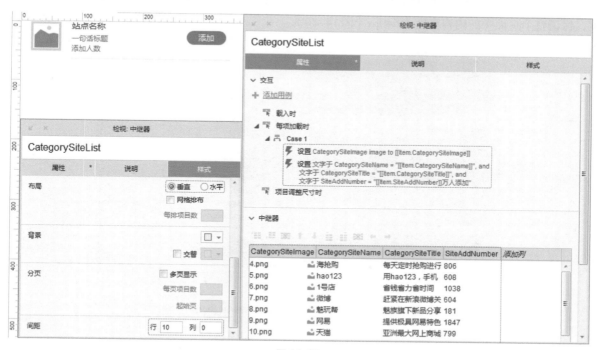

图14-39

- 制作模板。在画布中放入1个图片元件、3个文本标签、1个矩形按钮及1个水平线元件，组成模板内容；将图片元件命名为"CategorySiteImage"；将显示网站名称的文本标签命名为"CategorySiteName"；将显示网站标题的文本标签命名为"CategorySiteTitle"；将显示网站添加人数的文本标签命名为"SiteAddNumber"。
- 添加数据。在中继器的数据集中添加4列，分别命名为"CategorySiteImage""CategorySiteName"

"CategorySiteTitle"和"SiteAddNumber";在"HomeSiteImage"列中导入14个网站图标图片,在"Category-SiteName"列中填写网站名称;在"CategorySiteTitle"列中填写网站的一句话标题;在"SiteAddNumber"列中填写网站的添加人数。除图片以外的数据可以在Excel中编辑,然后复制并粘贴到数据集中。

● 添加交互,绑定图片数据。为中继器添加【每项加载时】的用例,设置动作为【设置图片】于元件"CategorySiteImag",{Default}的设置中选择【值】,填写"[[Item. CategorySiteImage]]"(动作设置参照操作步骤3)。

● 添加交互,绑定文字数据。继续上一步,添加动作【设置文本】于元件"CategorySiteName"、"CategorySiteTitle"和"SiteAddNumber"为【值】,分别填写"[[Item. CategorySiteName]]""[[Item. CategorySiteTitle]]"和"[[Item.SiteAddNumber]]万人添加"。通过这一步完成数据行与元件的数据绑定(动作设置参照操作步骤3)。

● 设置样式。在样式设置中,为中继器设置{布局}为默认的【垂直】方向不变;{间距}设置中{行}的间距设置为【10】。

以上操作完成后,中继器"CategorySiteList"就能够正常在页面中呈现内容了。

但是,此时中继器"CategorySiteList"所有的项都呈现在页面中。而我们需要的是这个中继器列表只在固定的区域内显示,可以通过上下拖动查看更多内容。所以,需要在中继器"CategorySiteList"上单击鼠标右键,在弹出的快捷菜单中选择【转换为动态面板】命令;然后,将这个动态面板命名为"AreaPanel",并且在动态面板的属性中设置{滚动条}为【自动显示垂直滚动条】;调整动态面板的高度,保证整个页面中的内容高度为640px(图14-40)。

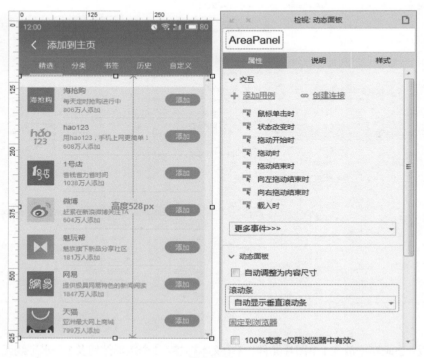

图14-40

另外,注意中继器"CategorySiteList"在动态面板"AreaPanel"中的坐标为{x}"0",{y}"23"(图14-41)。

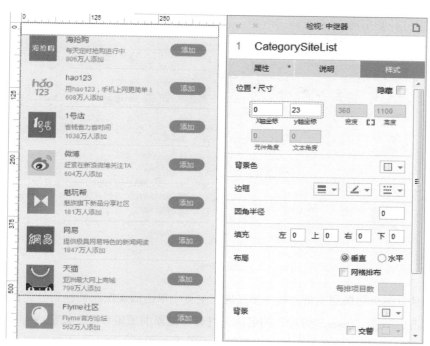

图 14-41

步骤 7 完成了动态面板 "PagePanel" 两个状态中的内容，添加主页与分类页切换的交互。为带有 "<" 图标的元件添加【鼠标单击时】的用例；设置动作为【设置面板状态】于动态面板 "PagePanel"；{选择状态}为 "Home"。

用例动作如图 14-42 所示。

图 14-42

交互事件如图14-43所示。

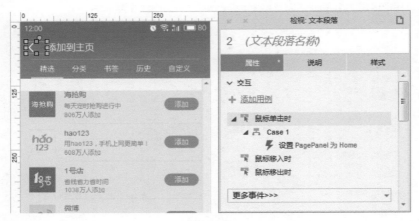

图14-43

步骤8　上一步是从分类页切换到主页，这一步完成在主页中单击添加按钮切换到分类页的交互。在概要面板中双击中继器"HomeSiteList"的名称，打开中继器的编辑界面。模板内容中只有1个图片和1个文本标签，如果直接在上面添加【鼠标单击时】的交互，那么在查看原型时，无论单击列表中的哪一项，都会切换到分类页。所以，这个交互是有条件要求的，只有当前项中文本标签"HomeSiteName"上的文字为"添加"时，才能执行切换到分类页的动作。为图片"HomeSiteImage"添加【鼠标单击时】的用例，设置条件判断为【元件文字】于"HomeSiteName"【==】【值】"添加"，添加满足条件时的动作为【设置面板状态】于动态面板"PagePanel"；设置{选择状态}为"Category"（动作设置参考操作步骤7）。

交互事件如图14-44所示。

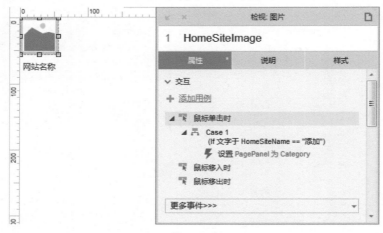

图14-44

步骤9　最后，设置添加常用网站到主页列表的交互。在概要面板中双击中继器"CategorySiteList"的名称，打开中继器的编辑界面。这里添加按钮会有变色的效果，并且单击添加按钮后，再次单击不会再次添加。可以在属性中设置添加按钮【禁用】时的交互样式，{字体颜色}为灰色，{填充颜色}为白色，{线宽}选择最细的线段，{线段颜色}也为灰色（图14-45）。

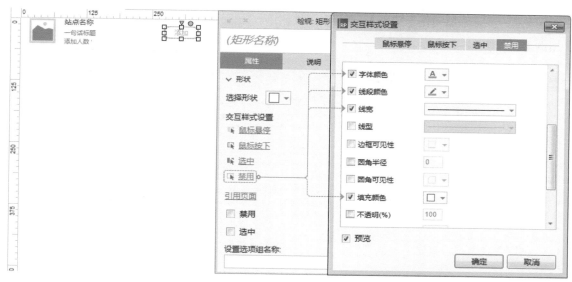

图 14-45

步骤10 为添加按钮添加【鼠标单击时】的用例，设置动作为【添加行】到中继器"HomeSiteList"，单击【添加行】按钮，打开添加行的编辑界面；在弹出的界面中将当前项所对应数据行中的网站图片"[[Item.CategorySiteImage]]"添加到"HomeSiteImage"列的单元格中；将所对应数据行中的网站图片"[[Item.CategorySiteName]]"添加到"HomeSiteName"列的单元格中；这一步就完成了将分类页中某一项的网站图片与名称添加到主页的常用网站列表中。

用例动作如图 14-46 所示。

图 14-46

步骤11 继续上一步，添加动作【禁用】"当前"元件。

用例动作如图14-47所示。

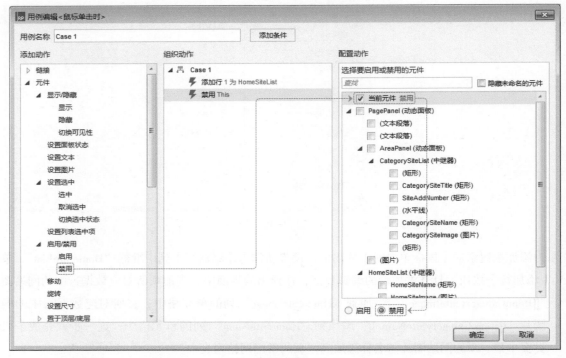

图14-47

交互事件如图14-48所示。

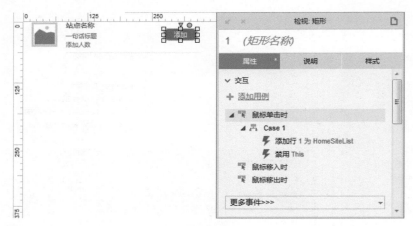

图14-48

老师，整个案例其实就是最后一步做了添加网站到主页的交互，前面都是在做准备呀！

是的，如果只是添加动作，设置方法就是这么简单。

特别说明

本书的随书资料中提供了与本案例有关的数据表格。

▶▶14.3 数据集——更新行

😊 老师，刚才的案例效果不完美呀！

😎 哪里不完美了？

😊 你看嘛！为什么添加图标跑到中间去了？不是应该在最后面吗（图14-49）？

😎 这个……好吧！是我忽略了！看我把它改过来。

图 14-49

（看不懂？
扫一扫）

案例57 手机端浏览器添加常用网站（下）

中继器数据集添加行时，并不能向中间插入数据行，只能在末尾添加数据行。如果想让【添加】按钮始终在最后一行，需要先修改最后一行为新的网站内容，然后，再添加一行用于显示【添加】按钮。

步骤1 在案例56的基础上，修改中继器"CategorySiteList"中【添加】按钮的用例；添加新的动作为【更新行】于中继器"HomeSiteList"，更新方式选择【条件】，{条件}中输入表达式"[[TargetItem.HomeSiteName== '添加']]"，表示要修改目标中继器数据行中"HomeSiteName"列的列值为"添加"的行；修改的内容在【选择列】下拉列表中选择"HomeSiteImage"和"HomeSiteName"；在下方的表格中输入这两个列新的列值为"[[Item.CategorySiteImage]]"和"[[Item.CategorySiteName]]"。最后，在组织动作列表中将编辑完成的【更新行】的动作拖动到顶部。这一步就完成了将中继器"HomeSiteList"的添加按钮图标与名称变更为新的常用网站图标与名称。

用例动作如图14-50所示。

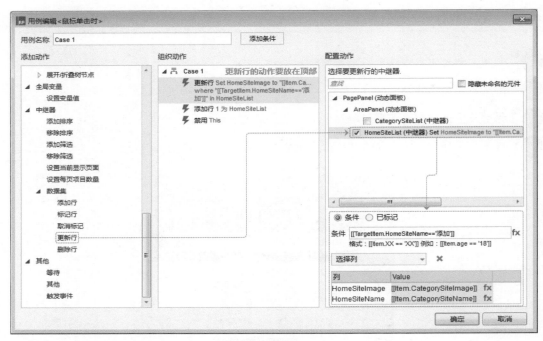

图 14-50

步骤 2 组织动作列表中单击【更新行】动作下方的【添加行】动作，然后，单击【添加行】按钮，更改其中的列值。虽然中继器数据集之间可以进行图片的传递（如网站的图标），但是在添加行时并不能直接为数据集的列值添加某张图片。所以，在添加行的编辑界面中，将"HomeSiteImage"列的列值留空，只为"HomeSiteName"列填写新的列值为"添加"。

用例动作如图 14-51 所示。

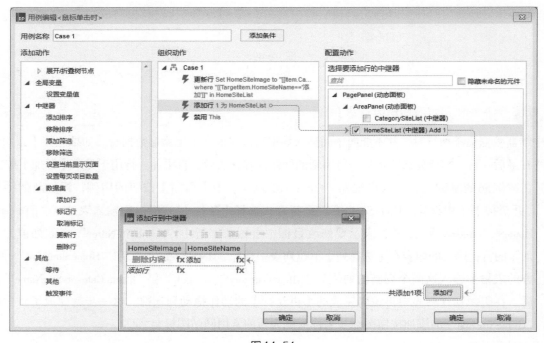

图 14-51

步骤3 前面添加了中继器"HomeSiteList"更新行的动作，在中继器内容被修改时，会触发中继器重新进行数据的加载。那么，可以在判断当前加载项的"HomeSiteName"列值为"添加"时，为添加按钮设置图标。为中继器"HomeSiteList"添加【每项加载时】的用例，设置条件判断【值】"[[Item.HomeSiteName]]"【==】【值】"添加"；添加满足条件时的动作为【设置图片】于元件"HomeSiteImage"，设置{Default}状态的【图片】为添加按钮的图标。这一步完成后，要在新添加的用例名称上单击鼠标右键，在弹出的快捷菜单中选择【切换为<If>或<Else If>】命令。用例动作如图14-52所示。

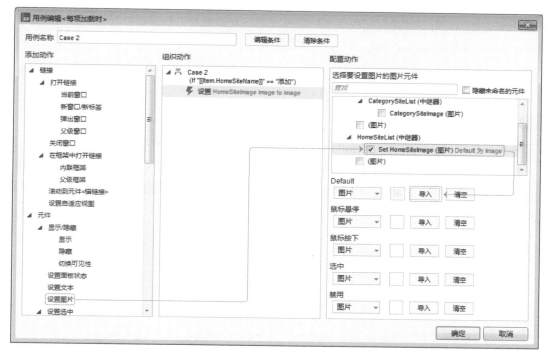

图14-52

交互事件如图14-53所示。

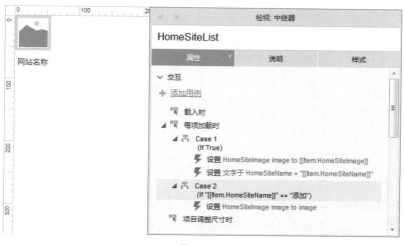

图14-53

这样做完就没有问题了吧？

嗯！还有点问题！

▶▶14.4　数据集——删除行

我觉得这种功能，有添加就会有删除！

嘿嘿！我本来就是马上要讲的。我们来看看怎么做删除主页图标的操作。这个手机浏览器可以通过长按任意一个图标，进入删除状态。删除状态会显示圆形图标的删除按钮。单击删除按钮时，就能够将这个常用网站从列表中删除。

（看不懂？扫一扫）

案例58 手机端浏览器删除常用网站（上）

步骤1 在概要面板中双击中继器"HomeSiteList"的名称，进入中继器的编辑界面；然后，从"Icons"元件库中找到删除形状的元件，拖入到画布中，调整为合适的尺寸，并命名为"DeleteButton"，并在快捷功能或者样式中勾选【隐藏】复选框，将其设置为默认隐藏的状态。最后，设置图标的{不透明}为"60"%（图14-54）。

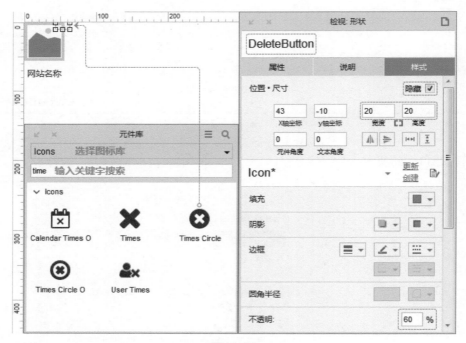

图14-54

步骤2 为图片元件"HomeSiteImage"添加【鼠标长按时】的用例，触发事件【鼠标长按时】在【更多事件】中选择；设置动作为【显示】删除按钮"DeleteButton"。

用例动作如图14-55所示。

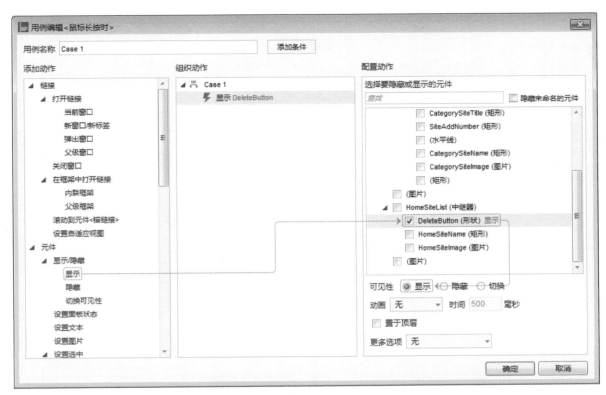

图 14-55

交互事件如图 14-56 所示。

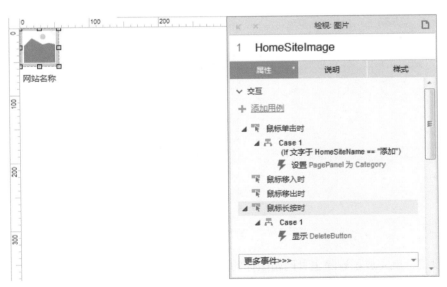

图 14-56

步骤 3 为删除按钮添加【鼠标单击时】的用例，设置动作为【删除行】于中继器 "HomeSiteList"，删除
目标选择【This】，即当前项所对应的数据行。

用例动作如图 14-57 所示。

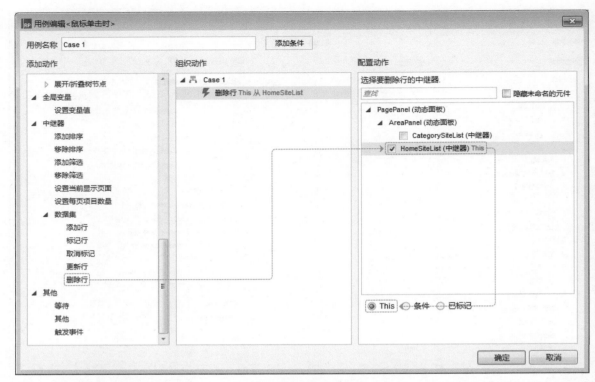

图 14-57

交互事件如图14-58所示。

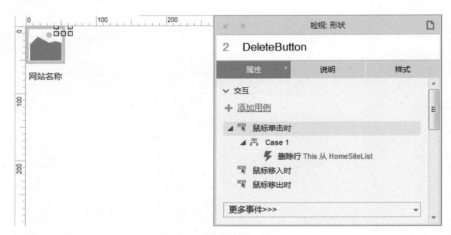

图 14-58

通过以上设置，就完成了删除主页网站图标的交互效果（图14-59）。

😊 这次做完就没有问题了吧?

😊 嗯！还是有点问题！现在只是完成了删除！被删除的网站在分类页的添加按钮是不是还应恢复启用呀?

😊 呃……，我太粗心了。你说得对！我把主页中删除网站图标时，分类页需要同步启用添加按钮的交互给忘了，我们来把它补上。

是需要删除按钮的删除动作之后，再添加一个启用添加按钮的动作吗？

这样不行。因为，直接启用添加按钮会把分类页列表中的所有添加按钮全部启用，而我们只想启用与被删除的网站相对应的添加按钮。

是哦！那么怎么做呀？

我们可以在中继器"CategorySiteList"中添加一列"IsAdded"，记录每一项的添加按钮是否已经被添加。在中继器的【每项加载时】根据对列值"IsAdded"的判断来启用或禁用按钮。这样只需要在单击【添加】按钮时，将记录修改为"True"，删除时将记录修改为"False"。

图14-59

案例59 手机端浏览器删除常用网站（下）

（看不懂？扫一扫）

步骤1 为双击中继器"CategorySiteList"数据集标题中的【添加列】，输入列名"IsAdded"，并将这一列所有的列值设置为"False"（图14-60）。

步骤2 将添加按钮命名为"AddButton"，然后，为按钮【鼠标单击时】的用例添加新的动作，【更新行】于中继器"CategorySiteList"，选择【This】单选按钮，对当前行进行修改，在【选择列】下拉列表框中选择"IsAdded"选项，然后设置列值为"True"。

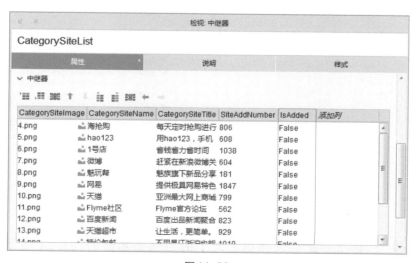

图14-60

用例动作如图14-61所示。

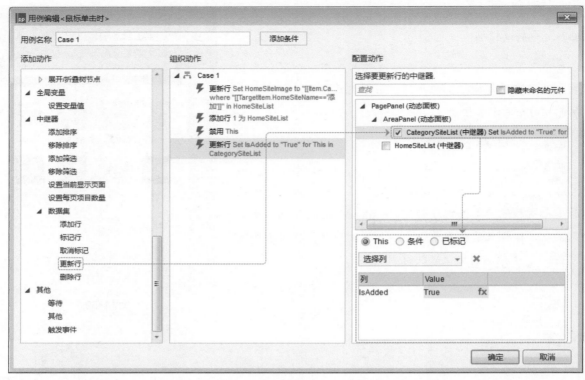

图 14-61

交互事件如图 14-62 所示。

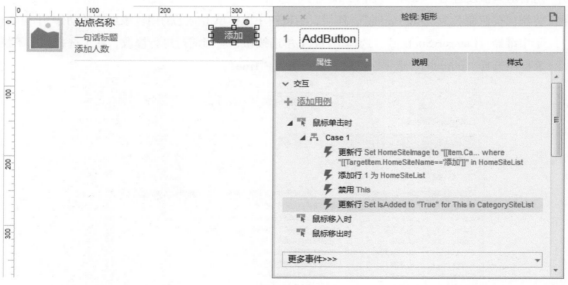

图 14-62

步骤 3　为删除按钮"DeleteButton"【鼠标单击时】的用例添加新的动作,【更新行】于中继器
　　　　"CategorySiteList",修改目标选择【条件】单选按钮,在【条件】文本框中输入"[[TargetItem.Category-
　　　　SiteName==Item.HomeSiteName]]",表示目标中继器数据行的网站名称与当前项所对应数据行的
　　　　网站名称一致才能够修改;在【选择列】下拉列表框中选择"IsAdded"选项,然后,设置列值

为"False"。这一步需要注意的是，需要在组织动作的列表中将新添加的动作【更新行】拖到顶部，否则，会因为先执行了【删除行】动作删除了当前项，导致表达式无效。

用例动作如图14-63所示。

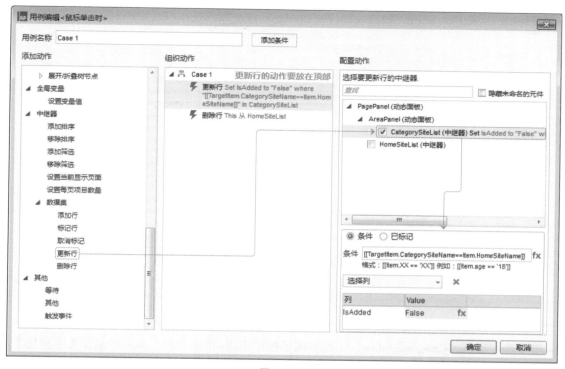

图14-63

交互事件如图14-64所示。

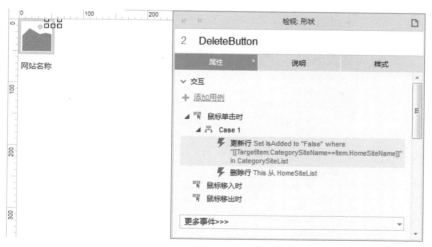

图14-64

步骤 4 为中继器"CategorySiteList"添加【每项加载时】的用例，设置条件【值】"[[Item.IsAdded]]"【==】【值】"True"；添加满足条件时的动作为【禁用】元件"AddButton"。这一步完成后，要在新添加的用例名称上单击鼠标右键，在弹出的快捷菜单中选择【切换为<If>或<Else If>】命令。

用例动作如图14-65所示。

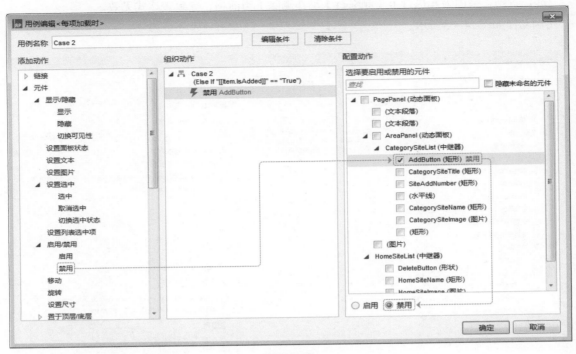

图 14-65

步骤 5 继续为中继器"CategorySiteList"添加不满足操作步骤4的条件时，执行的动作为【启用】元件"AddButton"（动作设置参考操作步骤4）。

交互事件如图14-66所示。

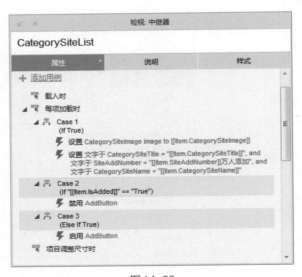

图 14-66

特别说明

本案例中没有删除行的动作，放在此处是因为内容上与案例58相关联。

▶▶ 14.5　数据集——标记行与取消标记行

老师，你看这种购物车中的商品列表是不是由中继器来实现的？

是的！这个典型的中继器应用嘛！

那购物车中的这种删除效果怎么做呢？就是选中一个或多个商品之后，单击【删除】按钮就能把选中的商品删除（图14-67）。

你见过拆迁的吧？

见过……但是这和拆迁有什么关系呢？

假如有一些房子，有的要拆，有的不要拆，会怎么做？

嗯……要拆的会在墙上写上"拆"字做标记？

对了。如果有许多房子，要拆掉其中的一部分，在拆除之

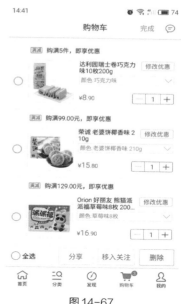

图14-67

前，要做标记，这样施工队才能知道把哪些房子拆掉。删除列表中的
商品项，就和拆迁很像，如果要删除某些项，最好把它们做好标记，删除的时候程序根据标记进行删除。

案例60 手机端购物车中的多项删除

（看不懂？扫一扫）

步骤1 在画布中放入代替页面其他内容的图片；再从"IaxureTBG_V1.0"元件库中找到圆形未选中的元件放入画布；然后，再向画布中放入文本标签和3个矩形按钮，双击元件修改上面的文字；最后，在画布中放入一个中继器元件，将其命名为"CartList"（图14-68）。

步骤2 制作模板。双击中继器"CartList"，进入中继器的编辑界面。在这个界面中，先创建商品列表的模板内容，并将元件进行命名（图14-69）。

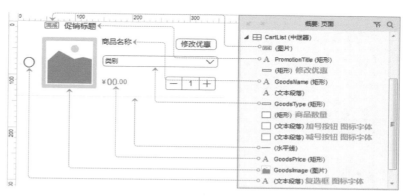

图14-69

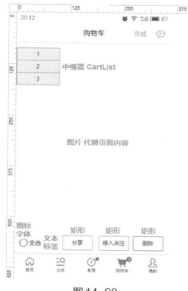

图14-68

需要注意的是，商品名称的元件需要在快捷功能或样式设置中设置固定的{宽度}与{高度}为130px×32px，{行间距}为16px（图14-70）。

步骤3 添加数据。在数据集中添加列，并修改列名，然后导入商品图片，添加文字数据（图14-71）。

图 14-70

图 14-71

步骤 4 添加交互，绑定商品图片。为中继器"CartList"添加【每项加载时】的用例，设置动作为【设置图片】于元件"GoodsImage"；{Default}的设置中选择【值】，在文本框中输入"[[Item.GoodsImage]]"。用例动作如图 14-72 所示。

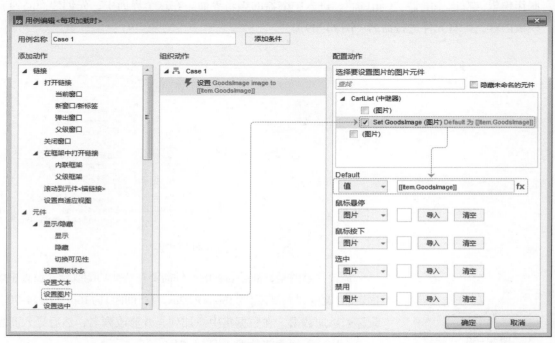

图 14-72

步骤5 添加交互，绑定文本数据。继续为中继器"CartList"添加【每项加载时】的用例，设置动作为【设置文本】于各个元件，具体内容如下。

● 设置元件"PromotionTitle"的文本为【值】"[[Item.PromotionTitle]]"。

用例动作如图14-73所示。

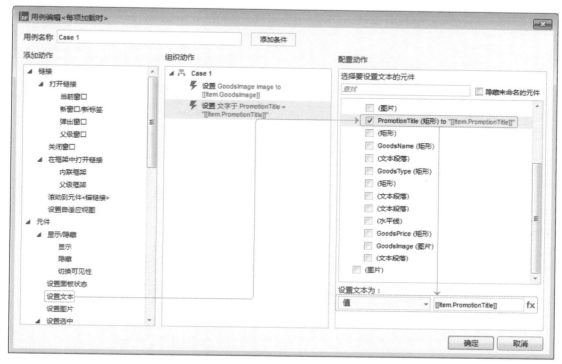

图14-73

● 设置元件"GoodsName"的文本为【值】"[[Item.GoodsName]]"。

用例动作如图14-74所示。

● 设置元件"GoodsType"的文本为【值】"[[Item.GoodsType]]"。

用例动作如图14-75所示。

● 设置元件"GoodsPrice"的文本为【富文本】，单击【编辑文本】按钮，打开文本编辑界面；在文本编辑界面的编辑区域中输入"￥[[Math.floor(Item.GoodsPrice)]][[Item.GoodsPrice.slice(-3)]]"，并编辑每一部分文本的样式。

用例动作如图14-76所示。

图14-74

图 14-75　　　　　　　　　　　　　　　　　　图 14-76

文本编辑如图 14-77 所示。

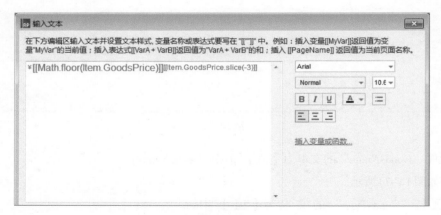

图 14-77

交互事件如图 14-78 所示。

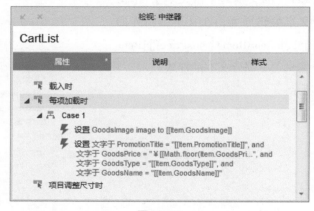

图 14-78

步骤6　商品名称的绑定还有另外一种情形，就是当字符个数超过24个时，余下的内容不在页面上显示
而是以"…"代替。继续为中继器"CartList"添加【每项加载时】的用例，设置条件判断【值】
""【>】【值】"24"，添加满足条件时的动作为【设置文本】于元件"GoodsName"为【值】
"[[Item.GoodsName.substr(0,24)]]…"；公式"[[Item.GoodsName.substr(0,24)]]…"表示从商品名称的
首个字符开始截取24个字符后与"…"连接到一起。

条件判断如图14-79所示。

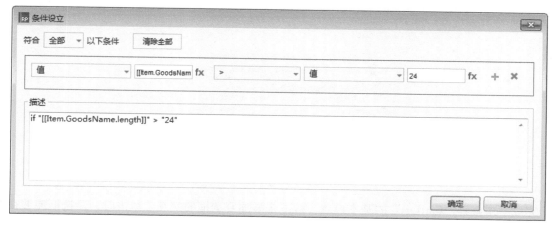

图14-79

用例动作如图14-80所示。

图14-80

交互事件如图14-81所示。

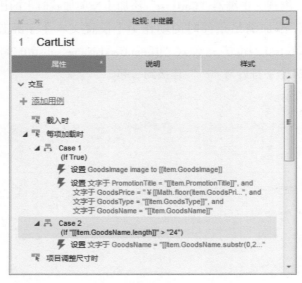

图14-81

步骤7 完成了中继器"CartList"的基本设置，接下来添加复选框的交互。单击时，复选框能够在选中和未选中两种状态之间切换。为复选框元件添加【鼠标单击时】的用例，设置动作为【切换选中状态】于"当前元件"。

用例动作如图14-82所示。

图14-82

步骤8 当复选框为选中状态时，需要显示红色的被选中样式，并且将当前项所对应的数据行进行标记。

从"IaxureTBG_V1.0"元件库中找到"●"元件拖入到画布中，将字号调整为"22"，字体颜色设置为红色，然后双击元件，复制里面的文字（图14-83）。然后，为复选框添加【选中时】

字号无法选择，可以直接输入。

图14-83

的用例，触发事件【选中时】在【更多事件】中选择；设置动作【设置文本】于"当前元件"为【富文本】，单击【编辑文本】按钮，打开文本编辑界面，将复制的文字粘贴到编辑区域中。

用例动作如图14-84所示。

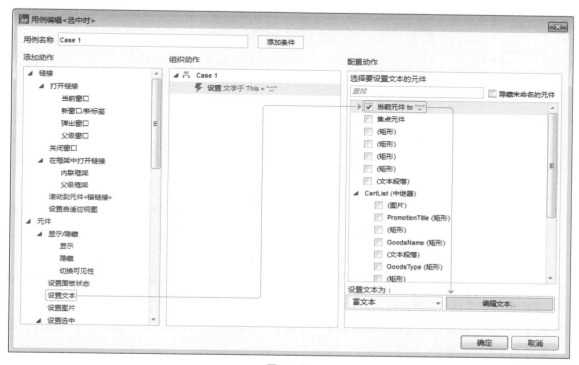

图14-84

文本编辑如图14-85所示。

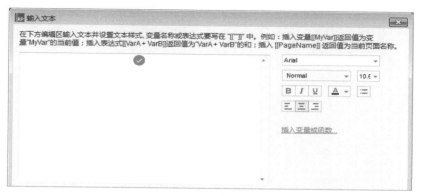

图14-85

步骤9 继续上一步，添加动作【标记行】于中继器"CartList"，目标选择"This"，即当前行。

用例动作如图14-86所示。

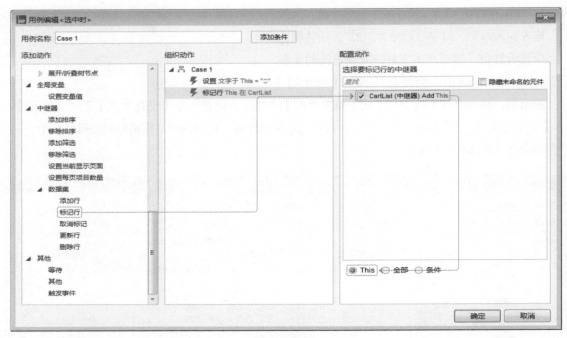

图 14-86

步骤10　当复选框处于取消选中状态时，需要显示黑色的未选中样式，并且将当前项所对应的数据行取消标记。双击页面中的复选框元件，复制里面的文字。然后，为复选框添加【取消选中时】的用例，触发事件【取消选中时】在【更多事件】中选择；设置动作【设置文本】于"当前元件"为【富文本】，单击【编辑文本】按钮，打开文本编辑界面，将复制的文字粘贴到编辑区域中（动作设置参考操作步骤 8）。

步骤11　继续上一步，添加动作【取消标记行】于中继器"CartList"，目标选择【This】，即当前行（动作设置参考操作步骤 9）。

交互事件如图 14-87 所示。

图 14-87

步骤12 最后，回到到页面中，为删除按钮添加【鼠标单击时】的用例，设置动作为【删除行】于中继器"CartList"，目标选择【已标记】。

用例动作如图14-88所示。

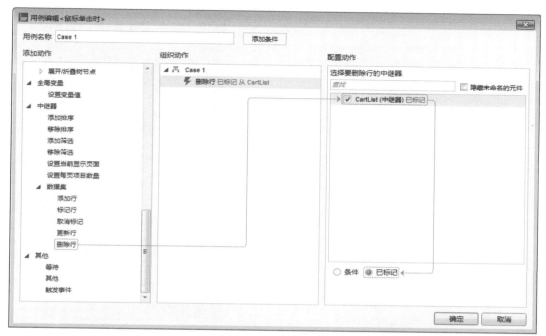

图14-88

交互事件如图14-89所示。

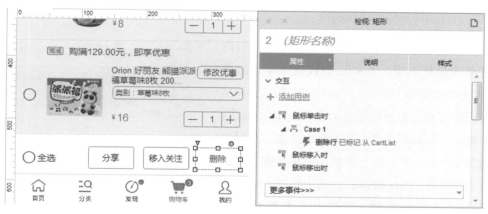

图14-89

老师，刚才那个我会了，你再帮我看看这种怎么做？

哪种？

刚才那个列表是编辑时的样式，非编辑状态是另外一种样子（图14-90）。

状态的切换，可以用动态面板！反正数据集内容差不多，把模板内容用动态面板做出两种样式就可以啦！

老师，我还没说完呢！在非编辑状态下，每一个商品项长按时都会弹出删除菜单，然后，单击删除菜单就会删除被长按的那一项（图 14-91）。

哦，这样呀！没问题，我们来把它实现！

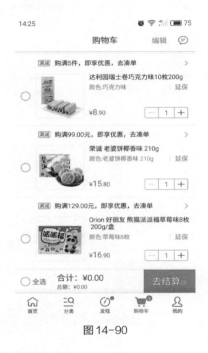

图 14-90

图 14-91

案例 61　手机端购物车中的单项删除

步骤 1　先完成案例 60 中内容的制作。全选模板的所有内容并单击鼠标右键，在弹出的快捷菜单中选择【转换为动态面板】命令；双击动态面板，在弹出的界面中将动态面板名称命名为 "TempletPanel"；选中状态 "State1"，单击【重复】按钮，复制出新的状态 "State2"，在上面单击鼠标右键，将状态名称修改为 "DefaultState"；选中状态 "State1"，在上面单击鼠标右键，选中状态名称修改为 "EditState"；选中状态 "DefaultState"，单击【上移】按钮，将其变为动态面板的首个状态，双击状态名称 "DefaultState" 进入状态编辑界面（图 14-92）。

图 14-92

特别说明

　　因为状态 "State2" 中的内容是复制出来的，与中继器的交互并无关联，所以，将其作为非编辑状态的内容，调整为动态面板的首个状态。

步骤2 在打开的状态编辑界面中修改的模板内容为非编辑状态的样式。为所有已命名的元件添加名称后缀"02",以免和状态"EditState"中的内容混淆（图14-93）。

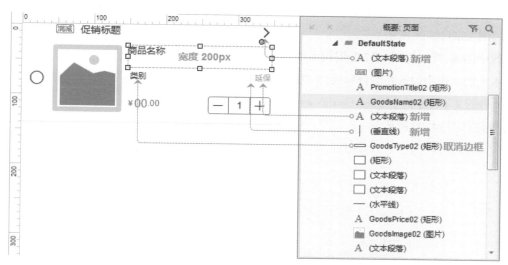

图14-93

步骤3 为默认状态的模板内容进行数据绑定。按由上至下的顺序修改中继器"CartList"第1个用例中的动作。具体修改内容如下。

● 在【设置图片】的动作中勾选新的目标元件"GoodsImage02"，{Default}的设置中选择【值】，在文本框中填入"[[Item.GoodsImage]]"。

用例动作如图14-94所示。

● 在【设置文本】的动作中，勾选新的目标元件"PromotionTitle02"，输入【值】为"[[Item.PromotionTitle]]，去凑单"。

用例动作如图14-95所示。

图14-94

图14-95

• 在【设置文本】的动作中继续勾选其他需要绑定文本数据的元件,输入【值】的内容,完成绑定数据的设置。【值】的内容可以从已有的设置中复制。

用例动作如图14-96所示。

步骤4 修改中继器"CartList"第2个用例中的动作。在【设置文本】的动作中勾选新的目标元件"GoodsName02",设置元件的文本为【值】"[[Item.GoodsName.substr(0,24)]]..."。

交互事件如图14-97所示。

图 14-96

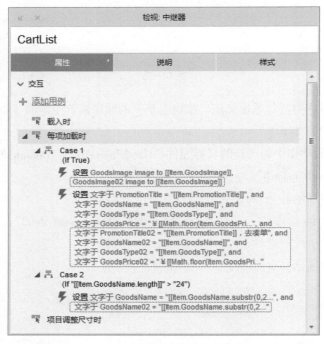

图14-97

步骤5 替换代替页面其他的图片,在页面右上角放入一个文本标签,双击修改文字为"编辑"。这个文本标签的文字可以在"编辑"与"完成"之间切换,这是两种状态,可以通过切换元件的选中状态,并在切换到相应的状态时改变元件的文字。先为文本标签添加交互,让它被单击的时候能够切换选中状态。为文本标签添加【鼠标单击时】的用例,设置动作为【切换选中状态】于"当前元件"。

用例动作如图14-98所示。

步骤6 为文本标签添加【选中时】的用例,触发事件【选中时】在【更多事件】中选择;设置动作为【设置文本】于"当前元件"为【值】"完成"。

用例动作如图14-99所示。

图 14-98

图 14-99

步骤7 继续上一步，添加动作【设置面板状态】于动态面板 "TempletPanel"，设置{选择状态}为
【EditState】。

用例动作如图14-100所示。

图14-100

步骤8 为文本标签添加【取消选中时】的用例，触发事件【取消选中时】在【更多事件】中选择；设置动作为【设置文本】于"当前元件"为【值】"编辑"（动作设置参考操作步骤6）。

步骤9 继续上一步，添加动作【设置面板状态】于动态面板"TempletPanel"，设置{选择状态}为【DefaultState】（动作设置参考操作步骤7）。

交互事件如图14-101所示。

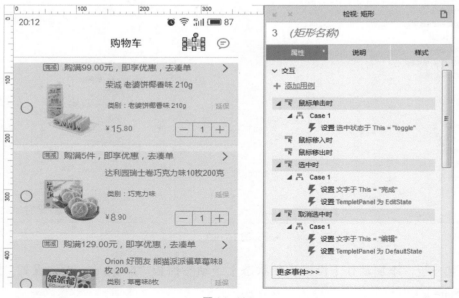

图14-101

步骤10 制作长按商品列表项时，弹出的带有删除按钮的面板；然后，全选与面板相关的元件，单击快捷功能中的组合按钮或者按 <Ctrl>+<G> 组合键将这些元件组合，并命名为"ActionsGroup"；最后在快捷功能或者组合的样式中勾选【隐藏】复选框将组合隐藏（图14-102）。

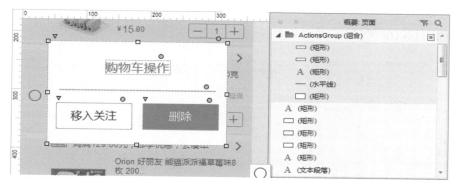

图 14-102

步骤11 为商品列表项添加长按时显示删除面板的交互。商品列表项包含多个元件，需要先将它们组合到一起。在概要面板中双击动态面板"TempletPanel"的"DefaultState"状态名称，打开状态的编辑区域，全选画布中的元件，通过快捷功能中的组合按钮或者按 <Ctrl>+<G> 组合键，将这些元件组合到一起，并命名为"ItemGroup"。

步骤12 在长按商品列表项时只能标记当前项的数据行，但用户可能会有长按过多个商品列表项的操作，所以，在标记当前项的数据行时，需要先取消之前已经被标记的数据行；为组合添加【鼠标长按时】的用例，【鼠标长按时】在交互设置的【更多事件】中选择；设置动作【取消标记行】于中继器"CartList"，目标选择【全部】。

用例动作如图14-103所示。

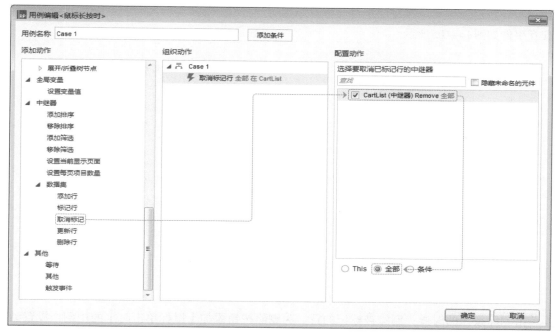

图 14-103

步骤13 继续上一步，添加动作【标记行】于中继器 "CartList"，目标选择【This】，即当前项的数据行（动作设置参照操作步骤12）。

步骤14 继续上一步，添加动作【显示】组合 "ActionsGroup"，在【更多选项】下拉列表框中选择【灯箱效果】选项。

用例动作如图14-104所示。

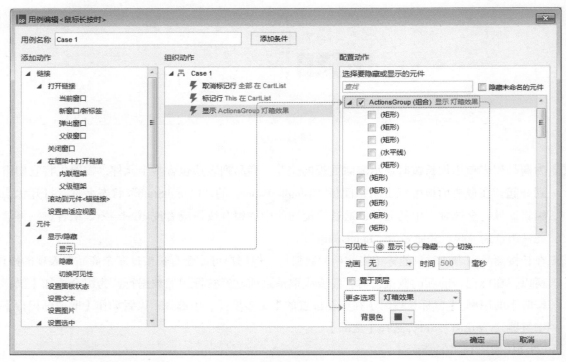

图14-104

交互事件如图14-105所示。

图14-105

步骤15 单击删除按钮的时候，删除被标记的行。为删除按钮添加【鼠标单击时】的用例，设置动作为【删除行】于中继器 "CartList"，目标选择【已标记】。

用例动作如图14-106所示。

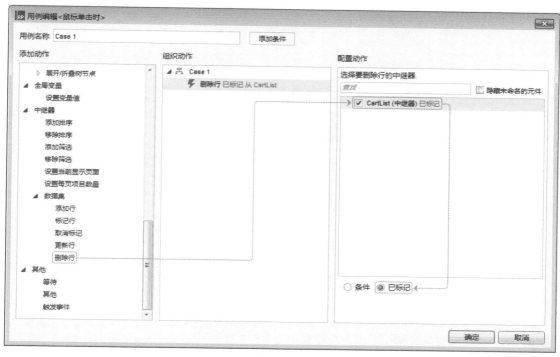

图14-106

步骤16 删除商品列表项后，要隐藏删除面板。继续上一步，添加动作【隐藏】组合"ActionsGroup"。
用例动作如图14-107所示。

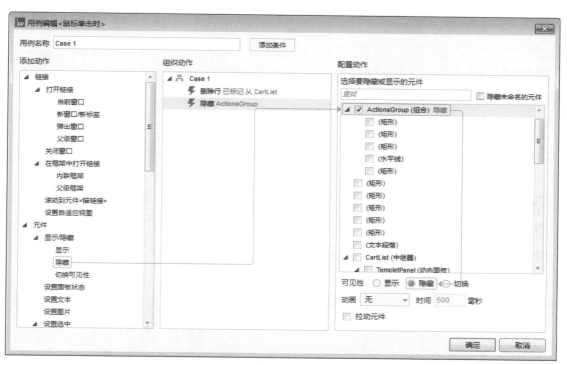

图14-107

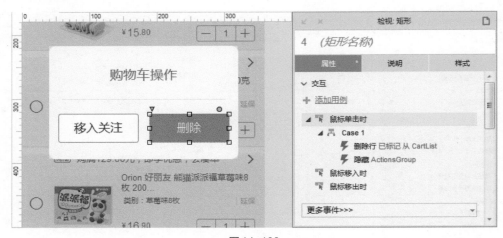

交互事件如图 14-108 所示。

图 14-108

▶▶14.6　项目列表——排序

老师，中继器对于新手来说，真的有些复杂呀！

是的。不过凡事都是熟能生巧，多练习就好啦！

老师，你再给我多举些例子吧！

……我想静静！

到！楼主，我在呢！

……！你这反映也太快了吧！

哈哈，因为我一直在偷学呀！而且，我也想问些问题呀！

哦，你有什么问题呢？

楼主，我看见动作列表中除了数据集的动作，还有中继器的动作！像排序和筛选什么的！你给我讲讲呗！

你看到我之前给 Annie 做的商品列表了吧？

嗯！看到了！

一般在这个种页面中都有一些排序功能。比如默认不排序、按价格升序排序、按价格降序排序以及按销量降序排序。这几种排序做个案例给你看（图 14-109）。

图 14-109

好的！小楼老师，这个案例太有代表性了。

先别激动，这里需要注意一个细节，各种排序的按钮单击时，有选中的样式，然后，会有唯一一项变色的交互效果。这需要用选项组来实现。选项组你懂吗？

我懂！你给冰炫讲那个选择饮品的案例就是唯一选项选中效果。

你还真的是偷学很久了。

（看不懂？扫一扫）

案例62　**手机端商品列表的价格排序**

步骤1　在案例55的基础上，添加一个矩形作为功能栏的背景；然后，添加多个文本标签作为功能栏的按钮。各个排序按钮在选择后，会改变文字的颜色，并且，各种排序按钮只有当前选择的会改变颜色。所以，需要为所有的排序按钮在属性中设置【选中】时的交互样式，并在【设置选项组名称】中输入"Sort"（图14-110）。

图14-110

步骤2　在单击"销量优先"按钮时，按钮文字颜色为选中后的颜色，并且需要按销量由高到低进行降序排列商品项。为"销量优先"按钮添加【鼠标单击时】的用例，设置第1个动作为【选中】"当前元件"。

用例动作如图14-111所示。

步骤3　继续上一步，添加动作【添加排序】于中继器"GoodsList"；排序{名称}为"SalesSort"；{属性}选择"Sales"列；{排序类型}选择【Number】；{顺序}选择【降序】。

用例动作如图14-112所示。

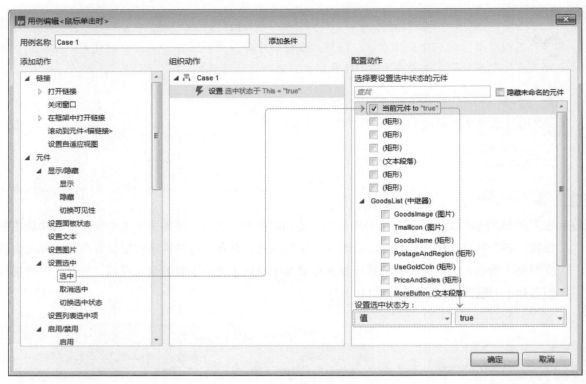

图 14-111

图 14-112

交互事件如图 14-113 所示。

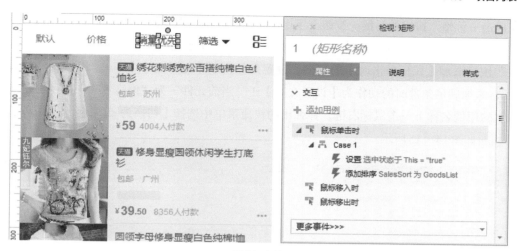

图 14-113

步骤4 在单击"价格"按钮时，按钮文字颜色为选中后的颜色，并且需要将商品列表按价格进行升序与降序的切换；根据用户的习惯，一般把第一次的价格排序设置为升序，即由低到高进行排序。为"价格"按钮添加【鼠标单击时】的用例，设置第1个动作为【选中】"当前元件"（动作设置参考操作步骤2）。

步骤5 继续上一步，添加动作【添加排序】于中继器"GoodsList"；排序{名称}为"PriceSort"；{属性}选择"Price"列；{排序类型}选择【Number】；{顺序}选择【切换】，{默认}选择【升序】。用例动作如图14-114所示。

图 14-114

步骤6 在单击"价格"按钮的时候，按钮文字也需要发生改变，当文字为"价格"或"价格▼"时，需要将文字改变为"价格▲"，而文字为"价格▲"时，需要将文字改变为"价格▼"。继续为"价格"按钮添加【鼠标单击时】的用例，设置条件判断【元件文字】于"当前元件"【==】"价格▲"，添加满足条件时的动作为【设置文本】于"当前元件"为"价格▼"。这一步完成后，在新添加的用例名称上单击鼠标右键，在弹出的快捷菜单中选择【切换为<If>或<Else If>】命令。条件判断如图14–115所示。

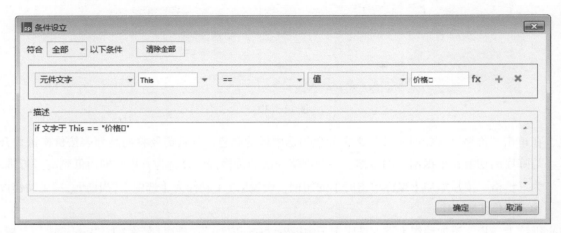

图14–115

用例动作如图14–116所示。

图14–116

特别说明

　　图标字体在用例、条件的编辑界面中无法正常显示，但不影响交互结果。图标字体可以通过双击图标字体元件，复制元件中的内容，粘贴到编辑界面中。

步骤7 继续为"价格"按钮添加【鼠标单击时】的用例，设置不满足操作步骤6的条件时，执行的动作为【设置文本】，选择要设置文本的元件为"当前元件"，设置文本的值为"价格▲"（动作设置参考操作步骤6）。

步骤8 当进行其他类型的排序时，"价格"按钮的文字需要恢复为"价格"。为"价格"按钮添加【取消选中时】的用例，在【更多事件】中选择触发事件【选中时】；设置动作为【设置文本】，选择要设置文本的元件为"当前元件"，设置文本的值为"价格"（动作设置参考操作步骤6）。

　　交互事件如图14-117所示。

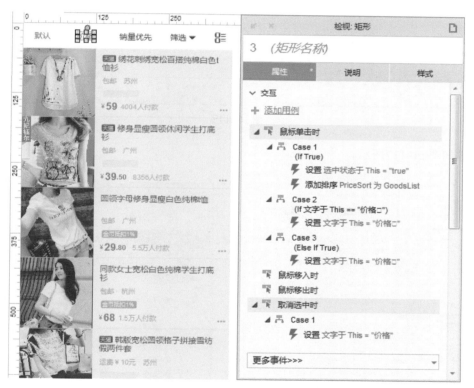

图14-117

步骤9 在单击【默认】按钮时，按钮文字颜色为选中后的颜色，并且将商品项的排列顺序恢复为未排序时的顺序。为"默认"按钮添加【鼠标单击时】的用例，设置第1个动作为【选中】"当前元件"（动作设置参考操作步骤2）。

步骤10 继续上一步，添加动作【移除排序】于中继器"GoodsList"，勾选【移除全部排序】复选框。

　　用例动作如图14-118所示。

图14-118

交互事件如图14-119所示。

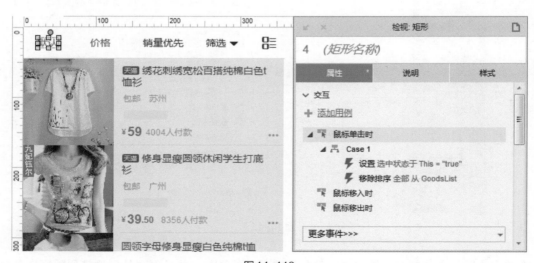

图14-119

楼主，我看排序的类型除了"Number"，还有其他几种，都有什么作用呢?

"Number"表示数值，如价格、数量都是这种类型;"Text"表示文本，主要是指英文，不支持中文;"Text（Case Sensitive）"表示文本，同时区分文本的大小写;其他两种为日期类型，能够对指定格式的日期进行排序，例如，2016-06-08和06/08/2016。

哦，我明白啦！谢谢楼主！

▶▶14.7 项目列表——筛选

楼主，刚才的案例中有个筛选按钮吧？

你就直说想知道怎么做筛选嘛！

嘿嘿！那就不好意思啦！

我用一些案例给你讲吧！筛选一般是在搜索结果中进行筛选，我先给你讲个模糊搜索的功能。

（看不懂？扫一扫）

案例63 手机端商品列表按名称搜索

步骤1 在案例62的基础上，在页面顶部添加搜索栏。搜索栏由3个矩形和1个文本框组成。将文本框命名为"SearchKeyInput"，在元件属性中为文本框添加{提示文字}"请输入商品名称的关键字"，并勾选【隐藏边框】复选框（图14-120）。

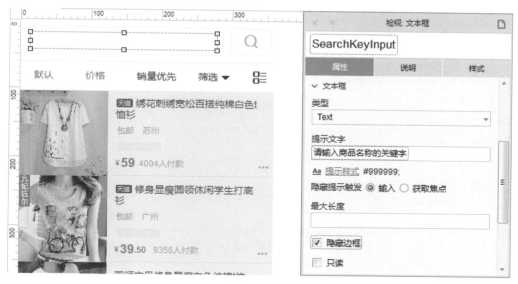

图14-120

步骤2 为搜索按钮添加【鼠标单击时】的用例，设置动作为【添加筛选】于中继器"GoodsList"，筛选{名称}为"SearchKey"，单击{条件}输入框后的"fx"按钮，打开编辑值的界面。

用例动作如图14-121所示。

步骤3 在编辑值的界面中创建局部变量"key"，获取文本框"SearchKeyInput"的【元件文字】，将局部变量写入条件表达式中。最终的条件表达式内容为"[[Item.GoodsName.indexOf(key) > –1]]"。

变量设置如图14-122所示。

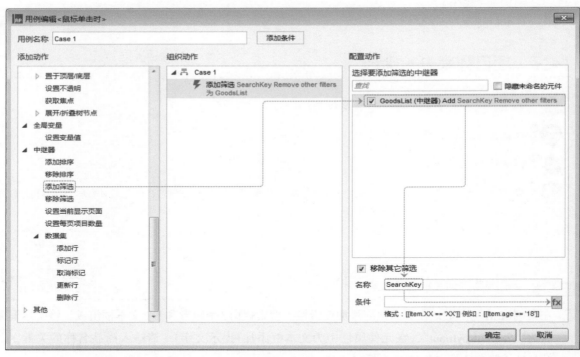

图 14-121

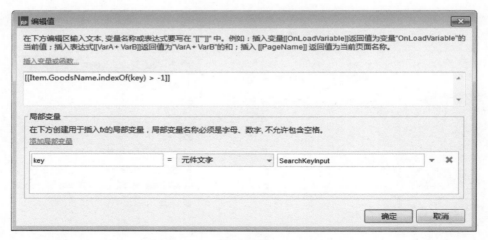

图 14-122

交互事件如图 14-123 所示。

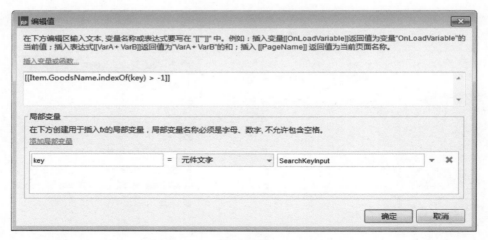楼主！那个条件表达式我看不太懂呀！为什么是大于-1呢？

搜索的时候，搜索结果中的商品名称都应该包含输入的关键字对吗？

对呀！

那也就是说，如果使用函数"indexOf()"从每一个商品项的名称查询关键字，都能查到这个关键字的位置对吗？

哦！我知道了！如果从商品名称中查不到关键字，函数"indexOf()"的返回值是"-1"；而只要能够从商品名称中查到关键字，返回值都是0和0以上的数值。所以，如果使用函数"indexOf()"

从商品名称中查询关键字，查到的位置大于−1的话，就说明商品名称包含了关键字，符合搜索条件，程序就会把这一项显示在搜索结果中。

图 14-123

 是的！接下来，我们来做更多的筛选。

 （看不懂？扫一扫）

案例64 手机端商品列表按价格区间筛选

步骤1 在案例62的基础上添加多个元件做成筛选的功能面板，并通过单击快捷功能中的组合按钮或<Ctrl>+<G>组合键，将这些元件组合到一起，并将组合命名为"FilterBarGroup"；然后，通过在快捷功能或者样式设置中勾选【隐藏】选项，将组合设置为默认隐藏的状态。将两个输入筛选价格的文本框命名为"MinPriceInput"和"MaxPriceInput"；设置两个文本框的填充颜色为灰色，并在属性设置中勾选【隐藏边框】复选框；最后，将筛选按钮命名为"FilterButton"（图14-124）。

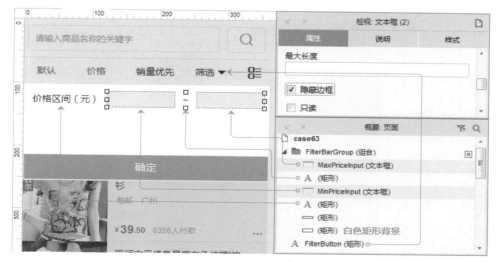

图 14-124

步骤2 单击【筛选】按钮时，能够显示或隐藏筛选的功能面板，【筛选】按钮的文字也会有相应的改变。这是两种不同的状态，可以通过切换筛选按钮的选中状态，并在选中和取消选中时，设置相应的交互来实现。为【筛选】按钮添加【鼠标单击时】的用例，设置动作为【切换选中状态】于"当前元件"。

用例动作如图14–125所示。

图 14-125

步骤 3 为筛选按钮添加【选中时】的用例，触发事件【选中时】在【更多事件】中选择；设置动作为【设置文字】于"当前元件"为【值】"筛选 ▲"。

用例动作如图14–126所示。

图 14-126

步骤4 继续上一步，添加动作【显示】组合"FilterBarGroup"，将{动画}设置为【向下滑动】，将{时间}设置为"500"毫秒。

用例动作如图14-127所示。

图14-127

步骤5 为【筛选】按钮添加【取消选中时】的用例，触发事件【取消选中时】在【更多事件】中选择；设置动作为【设置文字】于"当前元件"为【值】"筛选▼"（动作设置参考操作步骤3）。

步骤6 继续上一步，添加动作【隐藏】组合"FilterBarGroup"；这一步无须设置{动画}（动作设置参考操作步骤4）。

交互事件如图14-128所示。

图14-128

步骤7 单击【确定】按钮，对商品列表进行筛选，这个交互包含 3 种不同的筛选情形。

● 最小价格与最大价格都进行输入时，筛选出所有大于等于最小价格并且小于等于最大价格的商品项。

● 只输入最小价格，筛选出所有大于等于最小价格的商品项。

● 只输入最大价格，筛选出所有小于等于最大价格的商品项。

为【确定】按钮添加【鼠标单击时】的用例，设置第 1 个条件判断【元件文字】于"MinPriceInput"【!=】【值】""（空值）；然后，单击加号按钮设置第 2 个条件判断【元件文字】于"MaxPriceInput"【!=】【值】""（空值）；添加满足以上全部条件时的动作为【添加筛选】于中继器"GoodsList"，筛选{名称}为"FilterPrcie01"，单击{条件}输入框后方的"fx"按钮，打开编辑值的界面。

条件判断如图 14-129 所示。

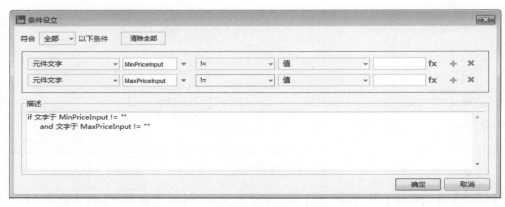

图 14-129

用例动作如图 14-130 所示。

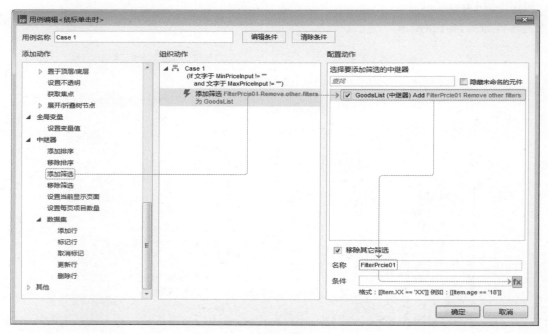

图 14-130

步骤8 在编辑值的界面中分别创建局部变量 "min" 和 "max"，获取文本框 "MinPriceInput" 和 "MaxPrice-Input" 的【元件文字】，将局部变量写入条件表达式中。最终的条件表达式内容为 "[[Item.Price >= min && Item.Price <= max]]"。

变量设置如图 14–131 所示。

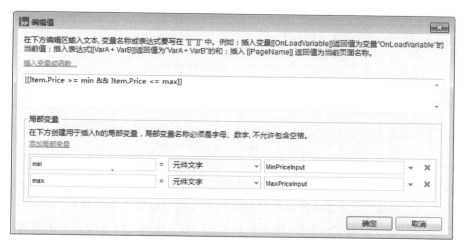

图 14-131

步骤9 继续为【确定】按钮添加【鼠标单击时】的用例，设置条件判断【元件文字】于 "MinPriceInput" 【!=】【值】 "" （空值）；添加满足条件时的动作为【添加筛选】于中继器 "GoodsList"，筛选{名称}为 "FilterPrcie02"，单击{条件}输入框后方的 "fx" 按钮，打开编辑值的界面（动作设置参考操作步骤7）。

条件判断如图 14–132 所示。

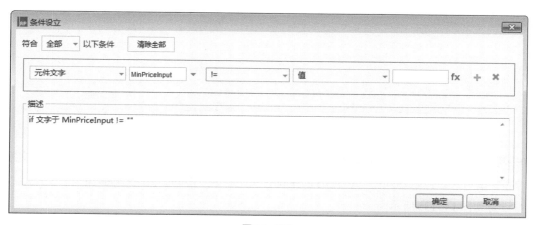

图 14-132

步骤10 在编辑值的界面中分别创建局部变量 "min"，获取文本框 "MinPriceInput" 的【元件文字】，将局部变量写入条件表达式中。最终的条件表达式内容为 "[[Item.Price >= min]]"。

变量设置如图 14–133 所示。

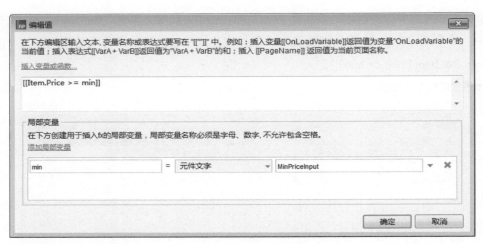

图 14-133

步骤11 继续为【确定】按钮添加【鼠标单击时】的用例，设置条件判断【元件文字】于 "MaxPriceInput"【!=】【值】""（空值）；添加满足条件时的动作为【添加筛选】于中继器 "GoodsList"，筛选{名称}为 "FilterPrcie03"，单击{条件}输入框后方的 "fx" 按钮，打开编辑值的界面（动作设置参考操作步骤7）。

条件判断如图 14-134 所示。

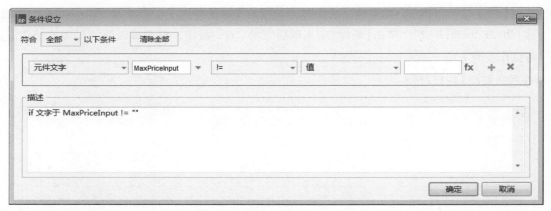

图 14-134

步骤12 在编辑值的界面中分别创建局部变量 "max"，获取文本框 "MaxPriceInput" 的【元件文字】，将局部变量写入条件表达式中。最终的条件表达式内容为 "[[Item.Price <= max]]"。

变量设置如图 14-135 所示。

步骤13 单击【确定】按钮时，除了进行筛选的交互，还需要将筛选按钮恢复原状，并隐藏筛选中能面板。继续为【确定】按钮添加【鼠标单击时】的用例，设置动作为【取消选中】元件 "FilterButton"。这一步完成后，要在新添加的用例名称上单击鼠标右键，在弹出的快捷菜单中选择【切换为<If>或<Else If>】命令。

用例动作如图 14-136 所示。

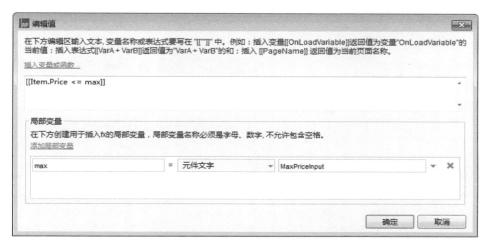

图 14-135

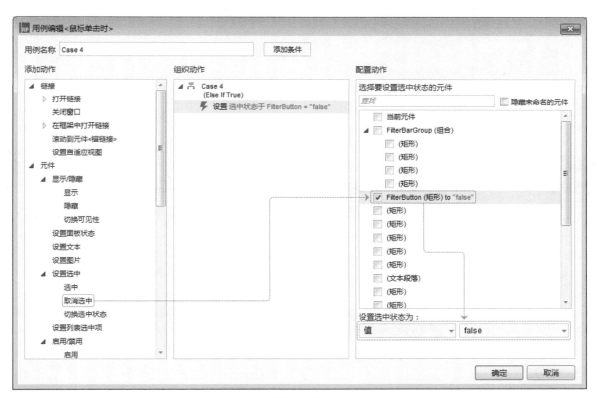

图 14-136

交互事件如图 14-137 所示。

楼主，筛选功能面板中不会就一项筛选功能吧？

当然不止一个，筛选功能面板怎么会那么空，一般都要插入好多东西，填的满满的才对！然后，筛选的时候可以进行多条件同时筛选。不过，做太多也都是一个意思，我就再加一个仅显示天猫商品的筛选示范一下就行了。

图 14-137

（看不懂？
扫一扫）

案例 65　**手机端商品列表多条件筛选**

步骤 1　在案例 64 的基础上进行编辑。在概要面板中选中组合 "FilterBarGroup" 中的任意一个元件，让组合变为高亮显示的状态，然后，拖入一个复选框到筛选功能面板的组合中，将复选框命名为 "OnlyTmall"（图 14-138）。

图 14-138

步骤 2　继续为【确定】按钮添加【鼠标单击时】的用例，设置条件判断【选中状态】于 "OnlyTmall"【==】【值】{ true }；添加满足条件时的动作为【添加筛选】于中继器 "GoodsList"，筛选 {名称} 为 "FilterPrcie04"，{条件} 输入 "[[Item.TmallIcon=='yes']]"。这样就能够把中继器数据集中 "Item.TmallIcon" 列的列值为 "'yes'" 的筛选出来。这一步完成后，要在新添加的用例名称上单击鼠标右键，在弹出的快捷菜单中选择【切换为<If>或<Else If>】命令。

条件判断如图14-139所示。

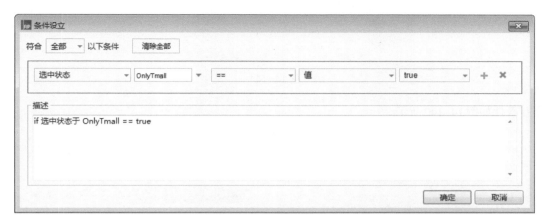

图14-139

用例动作如图14-140所示。

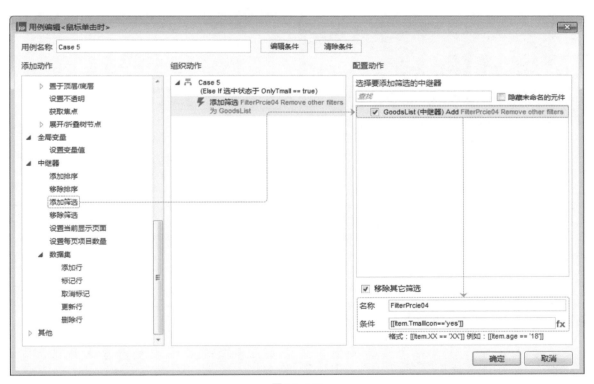

图14-140

楼主，不对呀！筛选结果是错的！

不会吧？

我试好几遍了，楼主。每次都能筛选出天猫的商品项，但是价格区间的筛选好像失效了。

哦，找到问题了！是软件自动把之前添加的筛选取消了。我刚才没太注意Axure RP 8.0多出来的这个选项，取消勾选【移除其他筛选】复选框，就可以叠加筛选了（图 14-141）。

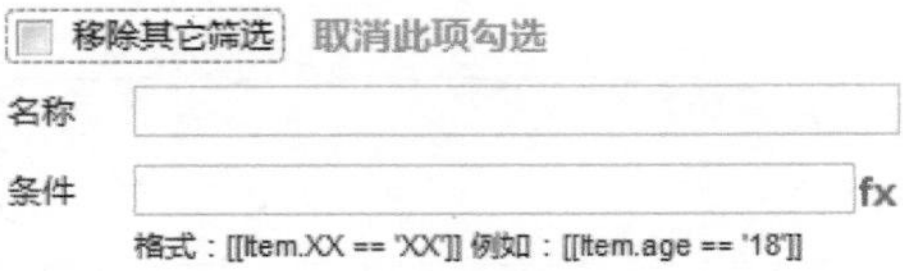

图 14-141

交互事件如图 14-142 所示。

图 14-142

▶▶14.8　中继器的属性

🙋 老师，您现在有空吗？

😀 嗯，有什么问题？

🙋 中继器中的选项组效果怎么实现呀？比如多个列表项中的某个元件，只有一个列表项中的能够变成选中状态，其他的都恢复原状。

🐵 中继器是把一个模板的内容重复成多个列表项，如果每一项与其他项的选中互斥，只需在模板中给相应的内容在元件属性中设置选项组名称就可以了。这样重复出来的内容就都带有相同的选项组名称，形成唯一选中的效果。

要是列表项中多个元件或者整个列表项的选中状态与其他列表项互斥，需要怎么做呢？

那就把整个模板的内容全选，进行组合或者转换为动态面板。然后，给组合或者动态面板设置选项组名称就可以了。

老师，不好意思，我对 Axure 的使用还不是很熟练。能麻烦你给我做一下演示吗？比如这个音乐播放列表的交互效果（图 14-143）。

好的！我亲自做一遍给你看，你就明白啦！

歌曲(6)	演唱者	专辑
ⅰ 最真的梦 (▸) 漫游相似歌曲	周华健	最真的梦
2　当我遇上你	刘德华	心蓝
3　爱相随	周华健	爱相随
4　我是一只鱼	任贤齐	爱像太平洋
5　爱一直存在	梁文音	爱，一直存在
6　你好陌生人	任然	你好陌生人

图 14-143

（看不懂？
扫一扫）

案例 66 ▶ 项目列表中单项选中的效果

步骤1　歌曲列表的表头由文本标签和水平线组成，将文本标签修改成相应的文字（图 14-144）。

图 14-144

步骤2　列表的内容使用中继器实现。在画布中放入一个中继器，将其命名为"PlayList"；然后，双击中继器，进入中继器的编辑界面，完成中继器的基本设置。

● 制作模板。在画布中放入 1 个矩形、2 个图片元件和 3 个文本标签组成模板内容，并进行如下设置。

■ 将第 1 个图片元件命名为"PlayIcon"，导入表示正在播放状态的图标，在快捷功能或样式中勾选【隐藏】选项，将图片设置为默认隐藏的状态（图 14-145）。

■ 将第 2 个图片元件命名为"Roam"，导入漫游歌曲的按钮图片，在图片上单击鼠标右键，在弹出的快捷菜单中选择【编辑文字】命令，为图片添加文字，并且在样式中设置{字体}颜色为白色，{对齐}为右对齐，右侧的{填充}为"10"px，然后，勾选【隐藏】选项，将图片设置为默认隐藏的状态（图 14-145）。

■ 将文本标签分别命名为"SongName""Singer"和"Album"，显示歌曲名称、歌手及专辑的文字信息（图14-145）。

　　■ 矩形作为列表项的背景，将其命名为"ItemBackground"；样式设置中只保留矩形的底部边框，并将边框颜色设置为浅灰色（图14-145）。

　　■ 全选所有元件，通过快捷功能中的组合按钮或者<Ctrl>+<G>组合键进行组合，将组合命名为"ItemGroup"（图14-145）。

　　■ 矩形选中时能够改变颜色，需要在元件的属性中设置【选中】时的{填充颜色}为浅灰色（图14-146）。

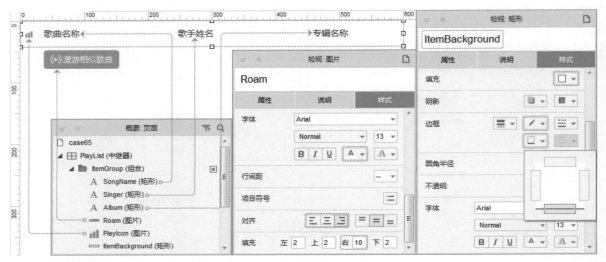

图14-145

图14-146

　　● 添加数据。在中继器的数据集中添加3列，列名分别为"SongName""Singer"和"Album"，存储歌曲名称、歌手及专辑的文字信息（图14-147）。

　　● 添加交互。为中继器添加【每项加载时】的用例，设置动作为【设置文本】于元件"SongName""Singer"和"Album"为【值】"[[Item.SongName]]""[[Item.Singer]]"和"[[Item.Album]]"。通过这一步完成数据行与元件的数据绑定。

图 14-147

用例动作如图 14-148 所示。

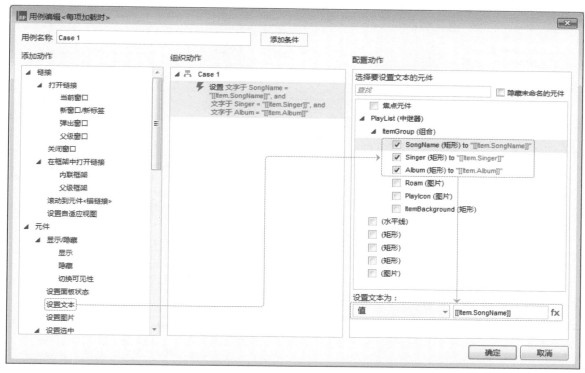

图 14-148

步骤3 双击列表项时，列表项被选中。为组合"ItemGroup"在属性中{设置选项组名称}为"Rows"，然后，添加【鼠标双击时】的用例，设置动作为【选中】"当前元件"。

用例动作如图 14-149 所示。

交互事件如图 14-150 所示。

步骤4 组合被选中，组合中的元件全部被选中，选中时需要为各个元件添加交互。

● 列表项被选中时，背景矩形尺寸高度增加。为背景矩形"ItemBackground"添加【选中时】的用例，触发事件【选中时】在【更多事件】中选择；设置动作为【设置尺寸】于"当前元件"为{宽}"600"{高}"84"；

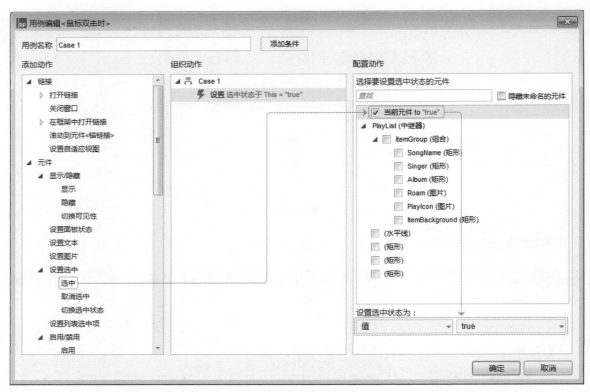

图 14-149

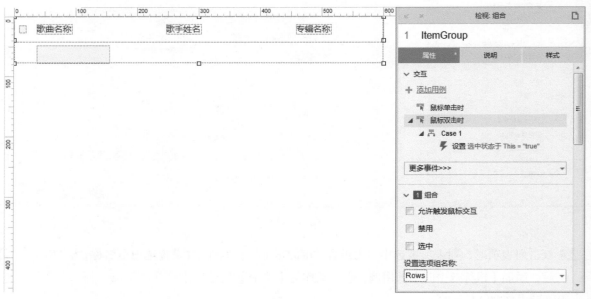

图 14-150

用例动作如图 14-151 所示。

● 列表项取消选中时，背景矩形尺寸恢复原有高度。为背景矩形 "ItemBackground" 添加【取消选中时】的用例，触发事件【取消选中时】在【更多事件】中选择；设置动作为【设置尺寸】于 "当前元件" 为 { 宽 } "600" { 高 } "42" （动作设置参考上一步）。

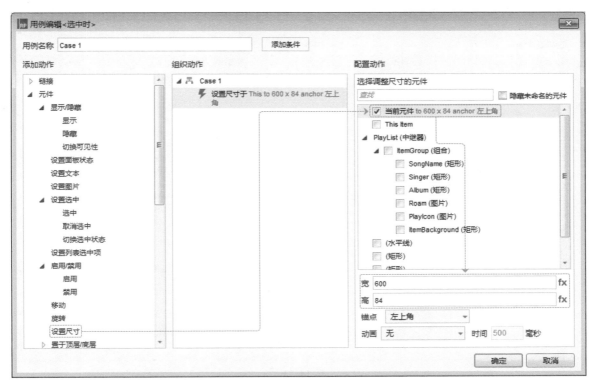

图 14-151

交互事件如图 14-152 所示。

图 14-152

● 列表项被选中时，显示播放状态的图标。为图片元件"PlayIcon"添加【选中时】的用例，在【更多事件】触发事件【选中时】中选择；设置动作为【显示】"当前元件"。

用例动作如图 14-153 所示。

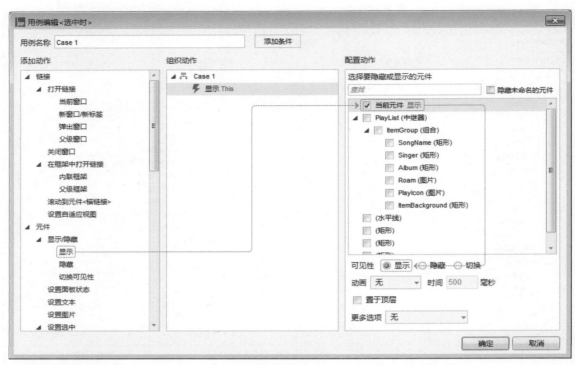

图 14-153

● 列表项取消选中时，隐藏播放状态的图标。为图片元件"PlayIcon"添加【取消选中时】的用例，触发事件【取消选中时】在【更多事件】中选择；设置动作为【隐藏】"当前元件"（动作设置参考上 1 步）。

交互事件如图 14-154 所示。

● 列表项选中与取消选中时，漫游歌曲的图片交互与播放状态图标的交互完全一致。所以，漫游歌曲图片的交互，可以直接复制播放状态图标的交互。

交互事件如图 14-155 所示。

图 14-154

图 14-155

步骤5 完成以上步骤后，在中继器的属性设置中取消勾选【取消选项组效果】(图14-156)。

图14-156

😊 老师，最后一步中的【取消选项组效果】选项是什么意思？

😎 这个选项可以让中继器列表项中项与项直接的组效果失效。

😊 不想要选项组效果，不设置选项组名称不就行了？干嘛还要设置了再取消？

😎 因为有的时候，我们需要中继器列表项中包含的内容有选项组的效果，但不需要项与项之间有选项组效果。就像这张图中左侧列表这样，每一项中都有多个矩形，但只能够选中其中一个，我们必须给这些矩形设置选项组名称。但是设置了选项组名称之后，意味着中继器所有的项都会有相同的选项组名称，这就导致整个中继器的矩形中只有一个被选中，效果就像右侧列表一样。所以，这种情况就要勾选【取消选项组效果】复选框，让项与项之间不存在唯一选中的效果(图14-157)。

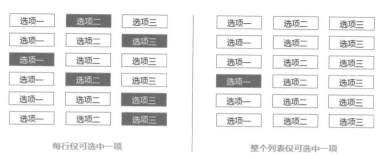

图14-157

😊 哦，我明白了！那【取消单选按钮组效果】也是一个意思喽？

😎 是的！

那个【自适应HTML】又是什么作用呢？

你打开刚才我们做的音乐播放列表，将中继器"PlayList"中的这个选项取消勾选，再查看一下交互效果。

哦，我看到了！如果不勾选，当中继器某个列表项中的内容尺寸改变时，中继器列表项还是保持原有的尺寸。如果勾选，列表项的尺寸就会自动适应内容的尺寸。

是的。所以这个选项能够让中继器不用保持每个列表项的尺寸都一样，而可以更加灵活地显示单项内容（图14-158）。

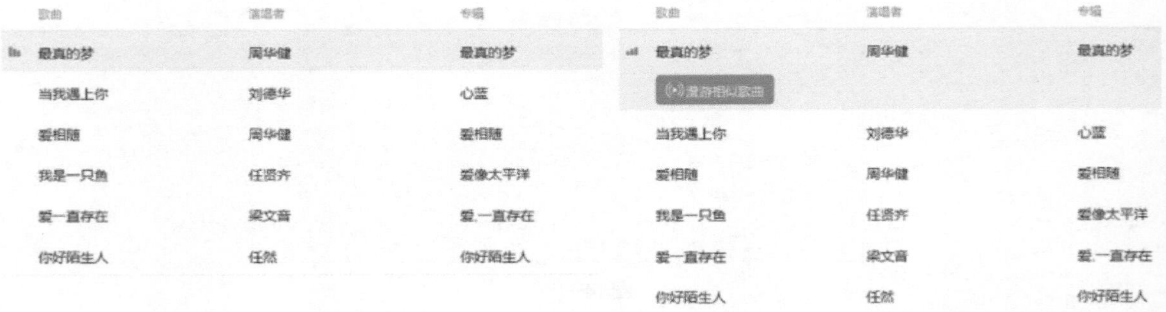

取消勾选【自适应HTML】选项　　　　　　　　勾选【自适应HTML】选项

图 14-158

第15章　中继器的系统变量

▶▶15.1　系统变量——中继器

- Repeater

用途：中继器的对象。Item.Repeater 即为 Item 所在的中继器对象。

- visibleItemCount

用途：中继器项目列表中可见项的数量。例如，项目列表共有 15 项，分页显示为每页 6 项。当项目列表在第 1、2 页时，可见项数量为 6；当项目列表在第 3 页时，可见项数量为 3。

- itemCount

用途：获取中继器项目列表的总数量，或者称为加载项数量。默认情况下项目列表的总数量会与中继器数据集中的数据行数量一致，但是，如果进行了筛选，项目列表的总数量则是筛选后的数量，这个数量不受分页影响。

- dataCount

用途：获取中继器数据集中数据行的总数量。

- pageCount

用途：获取中继器分页的总数量，即能够获取分页后共有多少页。

- pageIndex

用途：获取中继器项目列表当前显示内容的页码。

参见小楼大大！小楼大大吉祥！

这么久没见，你的 Axure 学到什么程度了？

我进步可大了！我都会用中继器了！就是遇到一点问题。所以过来请教你了。

哦？什么问题？

我用中继器做了一个文件列表，但是，我想把这个列表的内容分成多页显示，比如每页 10 项内容（图 15-1）。

名称	文档状态	来源	创建时间
Justinmind教程07	已私有	新建	2014/12/17
AxureRP7.0函数介绍	已私有	上传	2015/6/13
全国省市区代码名称	已私有	下载	2016/1/7
2500个常用汉字和1000个次常用汉字	已私有	下载	2015/7/2
心理测试	已私有	下载	2015/2/15
2014年最新全国省市区三级行政区划表	已私有	下载	2015/2/4
网站需求规格说明书	已私有	下载	2015/1/19
Justinmind教程26	已公开	上传	2015/1/4
食品安全追溯系统建设方案	已公开	收藏	2014/3/23
Justinmind教程25	已公开	上传	2015/1/4

<上一页> 1 2 3 4 5 下一页>

图 15-1

这个你在中继器的样式中勾选【多页显示】复选框，设置每页项目数为"10"就好啦！

哦，原来是设置一下就好了！但是，我如果想翻页怎么做？你看我放好了翻页的元件，但是不知道怎么设置。

翻页需要设置交互，我做给你看！

（看不懂？扫一扫）

案例67 ▶ 文件列表的翻页交互

步骤1 在画布中放入1个水平线元件和4个文本标签，做成列表的表头内容；然后，在表头下方放入一个中继器元件，命名为"FileList"；最后，双击中继器进入中继器的编辑界面，通过以下操作完成中继器的基本设置（图15-2）。

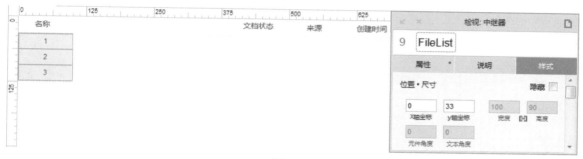

图15-2

● 制作模板。在画布中放入一个图片元件，将其命名为"TypeImage"，用于显示文件类型的图标；放入4个文本标签元件，分别命名为"Title""State""Source"和"CreateTime"，用于显示文件的名称、状态、来源及创建时间（图15-3）。

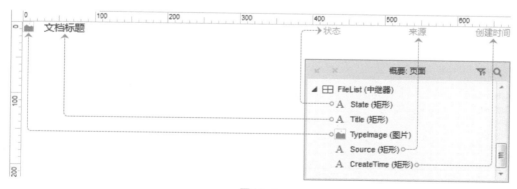

图15-3

● 添加数据。为中继器数据集添加5列，并分别命名为"TypeImage""Title""State""Source"和"CreateTime"。然后，在"TypeImage"列的单元格上单击鼠标右键，在弹出的快捷菜单中选择【导入图片】命令，完成每一行文件类型图标导入。最后，为其余4列分别添加文字信息（图15-4）。

● 添加交互，绑定文件类型图标。为中继器"FileList"添加【每项加载时】的用例，设置动作为【设置图片】于元件"TypeImage"；{Default}的设置中选择【值】，在输入框中填入"[[Item.TypeImage]]"。

图 15-4

用例动作如图 15-5 所示。

图 15-5

● 添加交互，绑定文件信息数据。继续上一步，添加动作【设置文本】于元件 "Title" "State"、"Source" 和 "CreateTime" 为【值】，输入框中分别填入 "[[Item. Title]]" "[[Item. State]]" "[[Item. Source]]" 和 "[[Item. CreateTime]]"。

用例动作如图 15-6 所示。

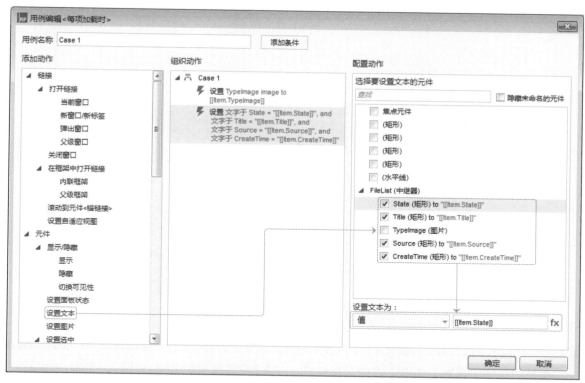

图15-6

交互事件如图15-7所示。

● 设置样式。在样式中勾选【多页显示】复选框，设置{每页项目数}为"10"，设置行的间距为"26"px（图15-8）。

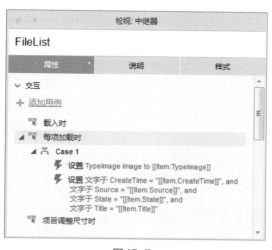

图15-7

图15-8

步骤2 因为中继器"FileList"共有5页，所以，在页面上添加7个矩形做成翻页按钮。带有数字的翻页按钮命名为"IndexButton01~IndexButton05"（图15-9）。

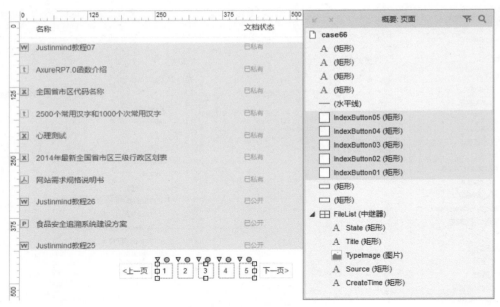

图 15-9

步骤3　与当前显示页面所对应的翻页按钮，需要有样式的改变。为翻页按钮 "IndexButton01~IndexButton05" 在元件属性中添加【选中】时的交互样式，并在 {设置选项组名称} 中输入 "IndexButton"。最后，为第 1 个翻页按钮勾选【选中】复选框，设置这个按钮默认为选中的状态（图 15-10）。

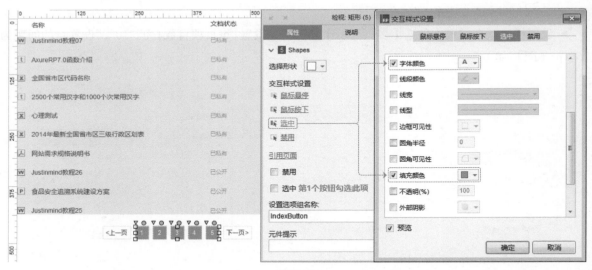

图 15-10

步骤4　为每一个带有数字的翻页按钮添加【鼠标单击时】的用例，设置动作为【选中】"当前元件"。用例动作如图 15-11 所示。

步骤5　继续上一步，添加动作【设置当前显示页面】；将 {选择页面为} 设置为【Value】，在 {输入页码} 文本框中输入 "[[This.text]]"。用例动作如图 15-12 所示。

步骤6　为 "上一页" 按钮添加【鼠标单击时】的用例，设置动作为【设置当前显示页面】；将 {选择页面为}设置为【Previous】。

图 15-11

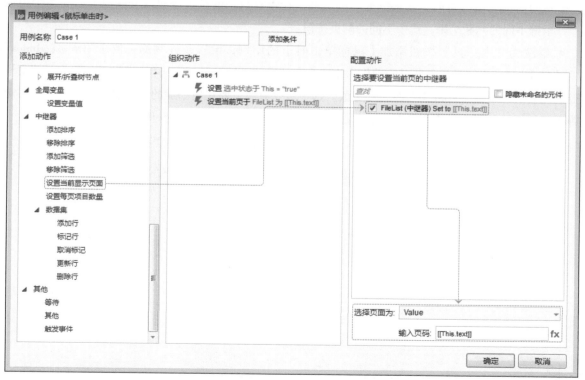

图 15-12

用例动作如图 15-13 所示。

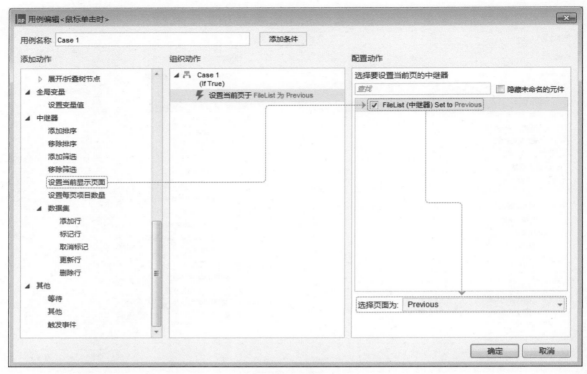

图 15-13

步骤7 在向前或向后翻页时，要根据显示的页面，让带有数字的翻页按钮改变颜色。添加多个用例，根据不同的判断结果，选中不同的翻页按钮。

● 继续为"上一页"按钮添加【鼠标单击时】的用例，设置条件判断【值】"[[rpt.pageIndex]]"【==】【值】"1"，添加满足条件时的动作为【选中】元件"IndexButton01"；公式中"rpt"为局部变量，存储的内容为中继器"FileList"的元件对象。这一步完成后，要在新添加的用例名称上单击鼠标右键，在弹出的快捷菜单中选择【切换为<If>或<Else If>】命令（动作设置参考操作步骤4）。

条件判断如图 15-14 所示。

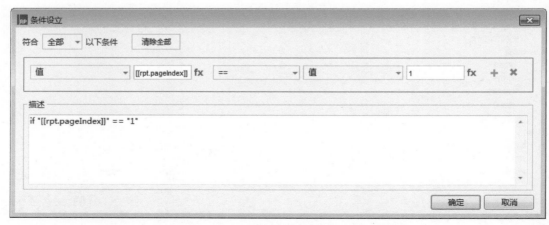

图 15-14

变量设置如图15–15所示。

图 15-15

● 继续为"上一页"按钮添加【鼠标单击时】的用例，设置条件判断【值】"[[rpt.pageIndex]]"【==】【值】"2"，添加满足条件时的动作为【选中】元件"IndexButton02"。

● 继续为"上一页"按钮添加【鼠标单击时】的用例，设置条件判断【值】"[[rpt.pageIndex]]"【==】【值】"3"，添加满足条件时的动作为【选中】元件"IndexButton03"。

● 继续为"上一页"按钮添加【鼠标单击时】的用例，设置条件判断【值】"[[rpt.pageIndex]]"【==】【值】"4"，添加满足条件时的动作为【选中】元件"IndexButton04"。

● 继续为"上一页"按钮添加【鼠标单击时】的用例，设置不满足以上条件时，执行的动作为【选中】元件"IndexButton05"。

交互事件如图15–16所示。

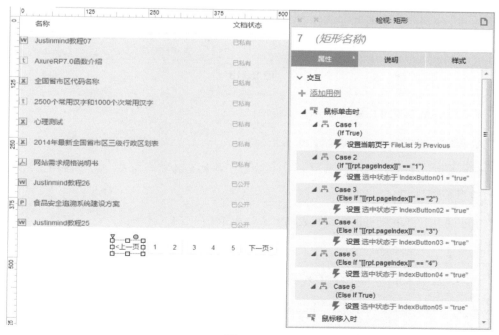

图 15-16

步骤8 复制"上一页"按钮的所有交互，粘贴到"下一页"
按钮的交互设置中。修改第1个用例中【设置当前显示
页面】的动作设置，将【选择页面为】设置为【Next】。

用例动作如图15–17所示。

交互事件如图15–18所示。

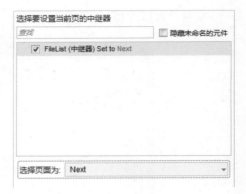

图 15–17

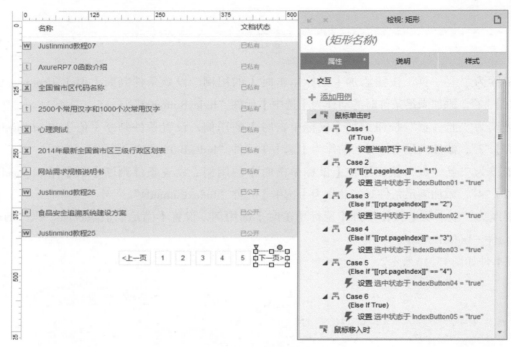

图 15–18

原来这样做翻页呀！我还以为多复杂呢！

本来做这种 Web 端的列表翻页就不复杂。

啊！对了。你这么一说，我还得问个问题！手机上的商品列表，怎么在向上滑动快到末尾
时，加载新的内容呀？

这个问题！你有做好的商品列表吗？我给你示范一下！

就在这个上面示范好了！

这不是我教 Annie 时做的商品列表吗？

嘿嘿，我从群文件下载的！你就用这个给我做示范吧！

哈哈！你真会资源利用！

案例68　移动端列表向上滑动时加载更多商品项

步骤1　在案例55的基础上进行设置。在中继器"GoodsList"的样式中设置{分页}，勾选【多页显示】复选框，设置{每页项目数}为"6"，{起始页}为默认的"1"（图15-19）。

图15-19

步骤2　在中继器"GoodsList"上单击鼠标右键，在弹出的快捷菜单中选择【转换为动态面板】命令，为动态面板命名为"AreaPanel"，在元件属性中设置{滚动条}为【自动显示垂直滚动条】。最后，将动态面板高度设置为"537"px（页面内容整体高度为640px）（图15-20）。

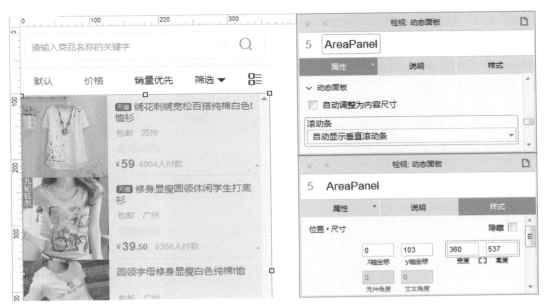

图15-20

步骤3　在动态面板的底部放入一个无边框矩形，命名为"Loading"，填充颜色设置为白色，双击修改矩形的文字为"正在加载…"，然后在快捷功能或者样式中勾选【隐藏】复选框将其隐藏（图15-21）。

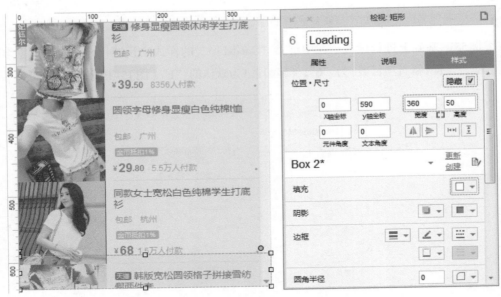

图 15-21

步骤 4 动态面板"AreaPanel"中的内容向上滑动时（移动设备中向上滑动相当于滚动条向下滚动），如果到达当前列表内容的末尾，需要加载新的内容。是否到达末尾需要先知道动态面板中内容的高度，这个高度可以通过页面上可见项的数量乘以每一项的高度获取；内容的高度减去最后一项的高度及屏幕的高度，就是向下滚动距离的上限，如果超过这个上限，并且内容还未完全加载完毕，就需要显示"正在加载…"的提示。这个"正在加载…"的提示显示一段时间后，还需要再次隐藏。为动态面板"AreaPanel"添加【向下滚动时】的用例，设置条件为，判断【值】"[[This.scrollY]]"【 > 】【值】"[[(rpt.visibleItemCount−1)*125−537]]"并且【值】"[[rpt.visibleItemCount]]"【 < 】【值】"[[rpt.itemCount]]"时，添加满足条件时的动作为【显示】元件"Loading"，{动画}选择【逐渐】，{时间}为"500"毫秒；公式中"rpt"为局部变量，存储的内容为中继器"FileList"的元件对象。条件判断如图15-22所示。

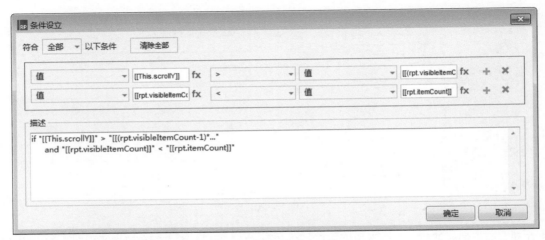

图 15-22

变量设置如图15-23所示。

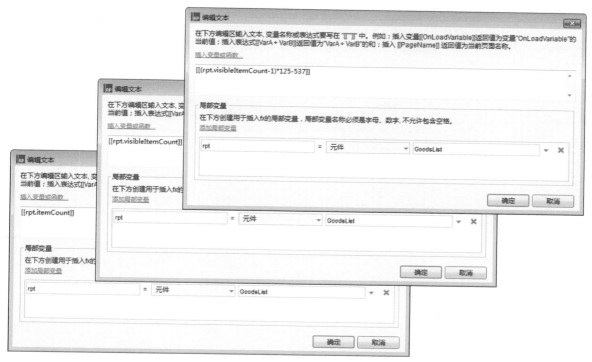

图15-23

用例动作如图15-24所示。

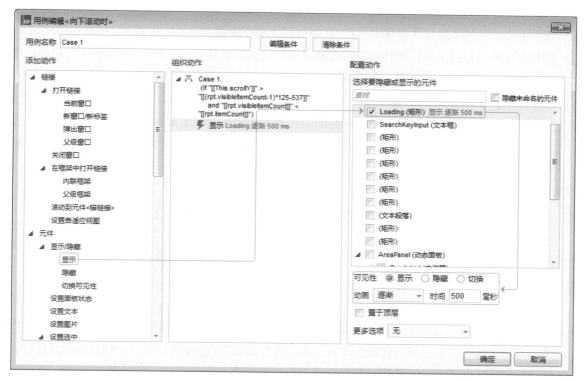

图15-24

步骤5 继续上一步，添加动作【等待】"500"毫秒。

用例动作如图15-25所示。

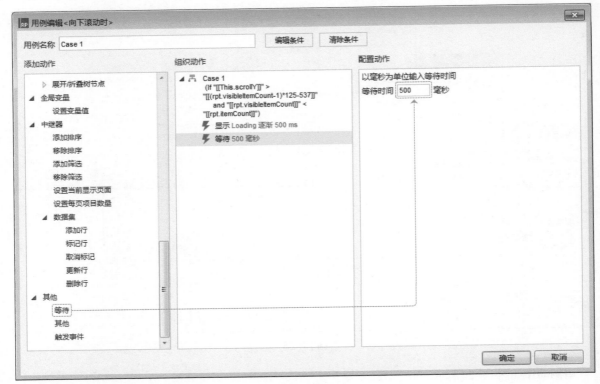

图15-25

步骤6 继续上一步，添加动作【隐藏】元件"Loading"（动作设置参考操作步骤3）。

步骤7 如果滚动距离超过上限，并且内容全部加载完毕，就需要显示"已全部加载完成！"提示。继续
为动态面板"AreaPanel"添加【向下滚动时】的用例，设置条件为，判断【值】"[[This.scrollY]]"
【>】【值】"[[(rpt.visibleItemCount−1)*125−537]]"并且【值】"[[rpt.visibleItemCount]]"【==】【值】
"[[rpt.itemCount]]"时，添加满足条件时的动作为【设置文本】于元件"Loading"为【值】"已全
部加载完成！"；公式中"rpt"为局部变量，存储的内容为中继器"FileList"的元件对象（条件
与局部变量设置参考操作步骤3）。

用例动作如图15-26所示。

步骤8 继续上一步，添加动作【显示】元件"Loading"，{动画}选择【逐渐】，{时间}为"500"毫秒（动
作设置参考操作步骤3）。

步骤9 继续上一步，添加动作【等待】"500"毫秒（动作设置参考操作步骤4）。

步骤10 继续上一步，添加动作【隐藏】元件"Loading"（动作设置参考操作步骤3）。

交互事件如图15-27所示。

步骤11 在元件"Loading"显示时，我们让商品列表加载更多的内容。加载列表项的数量与加载次数有
关，可以设置一个变量记录加载的次数，然后根据加载次数乘以6获得显示列表项的数量。在导
航菜单单击【项目】，在菜单列表中选择【全局变量】命令，添加一个全局变量"LoadCount"，

设置默认值为"1"（可以在系统自带的变量上修改）（图15-28）。

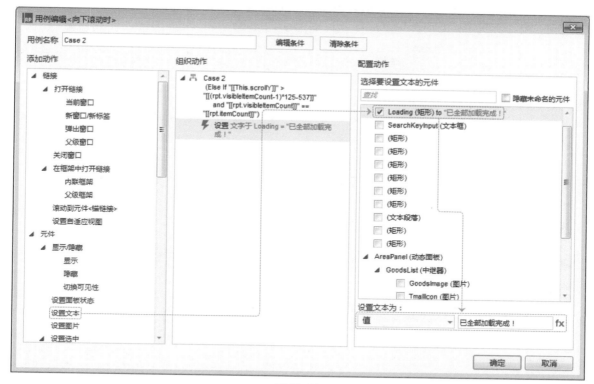

图15-26

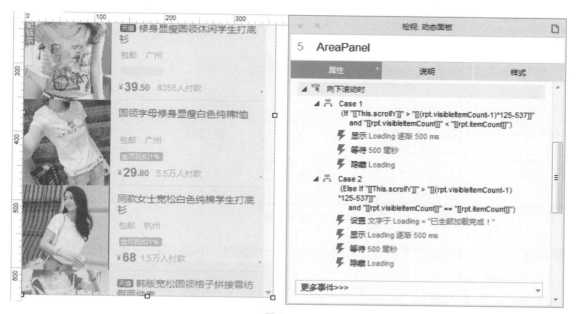

图15-27

步骤12 为元件"Loading"添加【显示时】的用例，触发事件【显示时】在【更多事件】中选择；设置动作为【设置变量值】，选择要设置为全局变量"LoadCount"为【值】"[[LoadCount+1]]"。

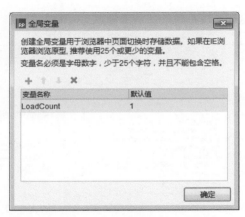

图 15-28

用例动作如图 15-29 所示。

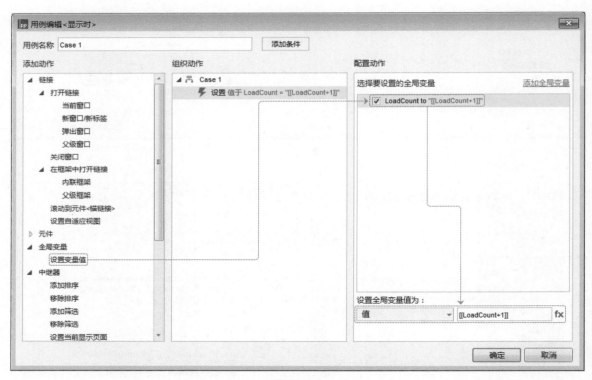

图 15-29

步骤13 继续上一步，添加动作【设置每页项目数量】于中继器 "GoodsList"，{输入每页显示项目数量}为 "[[LoadCount*6]]"。

用例动作如图 15-30 所示。

交互事件如图 15-31 所示。

 啊！真的可以呀！我去自己试试。

 哎！玩儿完就跑啊！

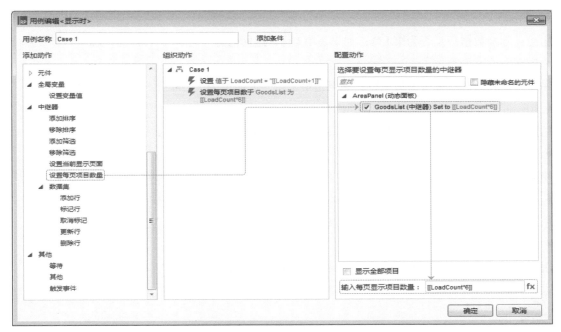

图 15-30

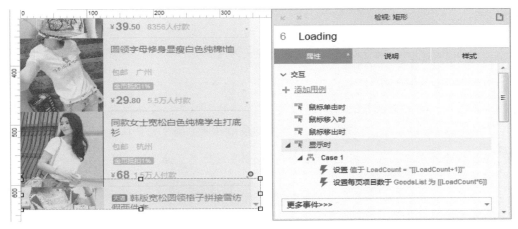

图 15-31

▶▶15.2 系统变量——数据集

- Item

用途：获取数据集一行数据的集合，即数据行的对象。

- TargetItem

用途：目标数据行的对象。

- Item.列名

用途：获取数据行中指定列的值。

- index

用途：获取数据行的索引编号，编号起始为1，由上至下每行递增1。

- isFirst

用途：判断数据行是否为第1行；如果是第1行，返回值为"True"，否则为"False"。

- isLast

用途：判断数据行是否为最末行；如果是最末行，返回值为"True"，否则为"False"。

- isEven

用途：判断数据行是否为偶数行；如果是偶数行，返回值为"True"，否则为"False"。

- isOdd

用途：判断数据行是否为奇数行；如果是奇数行，返回值为"True"，否则为"False"。

- isMarked

用途：判断数据行是否为被标记；如果被标记，返回值为"True"，否则为"False"。

- isVisible

用途：判断数据行是否为可见行；如果是可见行，返回值为"True"，否则为"False"。

老师！

在！

之前你帮我做的音乐播放列表缺了一些内容！

啊？缺什么内容了？

我给你截的图中，每个列表项的前面都是有序号的！

那你把序号加上就好了嘛！

我加了呀！我在数据集里面加了1列，写了序号！但是，后来我删了一行，所有的序号都要改！而且，这么添加编号的话，有些中继器内容做排序的时候，编号也会被打乱。

嗯！这个序号不用在数据集中添加列，我来告诉你怎么做！

（看不懂？扫一扫）

案例69 **音乐播放列表的歌曲编号**

步骤1　在中继器"PlayList"中放入一个文本标签，将其命名为"SongIndex"，用来显示列表项的编号（图15-32）。

图15-32

步骤2 修改【每项加载时】用例中【设置文本】的动作，在元件列表中勾选元件"SongIndex"，设置【值】为"[[Item.index]]"。这样就能够将编号显示在元件"SongIndex"上。

用例动作如图15-33所示。

图15-33

步骤3 列表项被选中时，需要隐藏序号。为元件"SongIndex"添加【选中时】的用例，触发事件【选中时】在【更多事件】中选择；设置动作为【隐藏】"当前元件"。

用例动作如图15-34所示。

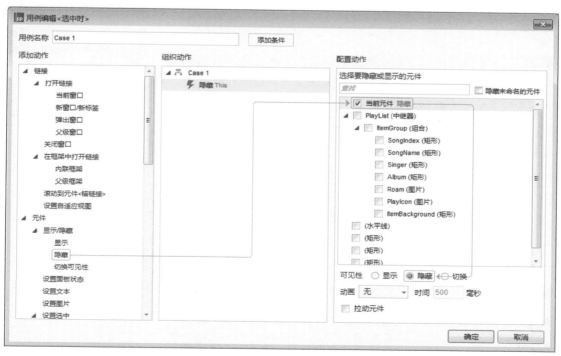

图15-34

步骤 4 列表项被取消选中时，需要显示序号。为元件"SongIndex"添加【取消选中时】的用例，触发事件【取消选中时】在【更多事件】中选择；设置动作为【显示】"当前元件"（动作设置参考操作步骤 3）。

交互事件如图 15-35 所示。

图 15-35

原来还可以这样添加列表项的编号呀！

对呀！这样添加的编号还不会受排序及筛选的影响。

师！你偷工减料了哦！

哪有！

我正好看到我同事的手机上的浏览器，就是你给我讲添加主页网站图标的那个浏览器，那个浏览器主页网站图标列表的交互其实还有很多细节（图 15-36）。

（1）长按网站图标时，除了前 3 个图标和添加按钮图标，都显示完成按钮。

（2）单击完成按钮时，完成按钮消失。

（3）完成按钮显示和隐藏时，删除按钮会同步显示和隐藏。

（4）删除按钮显示时，如果是前 3 个图标和添加按钮图标需要隐藏删除按钮。

（5）单击删除按钮删除某个常用网站时，不隐藏其他删除按钮。

完成

图 15-36

嘿嘿，居然被发现了！

哼！罚你把这些交互的实现过程，给我仔仔细细讲一遍！

好！好！我就按照你刚才说的那些细节，一项一项来补充。

案例70 移动端浏览器前3个图标禁止删除

（看不懂？扫一扫）

步骤1 在案例59的基础上继续进行设置。在动态面板"PagePanel"状态"Home"的编辑区域中放入一个矩形，双击修改元件上的文字为"完成"，命名为"FinishButton"，在快捷功能或样式中勾选【隐藏】复选框，将这个按钮设置为默认隐藏的状态（图15-37）。

图15-37

步骤2 长按网站图标时，除了前3个图标和添加按钮图标，都显示完成按钮。这个交互需要在长按中继器模板中的图标时，进行判断；如果数据行的编号大于3或者不是最后一行，则显示完成按钮。为元件"HomeSiteImage"添加【鼠标长按时】的用例，触发事件【鼠标长按时】在【更多事件】中选择。设置条件判断【值】"[[Item.index]]"【>】【值】"3"，并且【值】"[[Item.isLast]]"【==】【值】"false"；设置满足条件时的动作为【显示】元件"FinishButton"。

条件判断如图15-38所示。

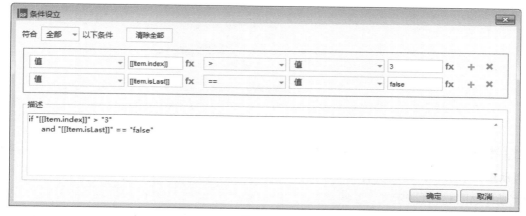

图15-38

用例动作如图15-39所示。

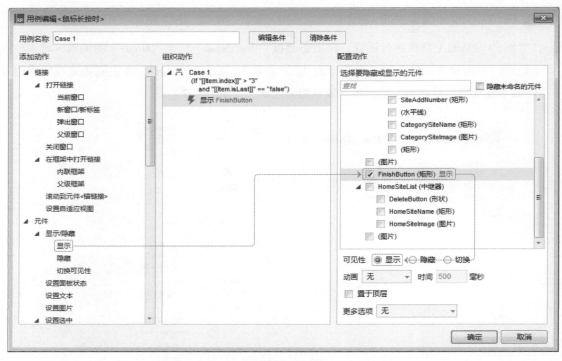

图 15-39

交互事件如图15-40所示。

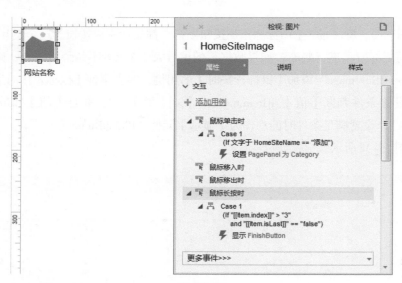

图 15-40

步骤 3 单击【完成】按钮时，完成按钮消失。为元件"FinishButton"添加【鼠标单击时】的用例，设置动作为【隐藏】"当前元件"。

用例动作如图15-41所示。

步骤 4 完成按钮显示和隐藏时，删除按钮会同步显示和隐藏。为元件"FinishButton"添加【显示时】

的用例，触发事件【显示时】在【更多事件】中选择，设置动作为【显示】元件 "DeleteButton"
（动作设置参考操作步骤2）。

图15-41

步骤5 为元件 "FinishButton" 添加【隐藏时】的用例，触发事件【隐藏时】在【更多事件】中选择，
设置动作为【隐藏】元件 "DeleteButton"（动作设置参考操作步骤3）。

交互事件如图15-42所示。

图15-42

步骤6　删除按钮显示时，如果是前3个图标和添加按钮图标需要隐藏删除按钮。为元件"DeleteButton"
添加【显示时】的用例，触发事件【显示时】在【更多事件】中选择；设置条件判断【值】
"[[Item.index]]"【<】【值】"3"，或者【值】"[[Item.isLast]]"【==】【值】"true"；添加满足条件时
的动作为【隐藏】"当前元件"（动作设置参考操作步骤3）。

条件判断如图15-43所示。

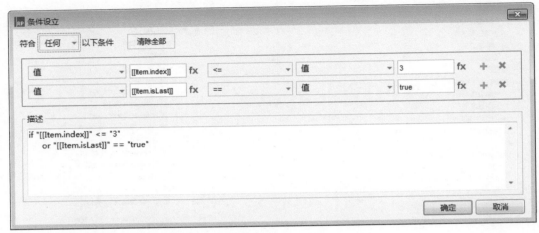

图15-43

交互事件如图15-44所示。

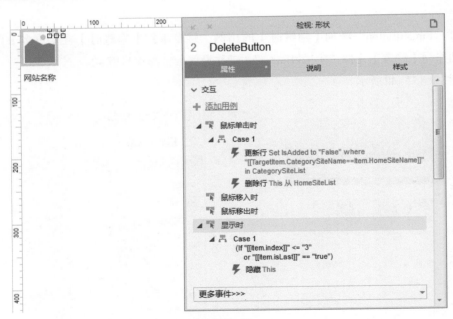

图15-44

步骤7　单击删除按钮删除某个常用网站时，不隐藏其他删除按钮。在删除中继器的数据行时，会导致
中继器所有的列表项重新加载，删除按钮会被隐藏。所以，需要在重新加载每一项时，判断完
成按钮是否显示，如果完成按钮显示，则需要显示删除按钮。为中继器"HomeSiteList"添加
【每项加载时】的用例，设置条件判断【元件可见】于元件"FinishButton"【==】【值】【true】；

添加满足条件时的动作为【显示】元件"DeleteButton"。这一步完成后，要在新添加的用例名称上单击鼠标右键，在弹出的快捷菜单中选择【切换为<If>或<Else If>】命令（动作设置参考操作步骤2）。

条件判断如图15-45所示。

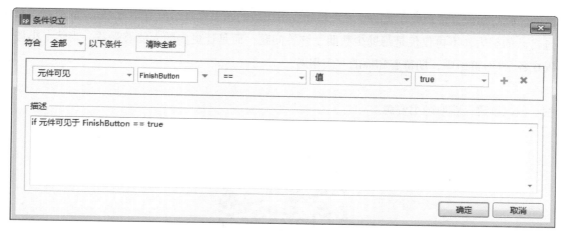

图 15-45

交互事件如图15-46所示。

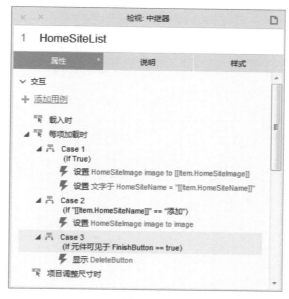

图 15-46

写在最后

  小楼在一个又一个QQ的群组中,为这些学习Axure的朋友们解决学习中遇到的问题。但是,随着越来越多的朋友加入群组,凭借一己之力为每一个人解答问题,已经不太现实。所以,小楼开始转向将自己的经验与知识,整理成在线的学习资料和线下出版的图书奉献给所有学习Axure的朋友。小楼希望通过自己的努力,不再仅仅是帮助少数朋友解答问题,而是让更多的人能够受益。当然,小楼仍然会出现在各个QQ群组中,期待着和你的一次相遇。

  扫一扫二维码,获取随书资源。